物流訊息系統
分析與
設計實踐教程

羅文龍 主編　　劉雪豔、張念 副主編

前 言

　　物流信息系統分析與設計課程是物流專業的一門專業核心課程，需要具備和掌握大學計算機基礎、網頁設計與製作、物流信息技術、Web 應用程序設計、Java 語言、數據庫系統原理與技術、計算機網路等知識以後來學習。通過本課程的學習，要求物流專業學生瞭解物流信息系統建設的基本流程，掌握物流信息系統從分析、設計、開發、實施到維護管理的有關技術與方法。本課程立足於學生對以前學過的課程進行實際應用、綜合理解和具體實施。學生學完本課程後，應能根據企業的需要自己動手，設計出實用的物流信息系統，並能對物流信息系統進行日常的維護管理。

　　本課程根據物流信息系統開發的生命週期，按照規劃、分析、設計、開發實施與維護管理的順序進行組織。本課程在內容安排上主要分成三個部分：第一部分對本實踐課程進行簡單介紹和任務布置；第二部分為實訓部分，通過一個完整的基於.NET開發物流信息系統的項目讓讀者瞭解整個系統開發設計到編碼、系統實施和維護管理的相關內容；第三部分介紹一個完整的快遞超市系統開發項目報告，報告根據信息系統開發的生命週期，按照規劃、分析、設計、開發實施與維護管理的順序對項目進行闡述。

　　本書由羅文龍任主編、劉雪豔、張念任潔為副主編。羅文龍編寫第二部分，劉雪豔編寫第三部分，張念編寫第一部分，全書由羅文龍負責審校和統稿。

　　書中所論並不完美，錯誤和疏漏之處，懇請讀者批評指正。

編　者

目 錄

第一部分　課程介紹

1　課程設計概述　／3
   1.1　課程設計的性質和目的　／3
   1.2　課程設計目標　／3
   1.3　教學重點、難點　／4
   1.4　課程設計的要求　／4
   1.5　課程設計的一般過程　／5
   1.6　課程設計報告　／6
   1.7　課程設計成績考核　／6
   1.8　課程設計選題參考　／7
   1.9　主要分析和設計工具使用說明　／7

第二部分　項目實訓

2　需求調研　／19
   2.1　實驗基本要求　／19
   2.2　實驗步驟　／19
3　系統設計操作實訓　／52
   3.1　實驗基本要求　／52
   3.2　實驗步驟　／52
4　ExpertFinder 數據庫建立與操作實訓　／54
   4.1　實驗基本要求　／54
   4.2　實驗步驟　／54
5　visual studio 中數據庫的連接及訪問　／67

  5.1 實驗基本要求 / 67

  5.2 實驗步驟 / 67

6 ExpertFinder 存儲過程操作實訓 / 81

  6.1 實驗基本要求 / 81

  6.2 實驗步驟 / 81

7 ExpertFinder 存儲過程與視圖設計操作實訓 / 92

  7.1 實驗基本要求 / 92

  7.2 實驗步驟 / 92

8 ADO.NET 數據庫操作實訓 / 97

  8.1 實驗基本要求 / 97

  8.2 實驗步驟 / 97

9 存儲過程設計操作實訓 / 124

  9.1 實驗基本要求 / 124

  9.2 實驗步驟 / 124

10 SQLHelper 操作實訓 / 136

  10.1 實驗基本要求 / 136

  10.2 實驗步驟 / 136

11 三層架構的建立與操作實訓 / 142

  11.1 實驗基本要求 / 142

  11.2 實驗步驟 / 142

12 數據模型層構建操作實訓（一） / 170

  12.1 實驗基本要求 / 170

  12.2 實驗步驟 / 170

13 數據模型層構建操作實訓（二） / 173

  13.1 實驗基本要求 / 173

  13.2 實驗步驟 / 173

14 業務邏輯層架構　/ 180
14.1 實驗基本要求　/ 180
14.2 實驗步驟　/ 180

15 母版頁製作操作實訓　/ 187
15.1 實驗基本要求　/ 187
15.2 實驗步驟　/ 187

16 Web 實現　/ 202
16.1 實驗基本要求　/ 202
16.2 實驗步驟　/ 202

17 .NET 網站部署和安裝　/ 220
17.1 實驗基本要求　/ 220
17.2 實驗步驟　/ 220

第三部分　實驗報告
——以校園快遞信息系統設計與實現為例

18 緒論　/ 239
18.1 系統開發背景　/ 239
18.2 系統開發目標　/ 240
18.3 系統環境介紹　/ 241
18.4 本章小結　/ 241

19 系統相關技術介紹　/ 242
19.1 系統開發技術　/ 242
19.2 系統開發運行環境　/ 244
19.3 體系結構　/ 246
19.4 本章小結　/ 248

20 系統需求分析 / 249
    20.1 需求分析方法 / 249
    20.2 業務需求 / 250
    20.3 用戶需求 / 252
    20.4 功能需求 / 255
    20.5 數據需求 / 256
    20.6 性能需求 / 268
    20.7 本章小結 / 268

21 系統概要設計 / 269
    20.1 軟件結構 / 270
    21.2 數據結構設計 / 271
    21.3 本章小結 / 272

22 系統詳細設計 / 273
    22.1 數據庫詳細設計 / 273
    22.2 頁面設計 / 281
    22.3 本章小結 / 282

23 系統實現及測試 / 283
    23.1 系統實現 / 283
    23.2 系統測試 / 294
    23.3 本章小結 / 295

24 系統優化 / 296

參考文獻 / 297

第一部分

課程介紹

1 課程設計概述

1.1 課程設計的性質和目的

物流信息系統分析與設計實踐課程是提高學生對專業知識的綜合應用能力與技能，使學生在接收理論知識的基礎上提高並加強物流信息系統知識與實踐知識，為學生在今後工作中從事物流信息系統開發與維護打下紮實的基礎的必修課。它是學生在學習了物流信息系統分析與設計課程後，進行系統的實驗技能訓練的開端，也是後繼課程實驗的基礎。

1.2 課程設計目標

學習物流信息系統分析與設計實踐課的目標是：
1. 學習物流信息系統設計的原理、概念、技術方法、標準和相關法律法規
2. 培養學生的科學實驗能力主要包括：
（1）通過閱讀教材和資料，做好物流信息系統開發前的準備——自學能力。
（2）借助計算機以及學生所學習的信息系統開發語言和數據庫原理，開發一個項目——動手能力。
（3）運用物流信息系統開發理論對項目開發進行初步分析判斷——分析能力。
（4）學會撰寫各階段的實驗報告即配合物流信息系統發展提交各階段的文檔——表達能力。
（5）通過以前所學習的知識實現各自負責的模塊——設計能力。
（6）物流信息系統開發以小組為單位進行，以小組成員合作的方式實現該項目——團隊合作能力。
3. 培養與提高學生的科學素養
主要包括實事求是的科學作風、嚴肅認真的工作態度、主動研究的探索精神。

1.3 教學重點、難點

重點：物流信息系統規劃、分析、設計、實施和維護。
難點：物流信息系統分析與設計。

1.4 課程設計的要求

1.4.1 設計要求

（1）學生應充分認識到課程設計對培養自身能力的重要性，認真做好設計前的各項準備工作。

（2）學生在課程設計期間，無論在校內校外，都要嚴格遵守校規規、校紀，有事離校必須請假。

（3）在設計過程中，要嚴格要求自己，樹立嚴謹的科學態度，必須按時、按質、按量完成課程設計。

（4）獨立完成規定的工作任務，不得弄虛作假，不準抄襲他人內容，否則成績不及格。

（5）小組成員之間，既要分工明確，又要保持聯繫暢通、密切合作，培養良好的互助和團隊協作精神。

1.4.2 選題要求

本課程設計要求 3~4 位學生組成一個課題小組，選擇一個題目，共同開發一個完整的物流信息系統。但課題內容必須分工明確，責任到人。

課題分工的主要原則有以下幾點：
（1）小組內幾位同學的課題工作量要大體相當。
（2）小組內每位同學的課題內容不能相同。
（3）小組內每位同學的課題內容要自成體系。
（4）小組內每位同學的課題內容都要與整個系統協調一致。

針對設計的具體要求，每個同學要開發的子系統都應該至少由一個父模塊和兩個子模塊構成。

課題組負責人在物流信息系統開發過程中，既要完成子系統和物流信息系統主控模塊的開發，又要統管整個物流信息系統的協調，包括課題分工、進度控製、系統調試等。

1.4.3 軟件開發工具

學生可根據課題的要求和實驗室環境以及自己的經驗進行選擇，包括語言類、數據庫類、綜合類都可以，對此不做統一要求。

1.4.4 課程設計的成果形式

本課程設計的最終成果是課程設計報告和物流信息系統平臺。

1.5 課程設計的一般過程

物流信息系統分析與設計課程設計大體分為以下三個階段。

1.5.1 確定題目

首先，由指導教師布置課程設計工作，包括提出課程設計的基本要求、介紹課程設計的題目、講解課題的主要內容等；其次，學生收集資料、組織討論，由幾個學生組成一個課題小組，選擇一個題目；最後，將課題內容具體分工到每位同學，並確定每位同學的課題名稱。

其中，課題分工也可根據課題的具體情況放在系統初步調查之後再進行。

1.5.2 系統開發

系統開發具體分四個步驟：

（1）系統分析。

簡單地說，系統分析就是要弄清「做什麼」，即現行系統正在做什麼、新系統想要做什麼。這是系統開發的第一個階段，也是最關鍵的一個階段。它是一個反覆調查、分析和綜合的過程。這一階段提出的新系統的邏輯方案，是下一階段工作的基礎，是系統設計的依據。對於經管類專業的學生來說，掌握系統分析的原理與方法尤其重要。

在這一階段，要求學生對已選定的對象與開發範圍進行有目的、有步驟的實際調查或模擬實際環境，並進行科學分析；要求學生能夠用物流信息系統開發的語言、系統分析工具，快速、準確地描述系統的現狀、表達系統的需求，以便在現行系統的基礎上，建立一個滿足用戶需求的新系統的邏輯模型。

系統分析完成後，形成系統分析報告。

（2）系統設計。

簡單地說，系統設計就是要弄清「怎麼做」。它根據系統分析階段所提出的新系統的邏輯方案，進一步提出新系統的物理方案。

在這一階段，要求學生在系統分析的基礎上，根據新系統邏輯模型所提出的各項要求，結合實際的條件，設計出新系統的總體結構和基本框架，並進一步使設計方案具體化、規範化、系統化，最終建立起新系統的物理模型。

系統設計完成後，形成系統設計報告。

（3）系統實施。

簡單地說，系統實施就是要「具體做」。它將系統設計階段所提出的新系統的物理方案付諸實施。

在這一階段，要求學生編制程序，並進行程序調試、系統分調及系統總調。系統實施完成後，形成系統實施報告。

（4）系統評價。

簡單地說，系統評價就是要問「做得怎麼樣」。它是對已經開發完成的系統進行客觀的評價。

在這一階段，要求學生總結課程設計的過程、體會；對已經開發完成的系統性能、功能、數據、程序等方面進行評價，指出新系統的優點和不足，指出系統開發中的重點和難點，提出改進和擴展的建議。

系統評價完成後，形成系統評價報告。

1.5.3 驗收與評分

在這一階段，要求學生提交課程設計報告和實現物流信息系統，指導教師對每個小組開發的物流信息系統及每個成員開發的模塊進行綜合驗收，結合課程設計報告，根據課程設計成績的評定方法，評出成績。

1.6 課程設計報告

課程設計報告是物流信息系統分析與設計課程設計的書面總結，是教師為學生評定成績的依據之一。故每一位設計人員都應該認真撰寫。

1.7 課程設計成績考核

課程設計的成績由課程設計報告的成績和物流信息系統實現的成績兩項構成。

各部分比重分配見表1-1。

表1-1　　　　　　　　成績比重分配表

課程設計報告成績（50%）	課程設計的工作態度（10%）		
^	選題（5%）		
^	內容	系統分析報告（15%）	
^	^	系統設計報告（10%）	
^	^	系統實施報告（10%）	
^	^	系統評價報告（5%）	
^	書面（5%）		
物流信息系統實現成績（40%）			

1.8 課程設計選題參考

各組從以下題目中任意選擇一個題目，對其進行物流信息系統設計開發方案設計（也可以自行擬定題目），但是各組題目不能重複，重複的小組自行協商解決，如有重複、抄襲現象，兩組同學的成績都為不及格。

1. 某集裝箱堆場物流信息系統
2. 大豆流通物流信息系統分析與設計
3. 某大型超市物流信息系統分析與設計
4. 某連鎖零售企業物流信息系統分析與設計
5. 某訂單管理信息系統
6. 某庫存管理信息系統
7. 某運輸管理信息系統
8. 某客戶管理信息系統
9. 某物流成本管理信息系統
10. 某集裝箱班輪運輸管理系統
11. 某集裝箱碼頭管理系統
12. 某集裝箱堆場管理系統
13. 某倉儲管理系統
14. 某報關管理系統

1.9 主要分析和設計工具使用說明

1.9.1 業務流程圖

1. 基本符號（見圖1-1）

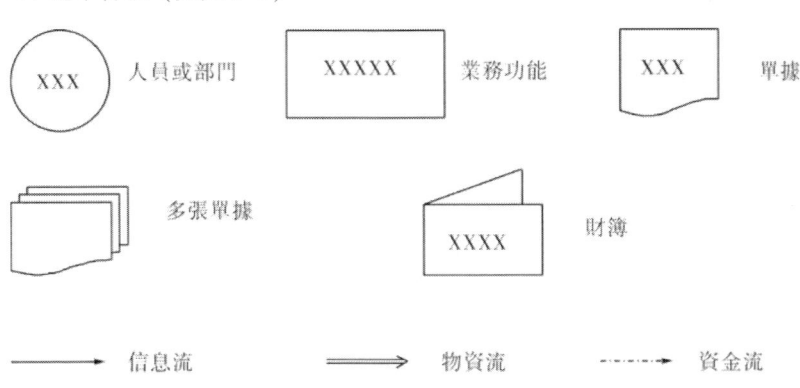

圖1-1 業務流程圖基本符號

2. 業務流程圖示例

例：銷售合同管理業務流程圖。見圖 1-2。

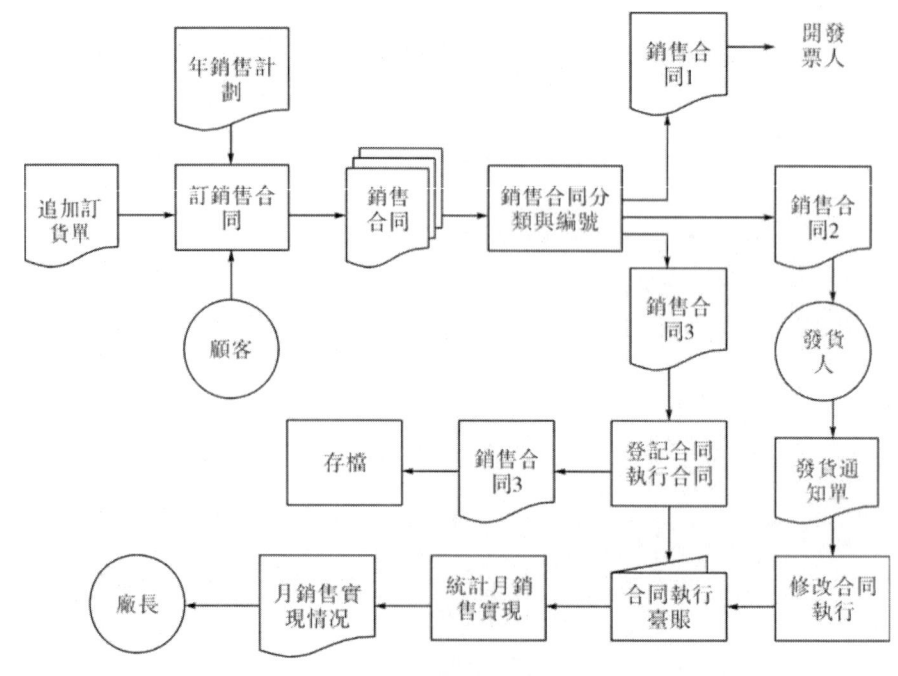

圖 1-2　銷售合同管理業務流程圖示例

1.9.2　數據流圖

1. 基本符號（見圖 1-3）

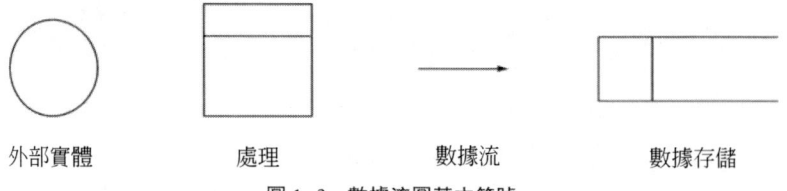

外部實體　　　處理　　　數據流　　　數據存儲

圖 1-3　數據流圖基本符號

2. 數據流圖繪制方法

自頂向下，分層繪制。

3. 數據流圖繪制規則

（1）每張數據流圖須從左往右繪制，即從產生數據的外部實體開始到使用數據的外部實體結束。

（2）對含義明顯的數據流，其名稱可以省略。

（3）盡量避免數據流的交叉。

（4）對於需在兩個設備上進行的處理，應避免直接相連。可以在它們之間加一個數據存儲。

（5）如果一個外部實體提供給某一處理的數據流過多，可將它們合併成一個綜合的數據流。

（6）下層圖中的數據流應與上層圖中的數據流等價。

（7）對於大而複雜的系統，其圖中的各元素應加編號。通常在編號之首冠以字母，用以表示不同的元素，可以用 P 表示處理，用 D 表示數據流，用 F 表示數據存儲，用 S 表示外部實體。

4. 數據流圖示例

例：某公司經營處理系統數據流圖。見圖1-4、圖1-5、圖1-6、圖1-7、圖1-8。

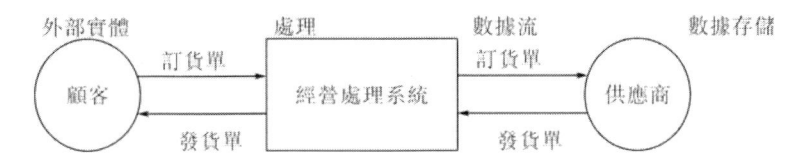

圖1-4　頂層數據流圖

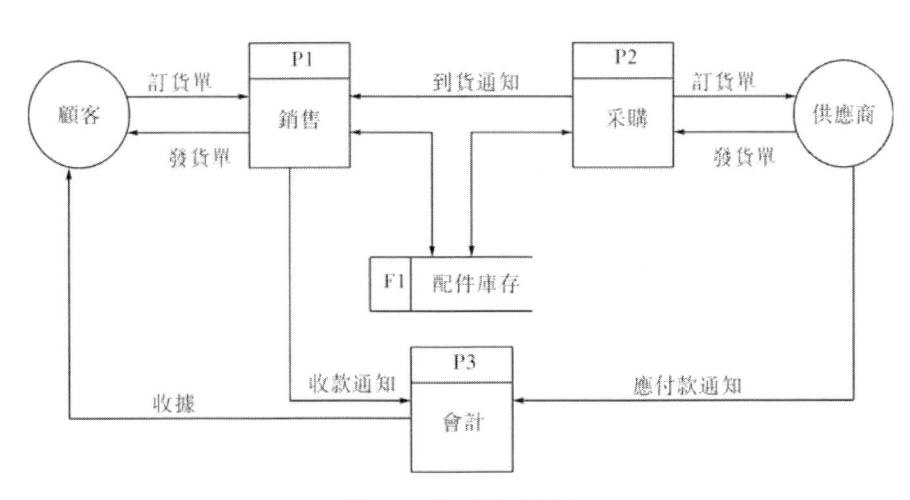

圖1-5　第2層數據流圖

图 1-6　第 3 层数据流图 (1)

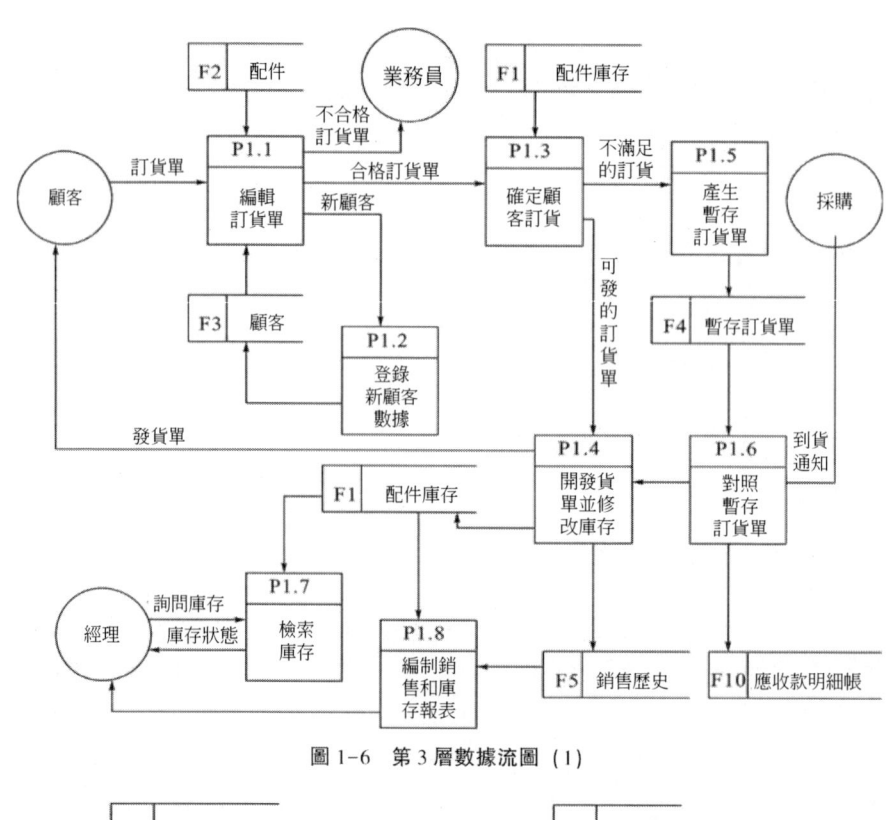

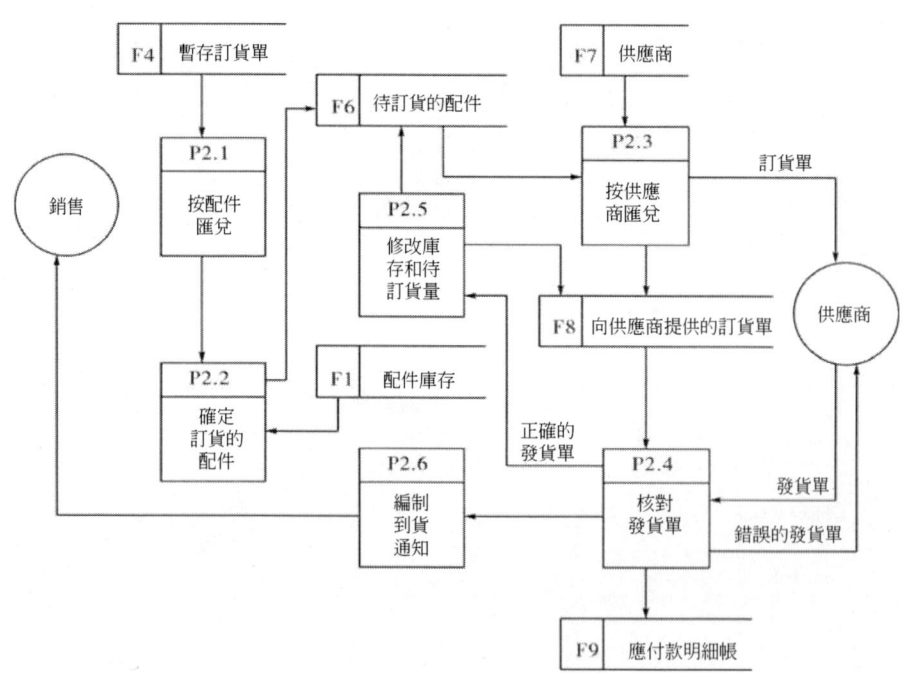

图 1-7　第 3 层数据流图 (2)

图 1-8 第 3 层数据流图（3）

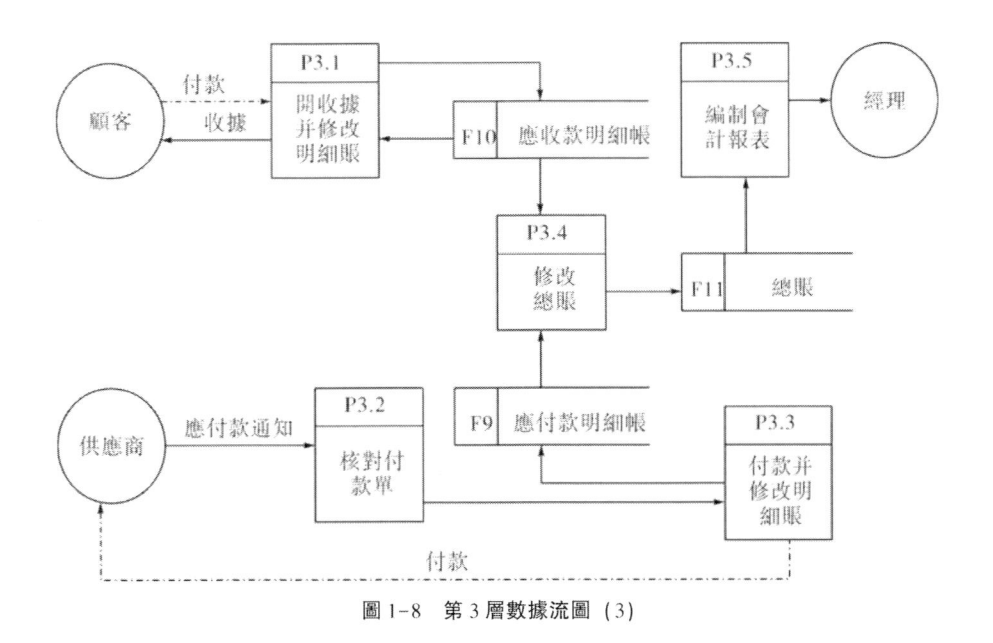

1.9.3 数据字典（见表 1-2、表 1-3、表 1-4、表-5）

表 1-2　　　　　　　　　　数据字典——数据项

数据项　　　　　　　　数据字典（一）　　　　　　　　No:_____

编号:	名称:	别名:
简述:		
连续值	类型（C, N） 长度: 值域: 与其他值的运算关系:		
离散值	值	含 义	值	含 义
备注:		

填表人_____　　　年　月　日

表 1-3　　　　　　　數據字典——數據流、數據結構或數據存儲

XXXXX	數據字典（二）	No：_____

編號：	名稱：	別名：

簡述：

組成：

若為數據存儲	關鍵字：	相關處理：
若為數據流	來源：	去向：

備註：1. 數據量： 　　　2. 峰　值： 　　　3. 其　他：

　　　　　　　　　　　　　　　　　　填表人_____　　年　月　日

（註：表頭的方框內須填入數據流、數據結構或數據存儲三者之一。）

表 1-4　　　　　　　　　數據字典——處理

處　理	數據字典（三）	No：_____

編號：	名稱：

輸入信息：

數據存儲：

輸出信息：	激發條件：

簡要說明：

加工邏輯：

出錯處理：

執行頻率：

　　　　　　　　　　　　　　　　　　填表人_____　　年　月　日

表 1-5　　　　　　　　　數據字典——外部實體

| 外部實體 | 數據字典（四） | No：_____ |

編號：	名稱：
簡述：	
輸入的數據流：	
輸出的數據流：	

　　　　　　　　　　　　　　填表人_____　　年　　月　　日

1.9.4　功能結構圖

1. 基本符號（見表 1-6）

表 1-6　　　　　　　　　功能結構圖基本符號

符　號	說　明
▭	表示一個功能模塊，方框內為模塊名稱。
→	表示模塊間調用關係，箭頭端為被調用模塊，箭尾端為調用模塊。
○→	表示模塊間傳遞的數據信息。
●→	表示模塊間傳遞的控製信息。
↶	表示模塊中包含的循環調用功能。
◇	表示模塊內包含判斷處理功能，根據判斷結果決定調用。

2. 功能結構圖示例

以某單位工資管理信息系統的功能結構圖為例（見圖 1-9）。

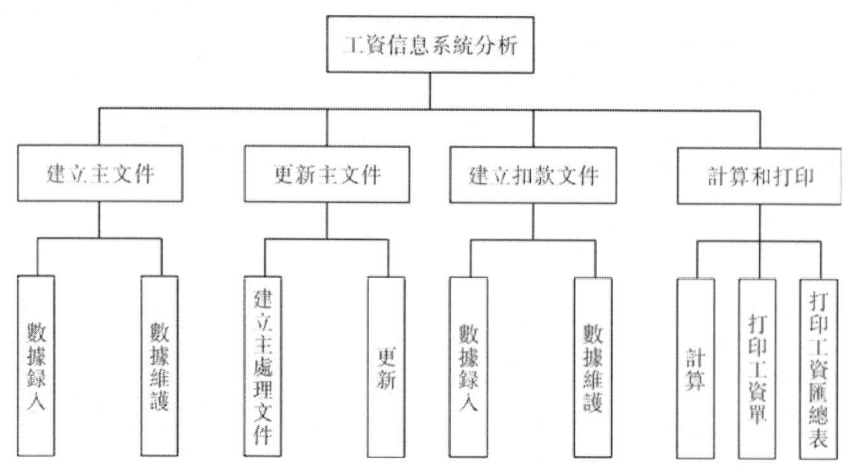

圖 1-9　某單位工資管理系統功能結構圖

1.9.5　模塊設計

1. 模塊設計原則

主要原則：「高內聚，低偶合」，提高模塊的獨立性。

其他原則：

（1）模塊的分解原則——按功能分解。

（2）模塊的扇出系數——不宜太大，也不宜太小。

（3）模塊的扇入系數——越大越好。

（4）對於任何一個內部存在判斷調用的模塊，模塊的判斷作用範圍應該是它的控製範圍的一個子集。存在判斷調用的模塊，所在層次不要與那些屬於判斷作用範圍的模塊所在層次相隔過遠。見表 1-7、表 1-8。

表 1-7　　　　　　　　　不同聚合形式的模塊性能比較

聚合形式	聯合形式	可修改性	可讀性	通用性	「黑箱」程度	聚合性
功能聚合	好	好	好	好	黑箱	10
順序聚合	好	好	好	中	不完全黑	9
通信聚合	中	中	中	不好	不完全黑	7
過程聚合	中	中	中	不好	半透明	5
暫時聚合	不好	不好	中	最壞	半透明	3
邏輯聚合	最壞	最壞	不好	最壞	透明	1
機械聚合	最壞	最壞	最壞	最壞	透明	0

表 1-8　　　　　　　　　不同聯結形式的模塊性能比較

聯結形式	對連鎖反應的影響	可修改性	可讀性	通用性
數據聯結	弱	好	好	好
特徵聯結	弱	中	中	中
控製聯結	中	不好	不好	不好
公共聯結	強	不好	最壞	最壞
內容聯結	最強	最壞	最壞	最壞

2. 模塊設計樣表（見表 1-9）

表 1-9　　　　　　　　　　模塊設計樣表

系統名稱：

模塊編號：	模塊名稱：
上級調用模塊編號：	上級調用模塊名稱：
輸入：	
輸出：	
處理：	
備註：	

　　　　　　　　　　設計者＿＿＿＿＿＿　　　　　　　年　月　日

1.9.6　編碼設計書（見表 1-10）

表 1-10　　　　　　　　　　編碼設計樣表

編碼名稱			
編碼對象			
編碼類型		位　　數	
編碼件數		使用日期	
使用部門（範圍）			
編碼結構：			
編碼處理要點（包括追加、刪除方式）：			
備註：			

　　　　　　設計人員＿＿＿＿＿＿　　　　　　　審核＿＿＿＿＿＿

1.9.7 數據庫設計

1. 設計步驟
(1) 用戶要求分析——瞭解用戶要存儲哪些方面的數據。
(2) 概念結構設計——用 E-R 法描述概念模型。
(3) 邏輯結構設計——將概念模型轉換成數據模型。
(4) 物理結構設計——選定合適的存儲結構和存取方法。
2. E-R 圖
(1) 基本符號（見圖 1-10）。

圖 1-10　E-R 圖基本符號

(2) 繪制方法：先繪制各分 E-R 圖，再合併成總 E-R 圖。見圖 1-11。

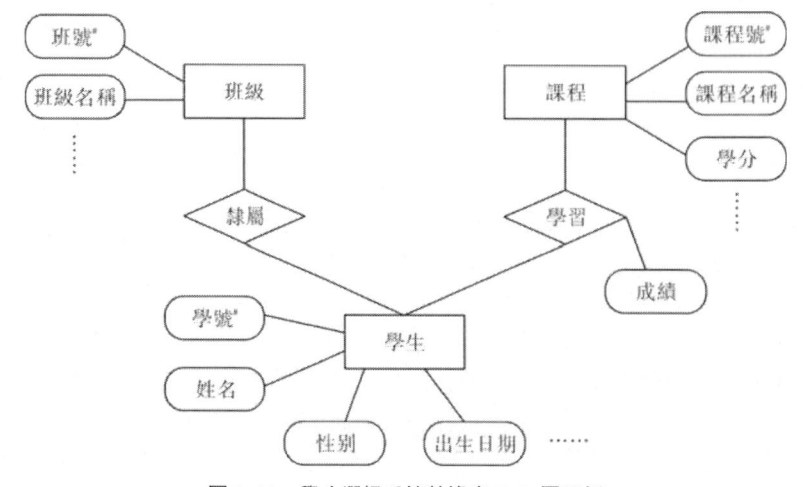

圖 1-11　學生選課系統數據庫 E-R 圖示例

3. 將 E-R 圖轉換為關係數據模型的規則
(1) E-R 圖中的每一個實體對應轉換成一個關係。實體名作為關係名，實體的屬性作為關係的屬性，實體的主碼作為關係的主碼。
(2) 實體間的每一個聯繫也對應轉換成一個關係。聯繫名作為關係名，聯繫兩端實體的主碼和聯繫自身的屬性一起作為關係的屬性，關係的主碼按如下原則確定：
① 1∶1 的聯繫——取聯繫的任意一端實體的主碼。
② 1∶n 的聯繫——取 n 端實體的主碼。
③ m∶n 的聯繫——取兩端實體主碼的組合。
(3) 對具有相同主碼的關係進行優化合併。

第二部分

項目實訓

2 需求調研

2.1 實驗基本要求

2.2.1 實訓目標

熟悉 QuickKnowledge 網站各個功能。

2.2.2 實訓任務

(1) 熟悉專家用戶註冊功能。
(2) 熟悉企業用戶註冊功能。
(3) 熟悉 Admin 用戶功能調研。
(4) 熟悉 Expert 用戶功能調研。
(5) 熟悉 Enterpriese 用戶功能調研。
(6) 其他系統功能調研。

2.2 實驗步驟

2.2.1 專家用戶註冊功能

(1) 點擊 Register,跳轉到選擇註冊用戶頁面。見圖 2-1。

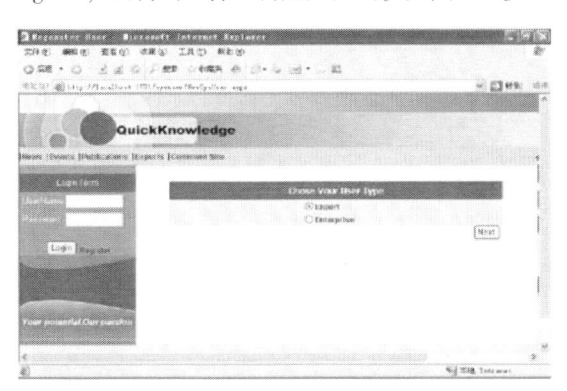

圖 2-1 選擇註冊用戶頁面

（2）選擇 Expert，點擊 Next，進入到註冊 Expert 頁面。見圖 2-2。

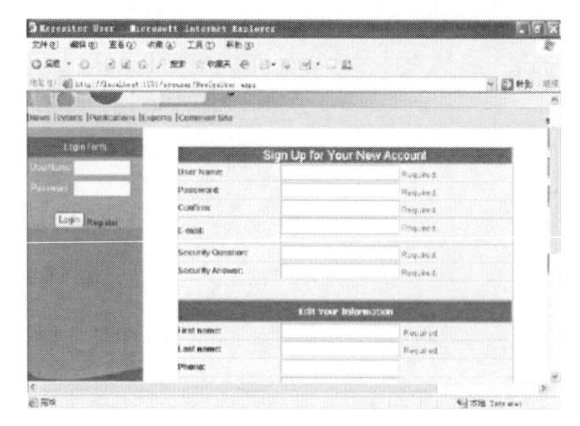

圖 2-2　註冊 Expert 頁面

（3）依次填入內容，完成後點擊 Next 跳轉到成功註冊頁面。見圖 2-3。

圖 2-3　成功註冊頁面

（4）在這裡登錄驗證剛才的 Expert 用戶是否註冊成功。見圖 2-4。

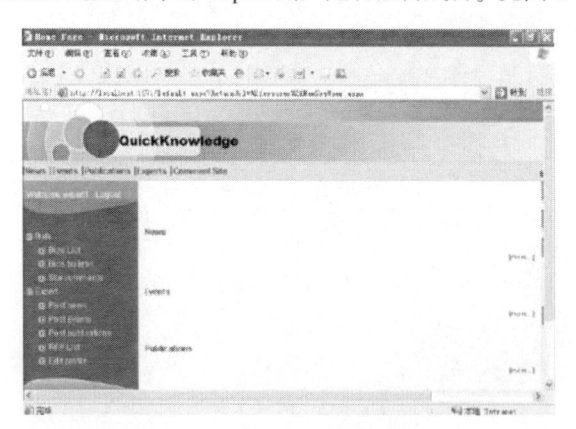

圖 2-4　Expert 用戶跳轉頁面

2.2.2 企業用戶註冊功能

（1）在登錄的 Expert 頁面點擊 Logout 退出登錄，回到 Default.aspx 頁面。見圖 2-5。

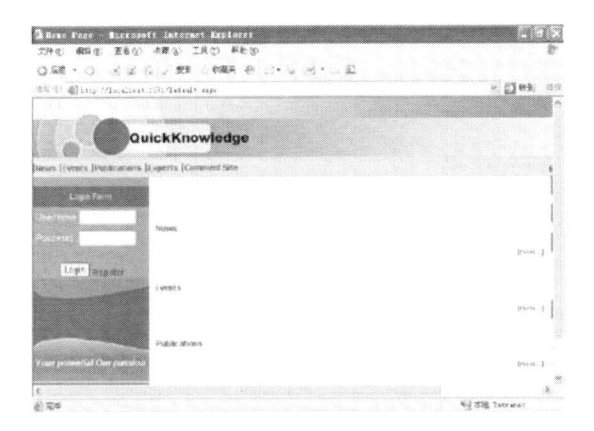

圖 2-5　點擊 Logout 退出登錄頁面

（2）點擊 Register，跳轉到選擇註冊用戶頁面。見圖 2-6。

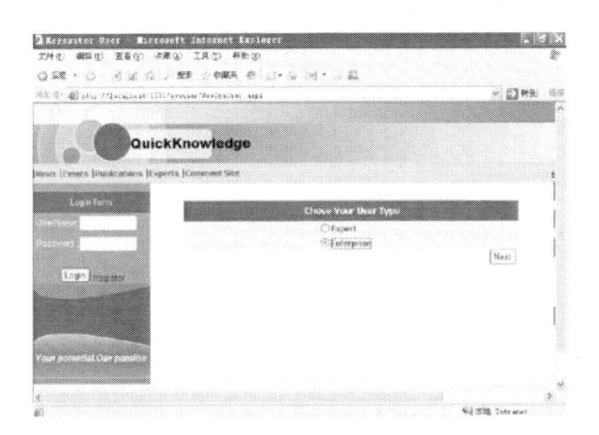

圖 2-6　註冊用戶頁面

（3）選擇 Enterprise，點擊 Next，跳轉到註冊 Enterprise 頁面。見圖 2-7。

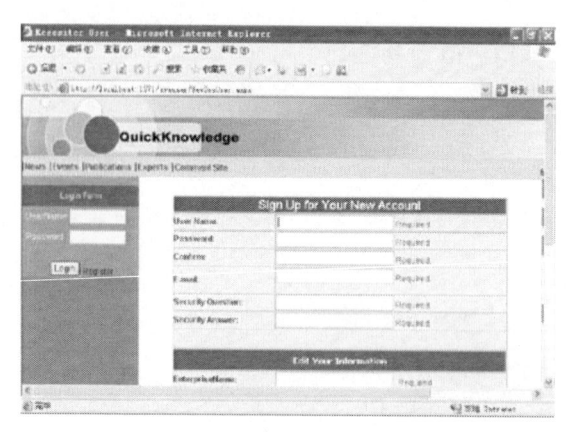

圖 2-7　註冊 Enterprise 頁面

（4）依次輸入內容，完成後點擊 Next 跳轉到成功註冊頁面。見圖 2-8。

圖 2-8　成功註冊頁面

（5）在這裡登錄驗證剛才的 Enterprise 用戶是否註冊成功。見圖 2-9。

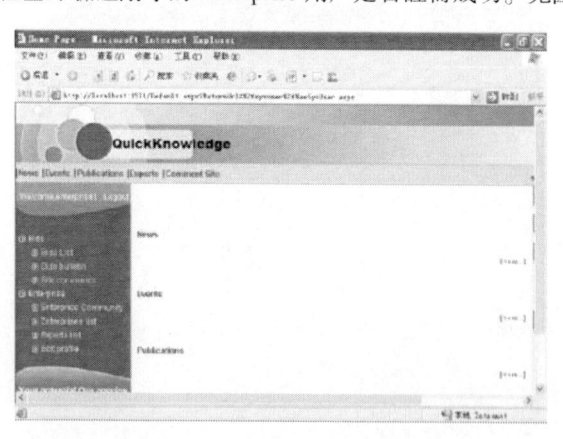

圖 2-9　登錄驗證 Enterprise 用戶

2.2.3 Admin 用戶功能調研

(1) username：admin，password：admin；輸入用戶名和密碼登錄到 Admin 角色管理頁面。見圖 2-10。

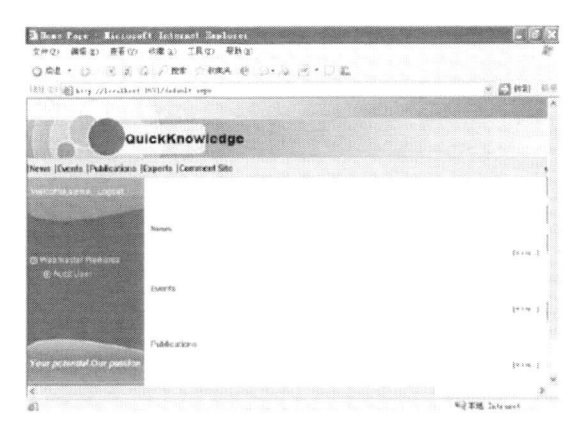

圖 2-10　登錄到 Admin 角色管理頁面

(2) 點擊 Audit User，可以查看 Expert 用戶。見圖 2-11。

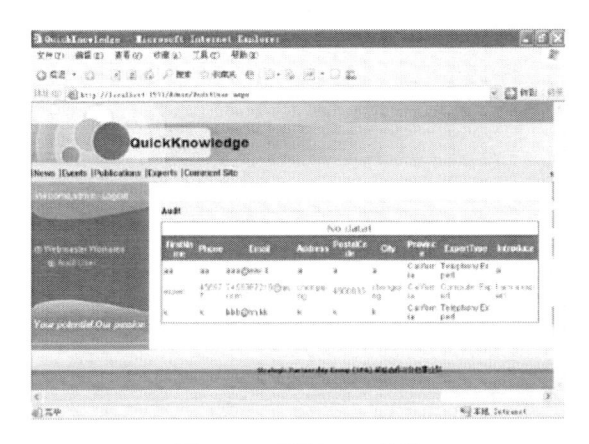

圖 2-11　查看 Expert 用戶

2.2.4 Expert 用戶功能調研

(1) username：expert1，password：expert1；輸入用戶名和密碼登錄到 Expert 角色頁面。見圖 2-12。

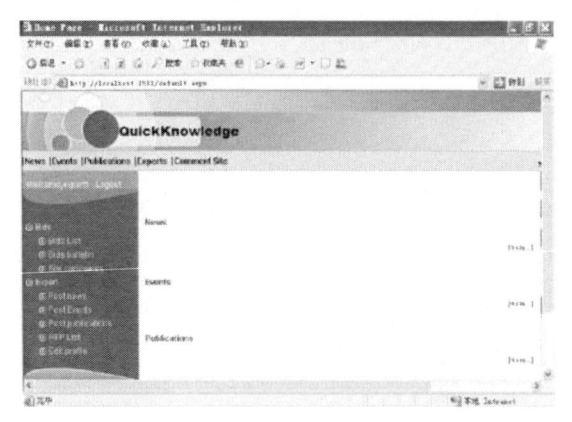

圖 2-12　登錄到 Expert 角色頁面

（2）點擊 Bids List 可以查看企業發布的 Bids。見圖 2-13。

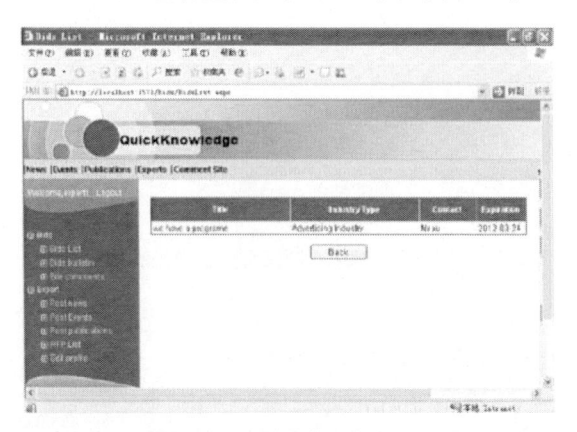

圖 2-13　查看企業發布的 Bids

（3）點擊具體的 Bids，可以查看具體信息。見圖 2-14。

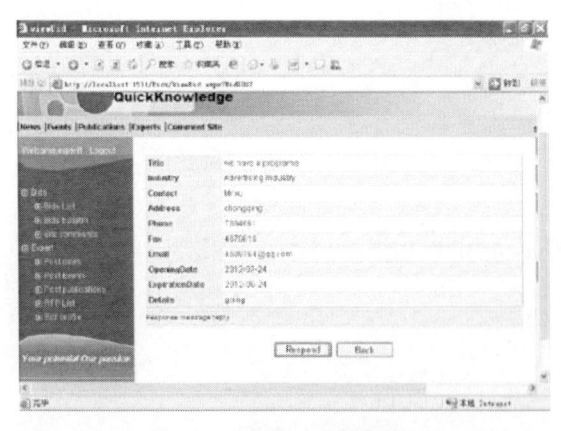

圖 2-14　查看 Bids 具體信息

（4）點擊 Respond 可以對 Bids 進行回應。見圖 2-15。

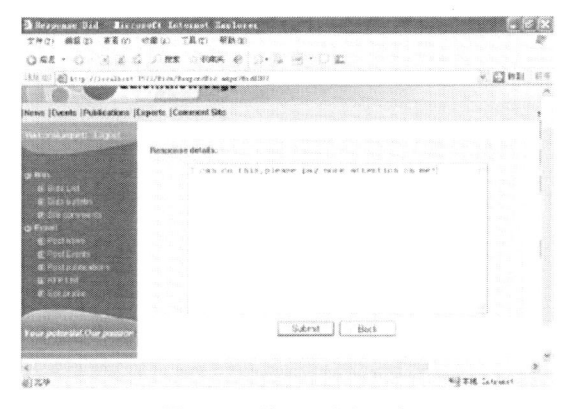

圖 2-15　對 Bids 進行回應

（5）點擊 Submit，可以看見回應內容在 Bids 下方。見圖 2-16。

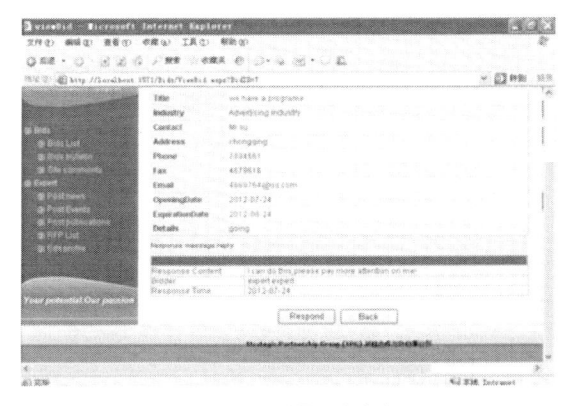

圖 2-16　看見回應內容

（6）點擊 Bids bulletin，可以查看相關內容。見圖 2-17。

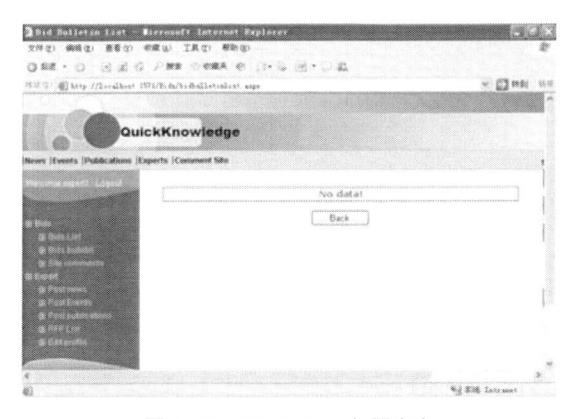

圖 2-17　Bids bulletin 相關內容

（7）點擊 Site comments 可以查看網站評論。見圖 2-18。

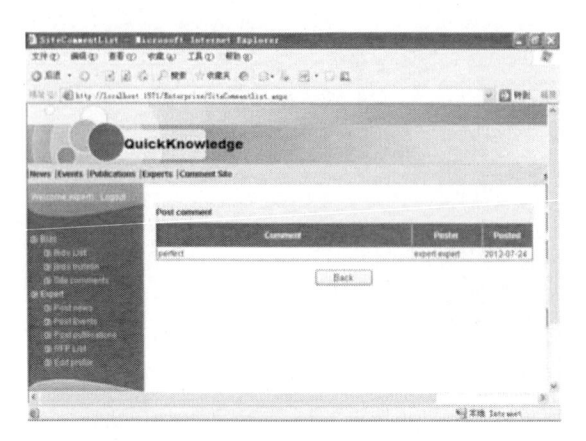

圖 2-18　查看網站評論

（8）點擊具體的評論可以查看其具體信息。見圖 2-19。

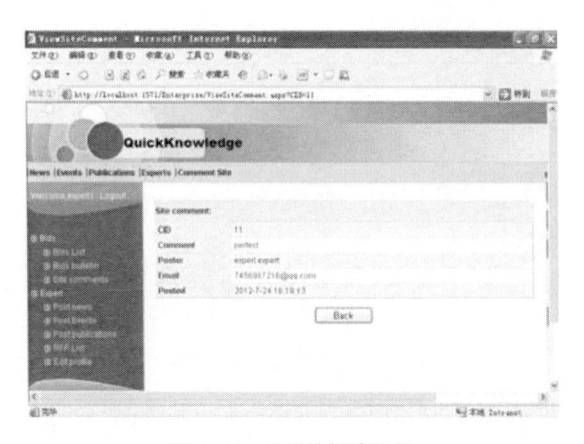

圖 2-19　具體的評論信息

（9）點擊 Back 按鈕，回到 Sitecomments 主頁面，點擊 Postcomments 可進行評論。見圖 2-20。

圖 2-20　Postcomments

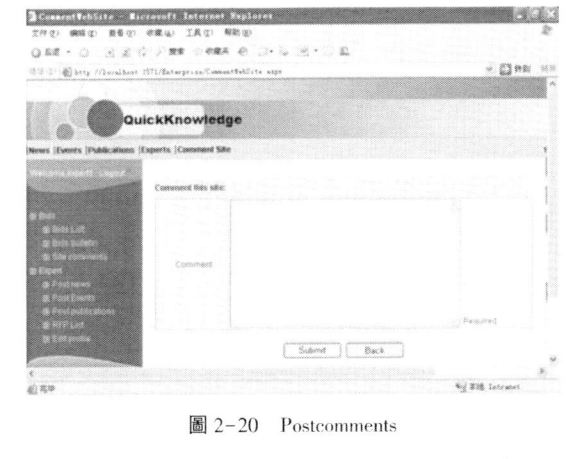

（10）在文本框匯總輸入評論內容，點擊 Submit 進行發布，回到 Site comments 主頁面，可以看到新發布的評論。見圖 2-21、圖 2-22。

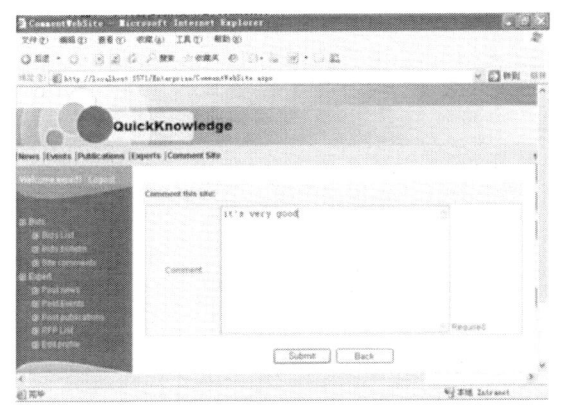

圖 2-21　發布新評論

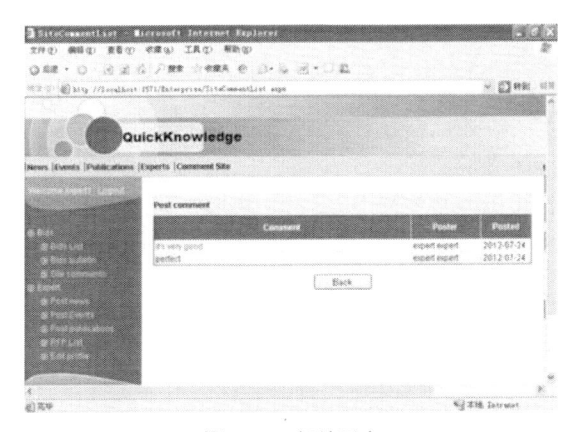

圖 2-22　評論列表

（11）點擊 Post news 進入發布 news 功能頁面。見圖 2-23。

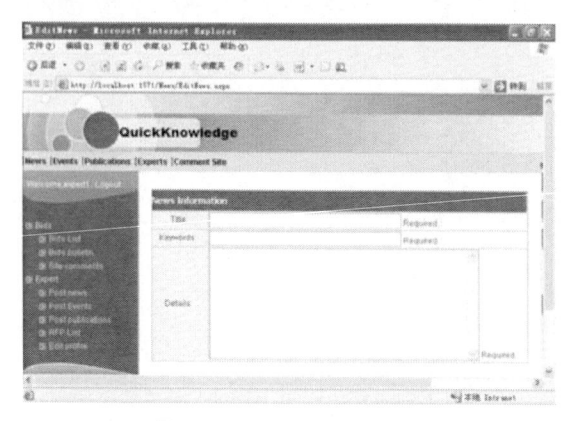

圖 2-23　發布 news 功能頁面

（12）輸入相應內容，點擊 Submit 跳轉到 NewsList.aspx 頁面，並可以看到剛才發布的 news。見圖 2-24、圖 2-25。

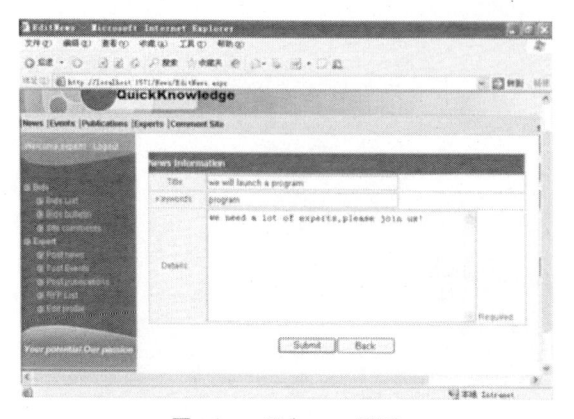

圖 2-24　發布 news 頁面

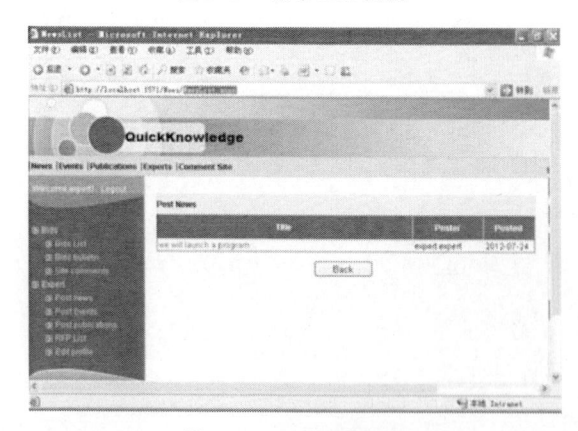

圖 2-25　news 列表頁面

（13）點擊具體 news，可以查看其具體信息。見圖 2-26。

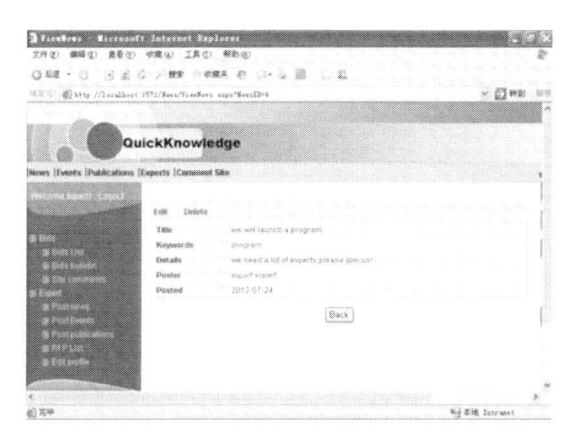

圖 2-26　news 具體信息

（14）點擊 Post Events 進入發布 Events 頁面。見圖 2-27。

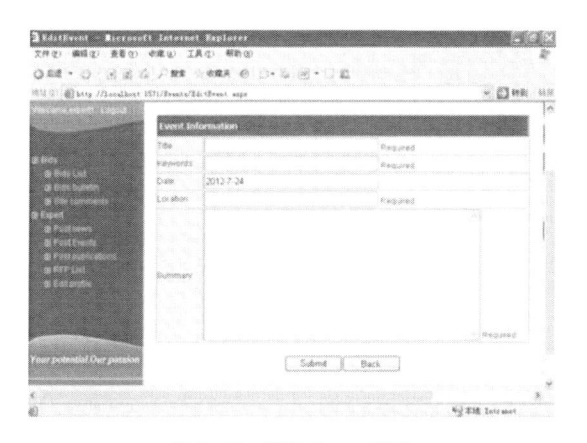

圖 2-27　發布 Events 頁面

（15）輸入相應內容，點擊 Submit 按鈕，跳轉到 EventsList.aspx 頁面，並可以看到剛才發布的 Events。見圖 2-28、圖 2-29。

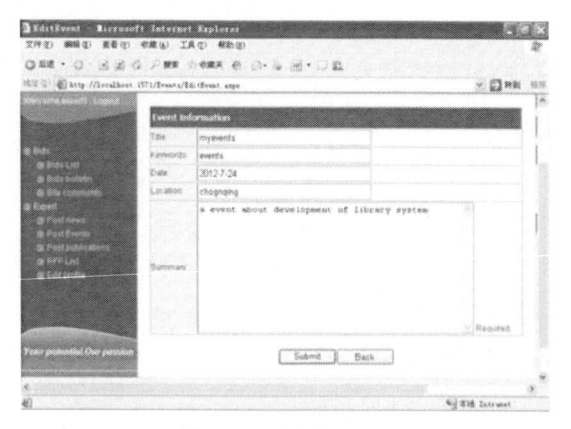

圖 2-28 發布的 Events

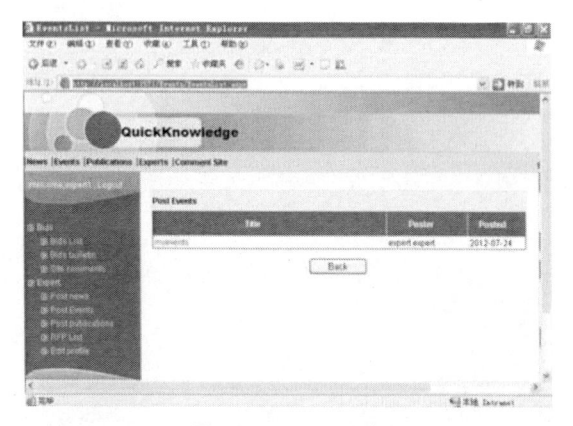

圖 2-29 Events 列表

（16）點擊具體 Events，可以看到其具體信息。見圖 2-30。

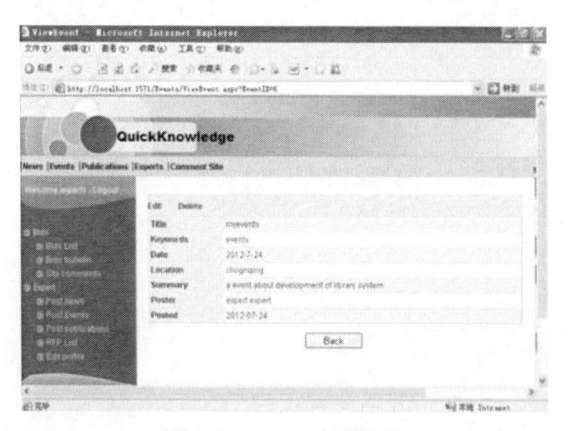

圖 2-30 Events 具體信息

（17）點擊 Post publications 進入發布 publication 頁面。見圖 2-31。

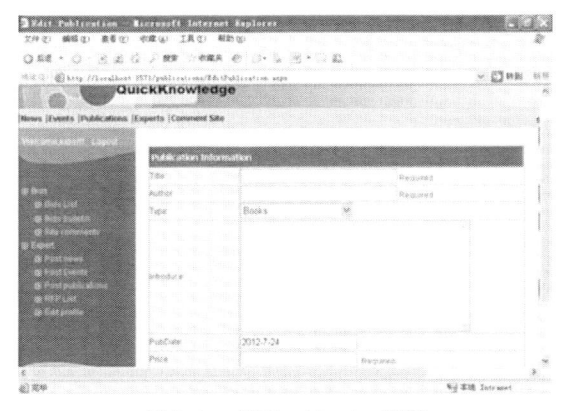

圖 2-31　發布 publication 頁面

（18）輸入相應內容，點擊 Submit 按鈕，跳轉到 EventsList.aspx 頁面，並可以看到剛發布的 publication。見圖 2-32、圖 2-33。

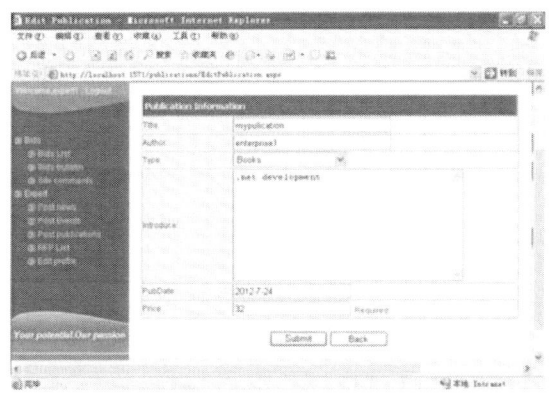

圖 2-32　發布 publication

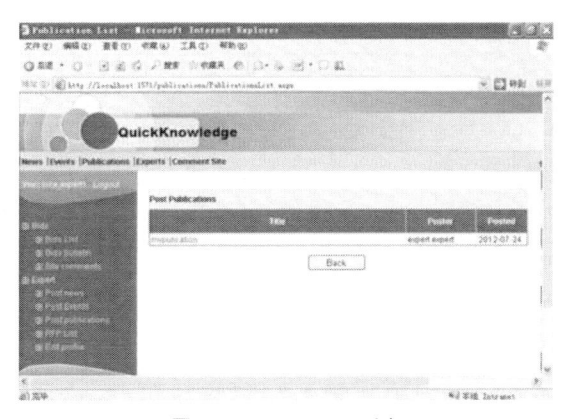

圖 2-33　publication 列表

(19) 點擊具體的 publication，可以看到其具體信息。見圖 2-34。

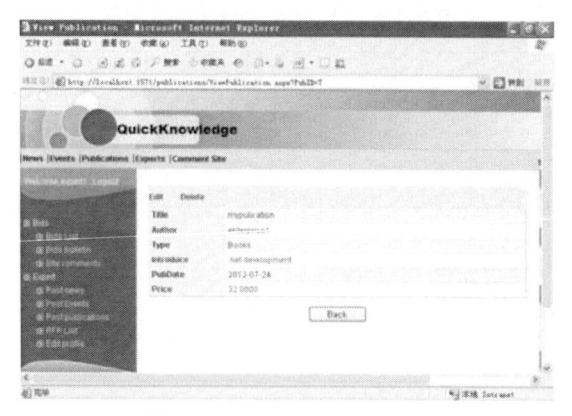

圖 2-34　publication 具體信息

(20) 點擊 RFP List，進入 RFPsList.aspx 頁面。見圖 2-35。

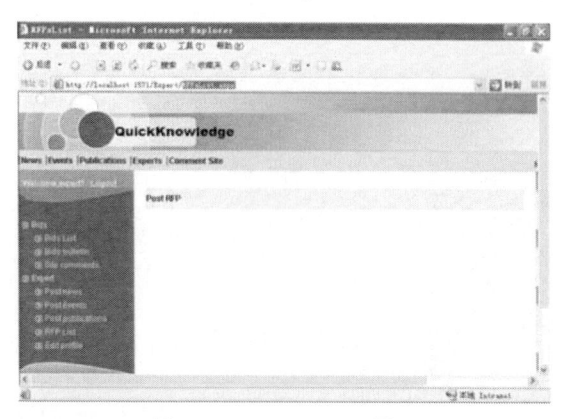

圖 2-35　RFPsList.aspx 頁面

(21) 點擊 Post RFP，跳轉到發布 RFP 頁面。見圖 2-36。

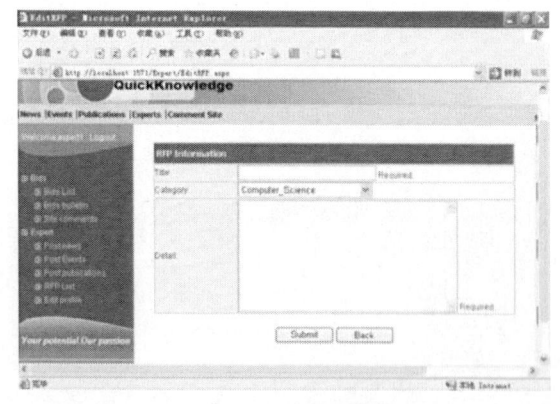

圖 2-36　發布 RFP 頁面

（22）輸入相應內容，擊 Submit 按鈕，跳轉到 RFPsList.aspx 頁面，並可以看到剛發布的 RFP。見圖 2-37、圖 2-38。

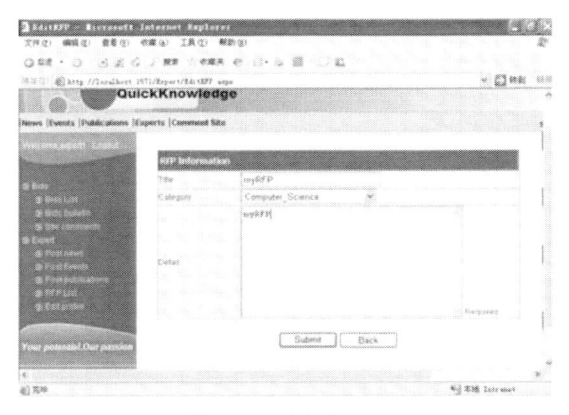

圖 2-37　發布的 RFP

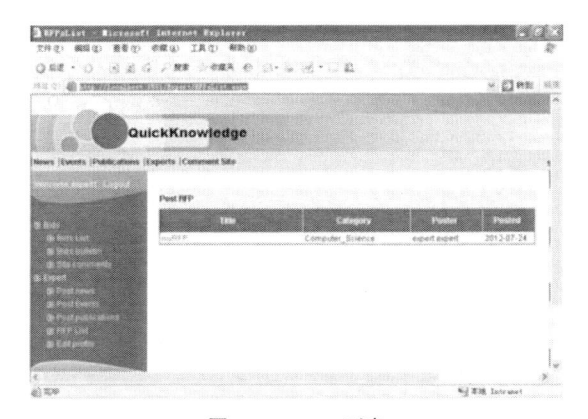

圖 2-38　RFP 列表

（23）點擊具體的 RFP，可以查看其具體信息。見圖 2-39。

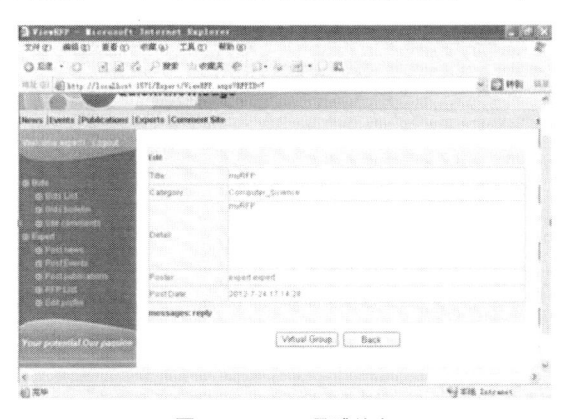

圖 2-39　RFP 具體信息

（24）點擊 Virtual Group，查看虛擬團隊。見圖 2-40。

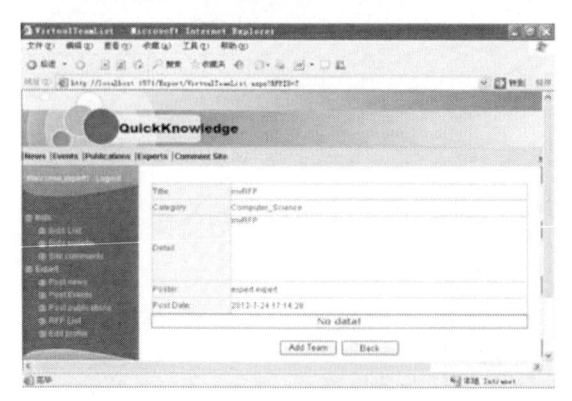

圖 2-40　查看虛擬團隊

（25）這裡沒有數據，點擊 Add Team 可以進行添加。見圖 2-41。

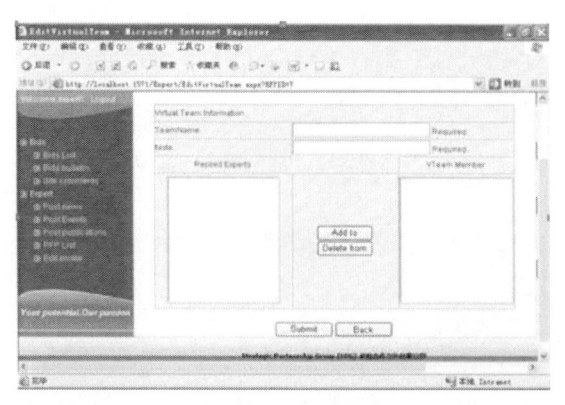

圖 2-41　Add Team 1

（26）輸入相應內容，點擊 Submit 跳轉頁面，可看見添加的 team。見圖 2-42、圖 2-43。

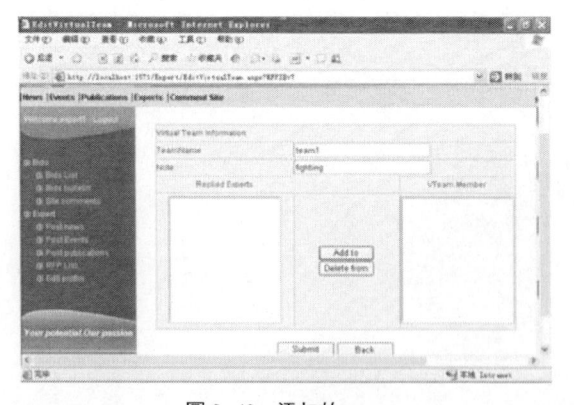

圖 2-42　添加的 team

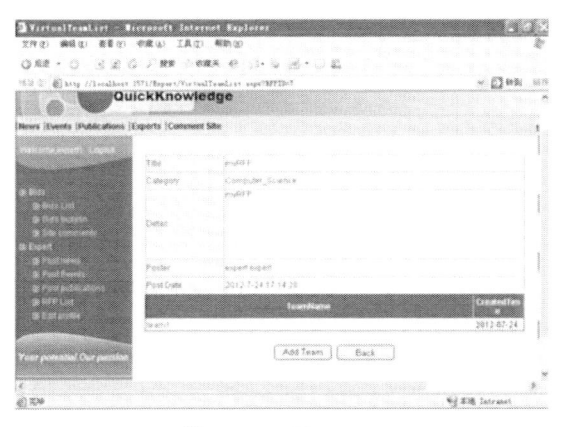

圖 2-43　Add Team 2

（27）點擊具體 team，可以查看其具體信息。見圖 2-44。

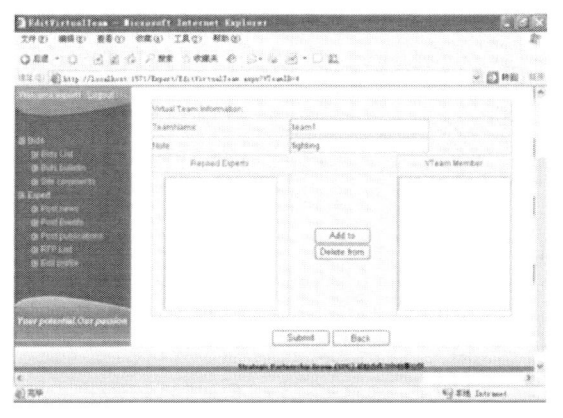

圖 2-44　team 具體信息

（28）點擊 Edit profile，進入到修改個人信息頁面。見圖 2-45。

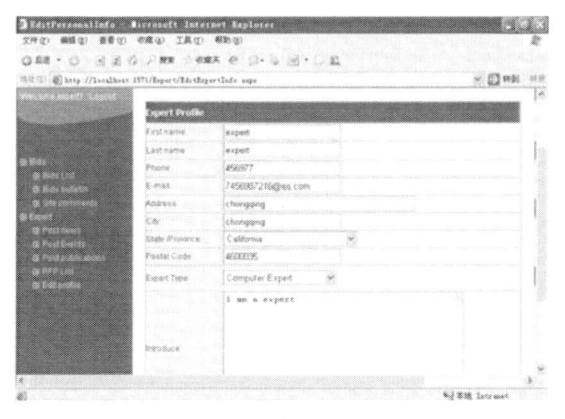

圖 2-45　修改個人信息頁面 1

（29）例如修改 introduce 為：please pay more attention on me，點擊 Submit 按鈕，提示 Save profile successflu!。見圖 2-46、圖 2-47。

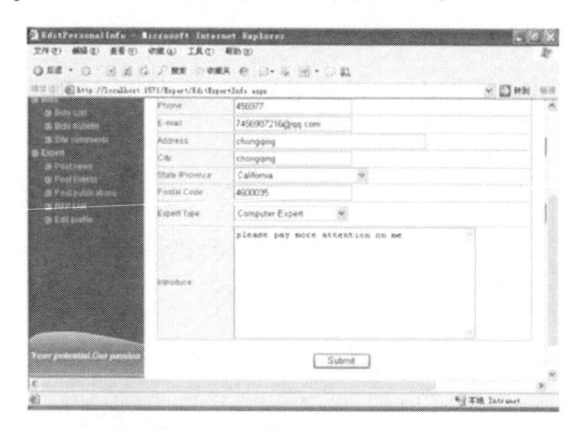

圖 2-46　修改個人信息頁面 2

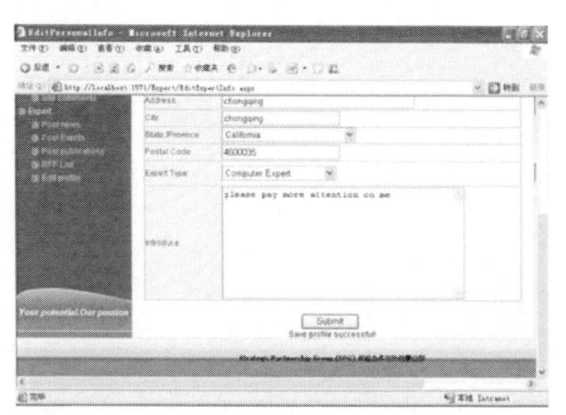

圖 2-47　修改個人信息頁面 3

（30）點擊菜單導航欄上的 News，進入到 NewsList.aspx 頁面。見圖 2-48。

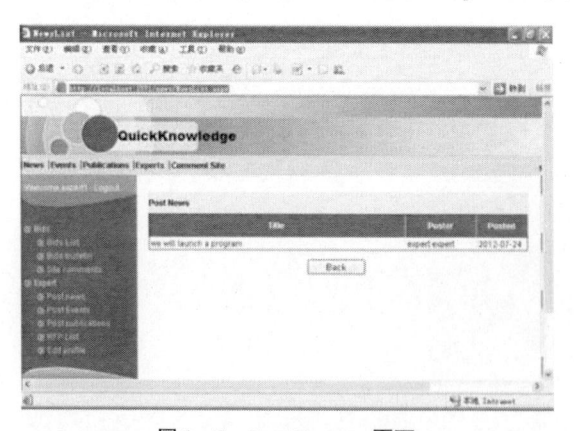

圖 2-48　NewsList.aspx 頁面

（31）點擊菜單導航欄上的 Events，進入 EventsList.aspx 頁面。見圖 2-49。

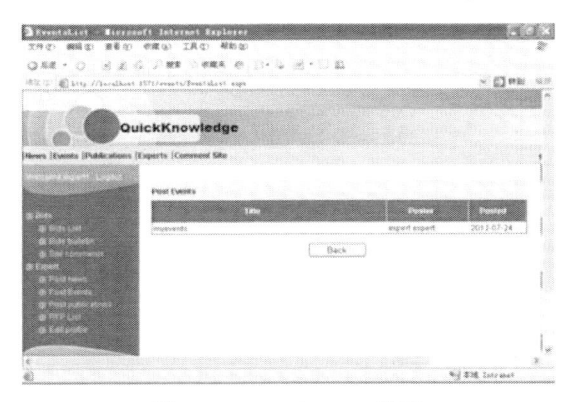

圖 2-49　EventsList.aspx 頁面

（32）點擊菜單導航欄上的 Publications，進入 PublicationsList.aspx 頁面。見圖 2-50。

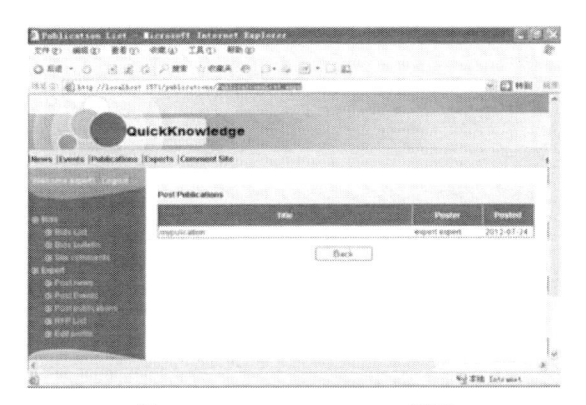

圖 2-50　PublicationsList.aspx 頁面

（33）點擊菜單導航欄上的 Experts，進入 ExpertsList.aspx 頁面。見圖 2-51。

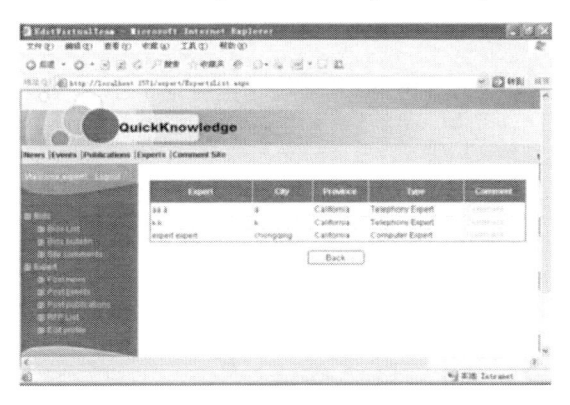

圖 2-51　ExpertsList.aspx 頁面

(34) 點擊具體的 expert，可以查看其具體信息見圖 2-52。

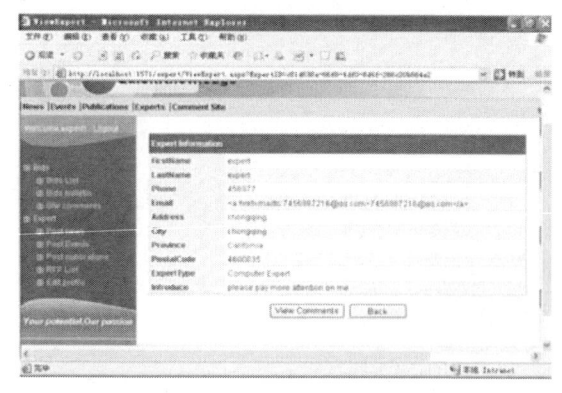

圖 2-52　expert 具體信息

(35) 點擊菜單導航欄上的 Comment Site，進入 SiteCommentList.aspx 頁面。見圖 2-53。

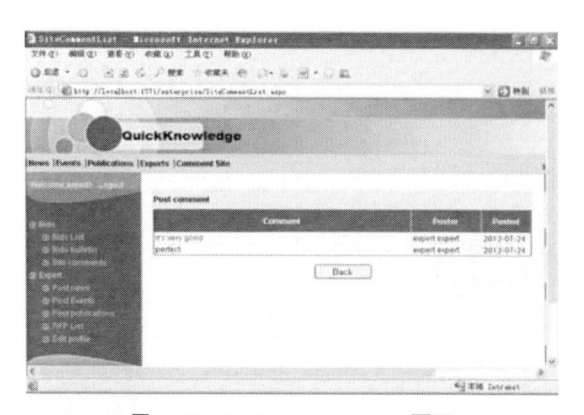

圖 2-53　SiteCommentList.aspx 頁面

(36) 點擊具體的 comment，可以查看具體的評論信息。見圖 2-54。

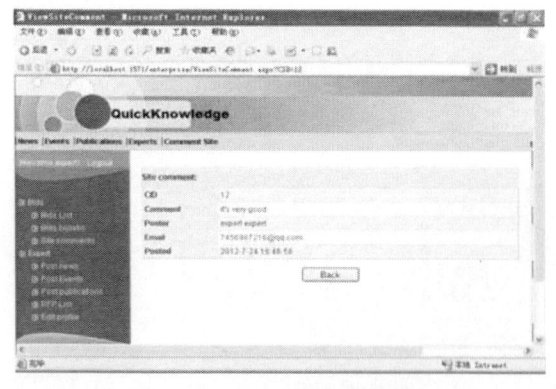

圖 2-54　查看具體的評論信息

2.2.5　Enterpriese 用戶功能調研

（1）username：enterprise1，password：enterprise1；輸入用戶名和密碼登錄到 enterprise 角色頁面。見圖 2-55。

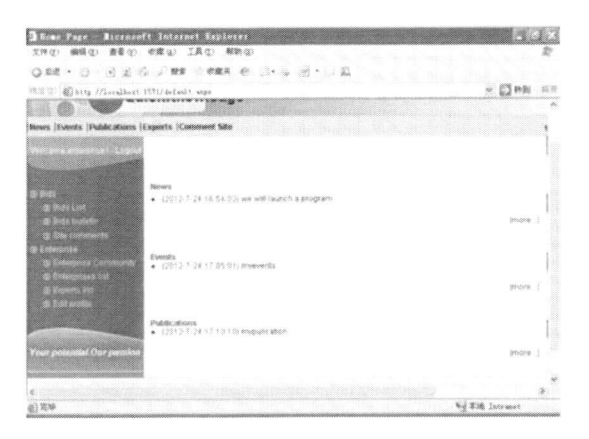

圖 2-55　登錄到 enterprise 角色頁面

（2）點擊 Bids List，可以查看已有的 bids。見圖 2-56。

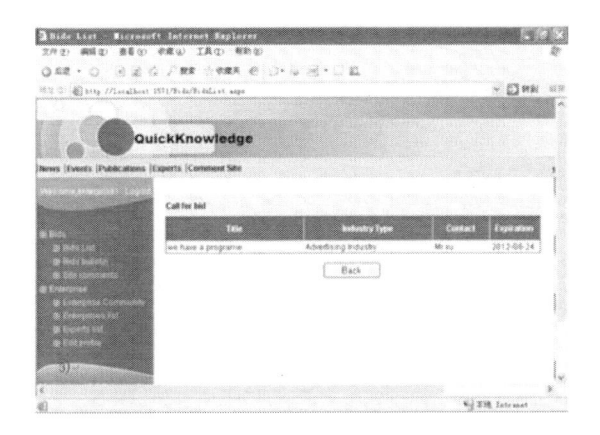

圖 2-56　查看已有的 bids

（3）點擊 call for bid，可以發布新的 bid。見圖 2-57。

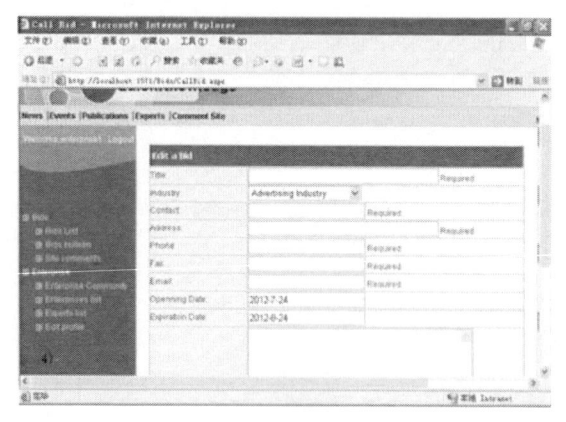

圖 2-57　發布新的 bid

　　（4）輸入相應內容，點擊 Submit，跳轉到 BidsList.aspx 頁面，可以看到剛發布的 bid。見圖 2-58、圖 2-59。

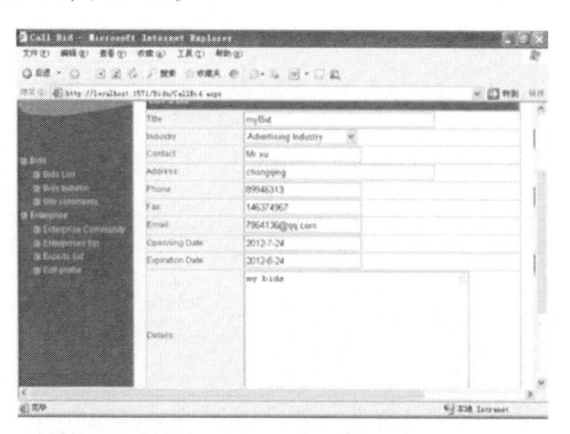

圖 2-58　查看剛發布的 bid 1

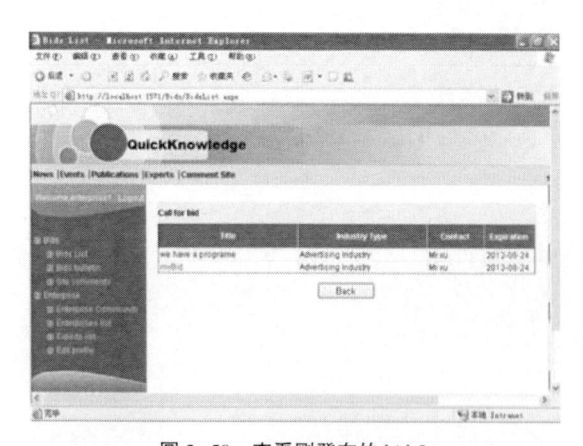

圖 2-59　查看剛發布的 bid 2

(5) 點擊具體的 bid, 可以查看其具體信息。見圖 2-60。

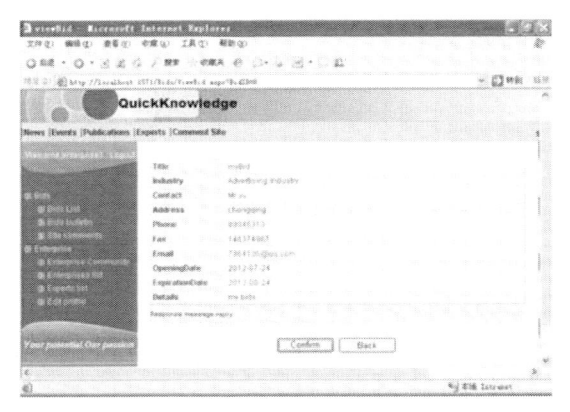

圖 2-60　查看剛發布的 bid 3

(6) 點擊 Confirm, 可對 bid 進行確認。見圖 2-61。

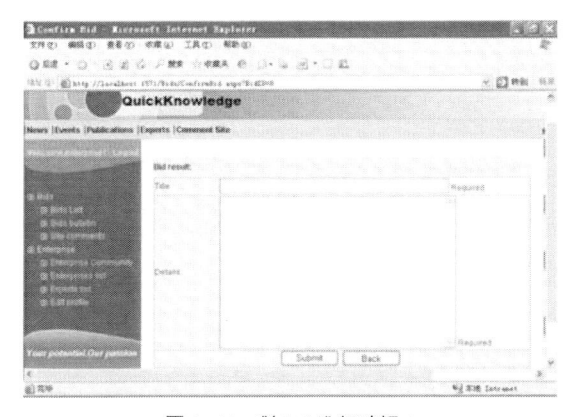

圖 2-61　對 bid 進行確認 1

(7) 輸入相應內容, 點擊 Submit 按鈕, 跳轉到 BidsList.aspx 頁面。見圖 2-62。

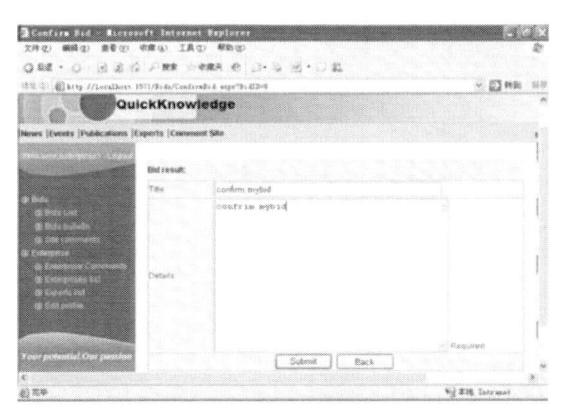

圖 2-62　對 bid 進行確認 2

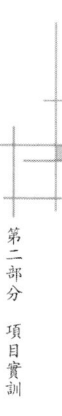

(8) 點擊 Bids bulletin，可以看到剛確認的 mybid。見圖 2-63。

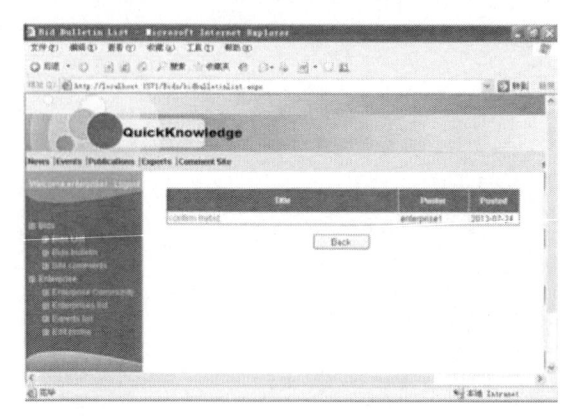

圖 2-63　對 bid 進行確認 3

(9) 點擊 Site comments，可以查看對網站的評論。見圖 2-64。

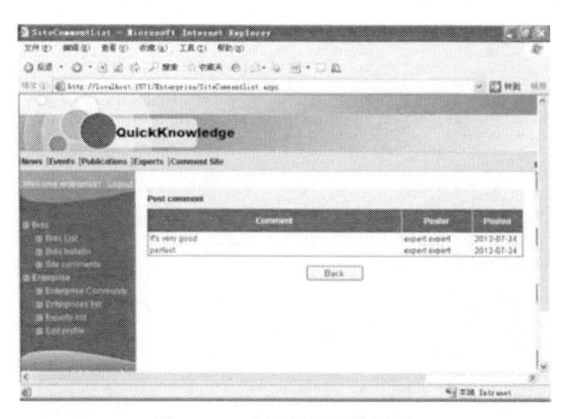

圖 2-64　查看對網站的評論

(10) 點擊 Post comment 可以發布對網站的評論。見圖 2-65。

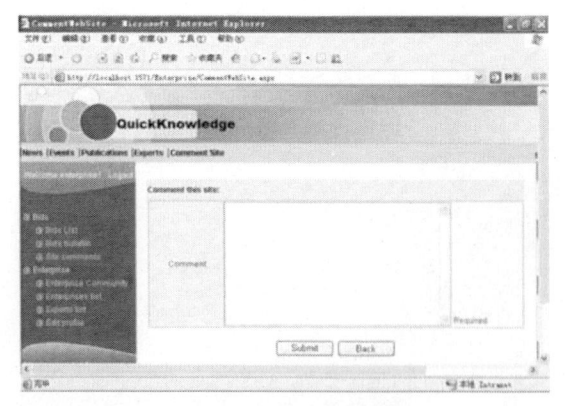

圖 2-65　發布對網站的評論

（11）輸入相應內容，點擊 Submit，跳轉到 SiteCommentList.aspx 頁面，可以看到剛才發布的評論。見圖 2-66、圖 2-67。

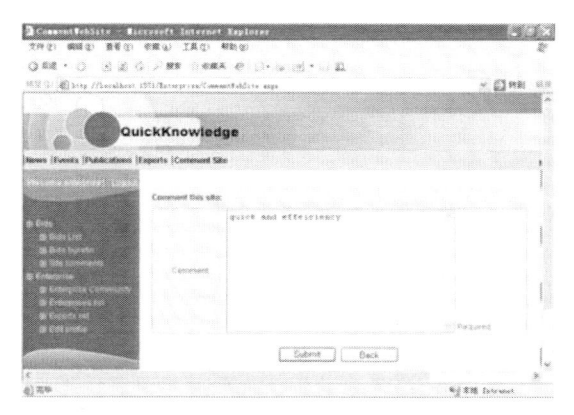

圖 2-66　看到剛才發布的評論 1

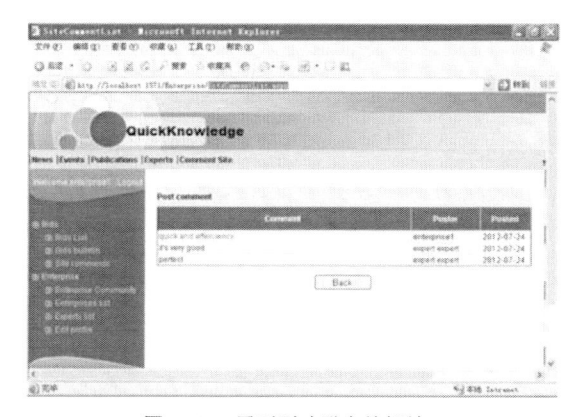

圖 2-67　看到剛才發布的評論 2

（12）點擊 Enterprise list 可以查看已經註冊的企業。見圖 2-68。

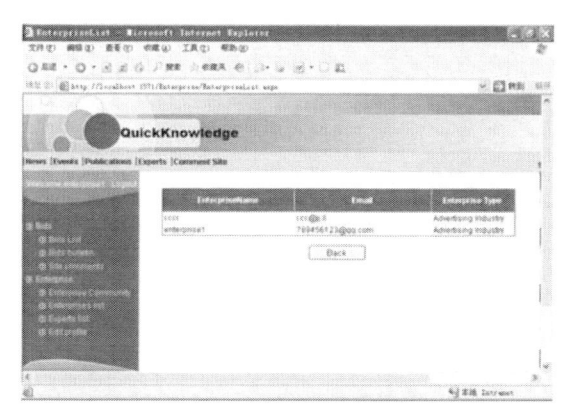

圖 2-68　查看已經註冊的企業

（13）點擊 expertlist 可以查看已經註冊的 expert。見圖 2-69。

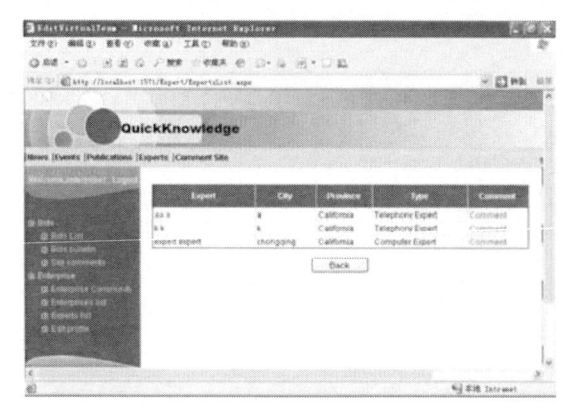

圖 2-69　查看已經註冊的 expert

（14）點擊 Edit profile，可以修改企業屬性。見圖 2-70。

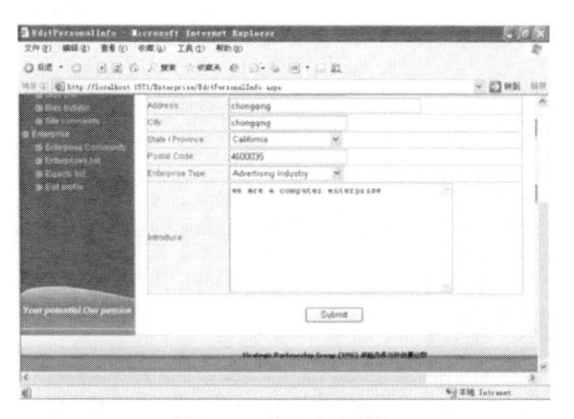

圖 2-70　修改企業屬性

（15）例如修改 Introduce 為「we need a lot of experts」。見圖 2-71。

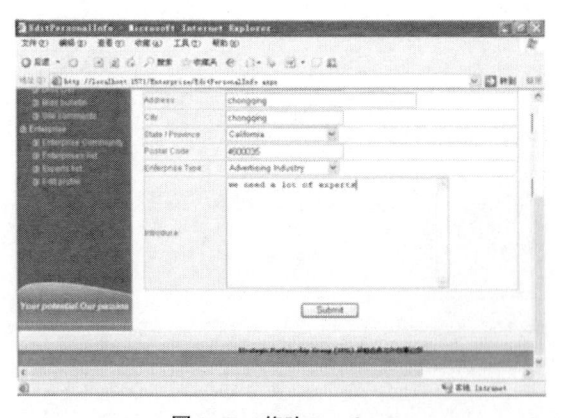

圖 2-71　修改 Introduce

（16）點擊 Submit，提示「Save profile successful！」。見圖 2-72。

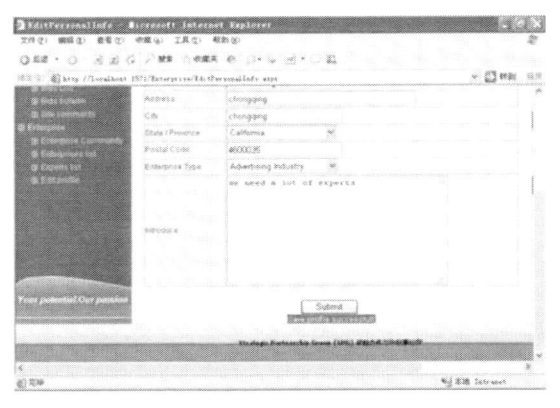

圖 2-72　提交修改

（17）點擊菜單導航欄上的 News，進入 NewsList.aspx 頁面。見圖 2-73。

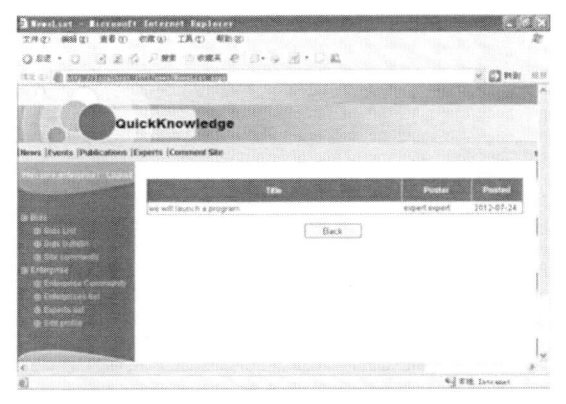

圖 2-73　NewsList.aspx 頁面

（18）點擊菜單導航欄上的 Events，進入 EventsList.aspx 頁面。見圖 2-74。

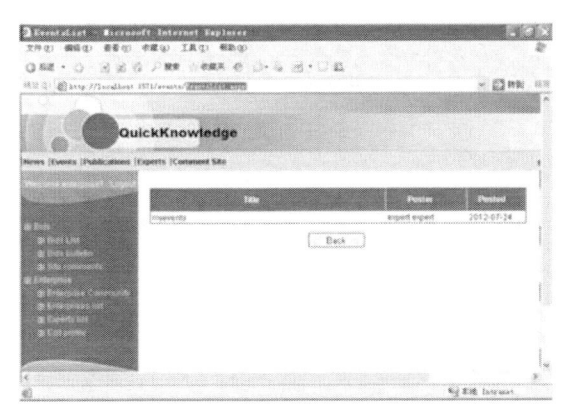

圖 2-74　EventsList.aspx 頁面

（19）點擊菜單導航欄上的 Publication，進入到 PublicationsList.aspx 頁面。見圖 2-75。

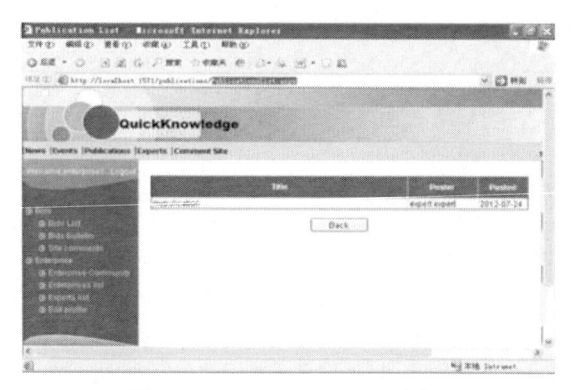

圖 2-75　PublicationsList.aspx 頁面

（20）點擊菜單導航欄上的 Experts，進入 ExpertsList.aspx 頁面。見圖 2-76。

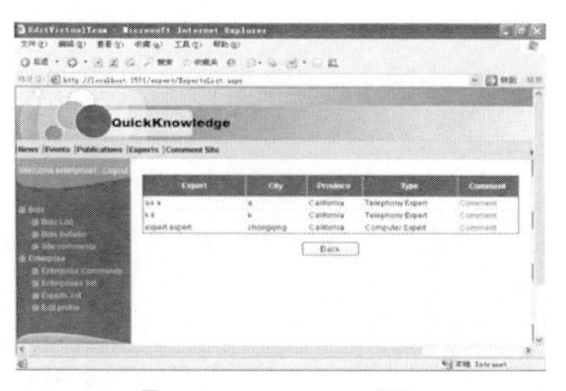

圖 2-76　ExpertsList.aspx 頁面

（21）點擊菜單導航欄上的 Comment Site，進入 SiteCommentList.aspx 頁面。見圖 2-77。

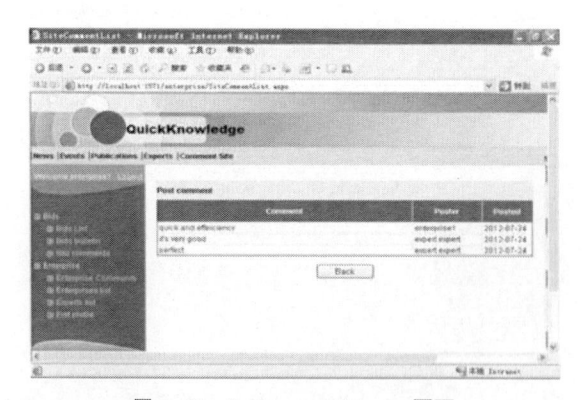

圖 2-77　SiteCommentList.aspx 頁面

（22）點擊 Post Comment，可以發布 comment。見圖 2-78。

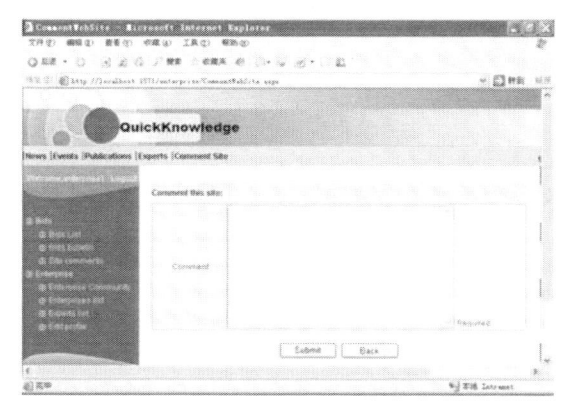

圖 2-78　發布 comment

（23）輸入相應內容，點擊 Submit，跳轉到 SiteCommentList.aspx 頁面，可以看到剛發布的評論。見圖 2-79、圖 2-80。

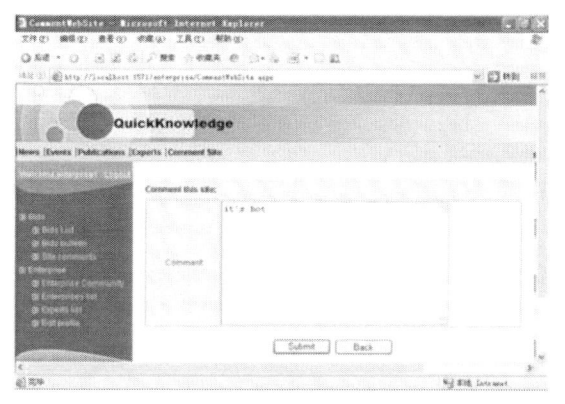

圖 2-79　查看剛發布的評論 1

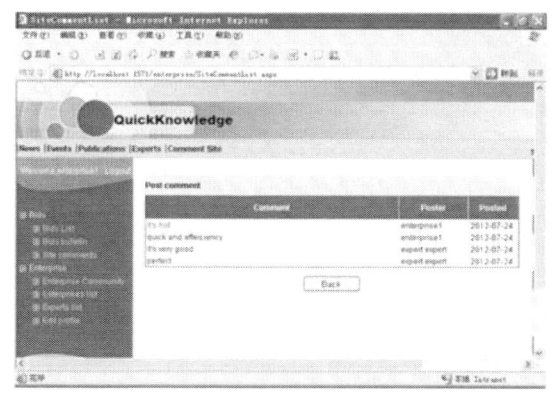

圖 2-80　查看剛發布的評論 2

2.2.6 其他系統功能調研

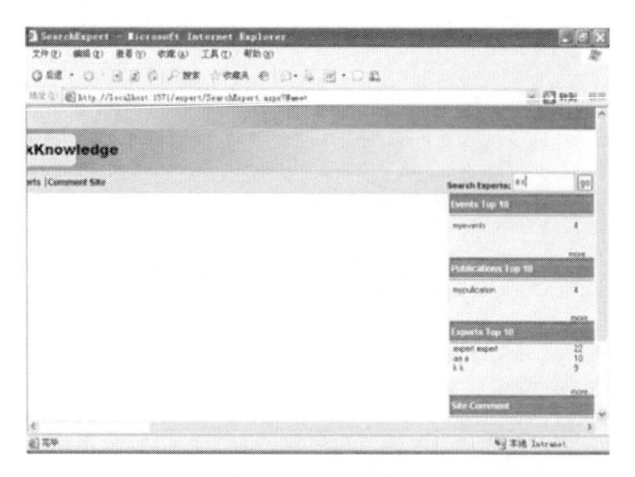

（1）在 Search Experts 文本框中輸入要搜索的專家，點擊 go 即可進行搜索。見圖 2-81、圖 2-82。

圖 2-81　搜索專家 1

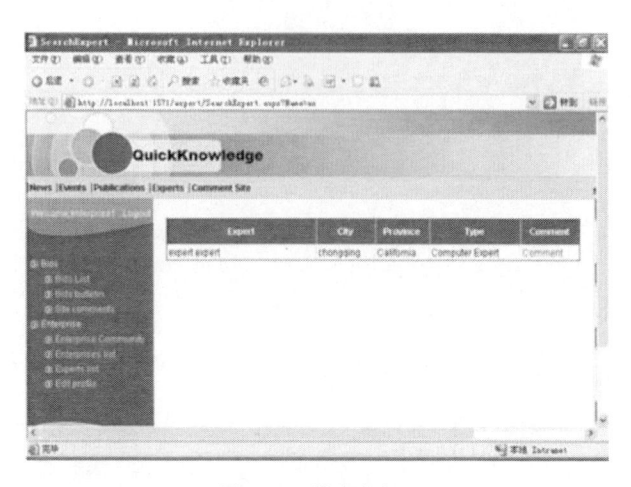

圖 2-82　搜索專家 2

（2）點擊 Events Top 10 下的 Events 可以查看特定的 Event 信息。見圖 2-83、圖 2-84。

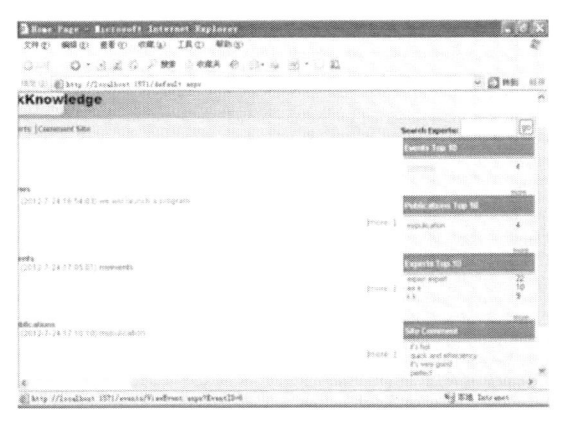

圖 2-83 Events Top 10

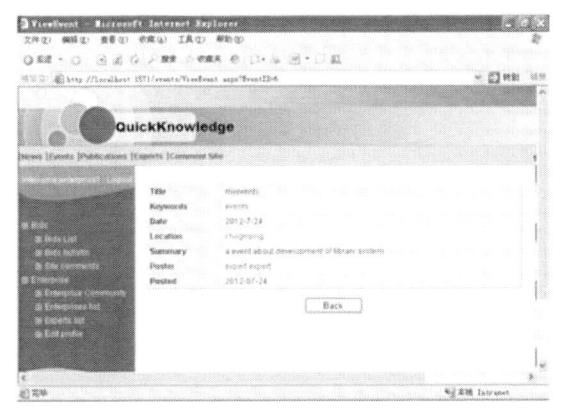

圖 2-84 查看特定的 Event 信息

（3）點擊 Publication Top10 下的 publication 可以查看特定的 publication 信息。見圖 2-85、圖 2-86。

圖 2-85 查看特定的 publication 信息 1

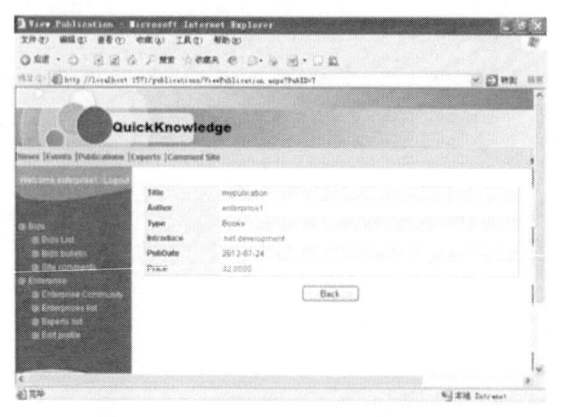

圖 2-86　查看特定的 publication 信息 2

（4）點擊 Experts Top 10 下的 expert 可以查看特定的 expert 信息。見圖 2-87、圖 2-88。

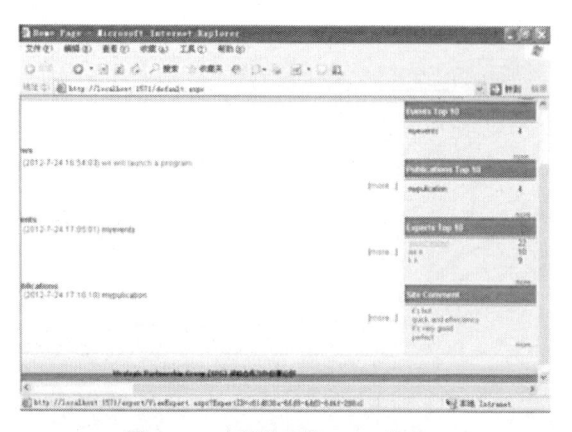

圖 2-87　查看特定的 expert 信息 1

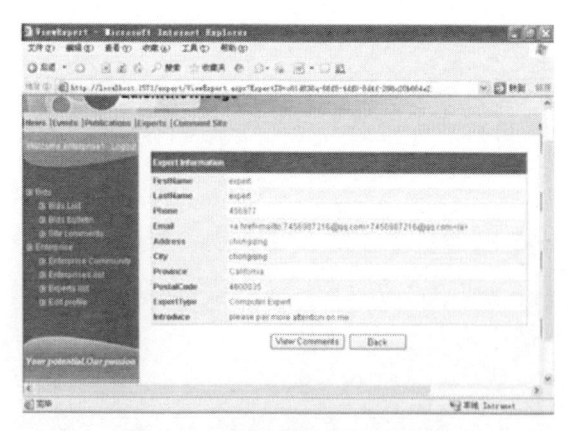

圖 2-88　查看特定的 expert 信息 2

（5）點擊 Site Comment 下的 comment 可以查看特定的 comment。見圖 2-89、圖 2-90。

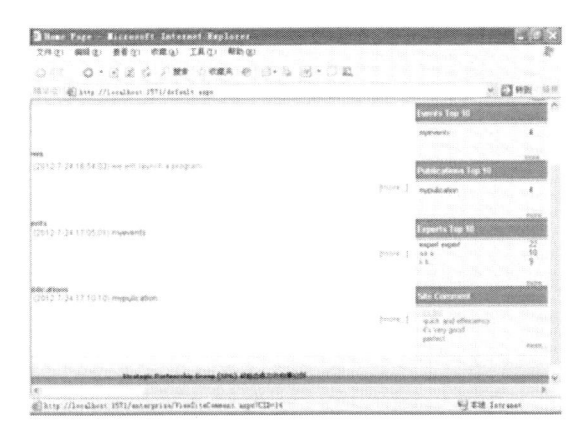

圖 2-89　查看特定的 comment 1

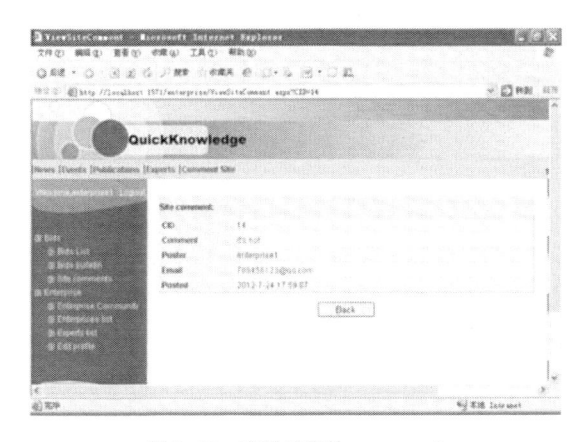

圖 2-90　查看特定的 comment 2

3 系統設計操作實訓

3.1 實驗基本要求

3.1.1 實訓目標

根據提供的系統需求調研，完成系統設計。

3.1.2 實訓任務

（1）閱讀編碼規範。
（2）系統詳細設計。
（3）系統數據庫設計。
（4）系統類圖設計。

3.2 實驗步驟

3.2.1 實訓任務一：閱讀編碼規範

自行閱讀編碼規範，完成自己的編碼規範。

3.2.2 實訓任務二：系統詳細設計

主要的用戶按權限可以分為三類：第一類是匿名用戶，第二類是專家用戶，第三類是管理員。不同的用戶按權限登錄系統後有不同的功能。
步驟一：完成匿名用戶和企業用戶用例圖。
步驟二：完成專家用戶用例圖。
步驟三：完成管理員用戶用例圖。

3.2.3 實訓任務三：系統數據庫設計

在數據庫設計之前，首先要調查分析用戶的業務活動和數據使用情況，弄清所用數據的種類、範圍、數量以及它們在業務活動中交流的情況，確定用戶對數據庫系統的使用要求和各種約束條件等，形成用戶需求規約。

數據庫設計是把現實世界的實體模型與需求轉換成數據模型的過程。數據庫及其應用的性能都建立在良好的數據庫設計的基礎之上，數據庫的數據是一切操作的基礎，如果數據庫設計不好，那麼其他一切用於提高數據庫性能的方法收效都是有限的。數據庫設計的關鍵是如何使設計的數據庫能合理地存儲用戶數據，並方便用戶進行數據處理。

步驟一：完成系統數據庫表，包括表名稱和功能介紹。

步驟二：完成數據庫關係圖。

3.2.4　實訓任務四：系統類圖設計

系統工作流程為：用戶登錄，包含用戶類別專家用戶和企業用戶，通過身分驗證進入指定頁面，實現不同的操作。審核管理員外對註冊用戶的信息進行審核。匿名用戶只能查看部分信息。完成系統的頁面導航設計和類圖設計。

4 ExpertFinder 數據庫建立與操作實訓

4.1 實驗基本要求

4.1.1 實訓目標

構建 ExpertFinder 數據庫,熟悉 SQL 常用操作。

4.1.2 實訓任務

(1) 建立 ExpertFinder 數據庫。
(2) 掌握 ExpertFinder 數據庫的分離與附加。
(3) 根據數據字典創建 Bidbulletin 及全部數據表。
(4) 根據關係圖定義主外鍵約束。
(5) 設置字段自增屬性。
(6) 練習 SQL 數據庫操作。

4.2 實驗步驟

4.2.1 實訓任務一:建立 ExpertFinder 數據庫

步驟一:啟動 SQLServer 2008,界面見圖 4-1。

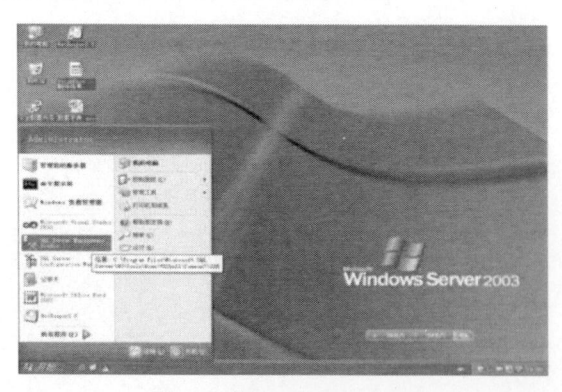

圖 4-1 啟動 SQLServer 2008

步驟二：連接 SQL Server 服務器，界面見圖 4-2。

圖 4-2　連接 SQL Server

步驟三：在對象資源管理器中右鍵數據庫，選擇新建數據庫。然後，在數據庫名稱中輸入 ExpertFinder，點擊確定，建立 ExpertFinder 數據庫。界面見圖 4-3。

圖 4-3　新建數據庫

ExpertFinder 數據庫建立完成，效果界面見圖 4-4。

圖 4-4　數據庫建立完成

4.2.2 實訓任務二：掌握 ExpertFinder 數據庫的分離與附加

步驟一：分離數據庫 ExpertFinder。選中要分離的數據庫 ExpertFinder，右鍵選擇任務→分離，在彈出的分離數據庫窗口中單擊確定，ExpertFinder 被分離出去。界面見圖 4-5。

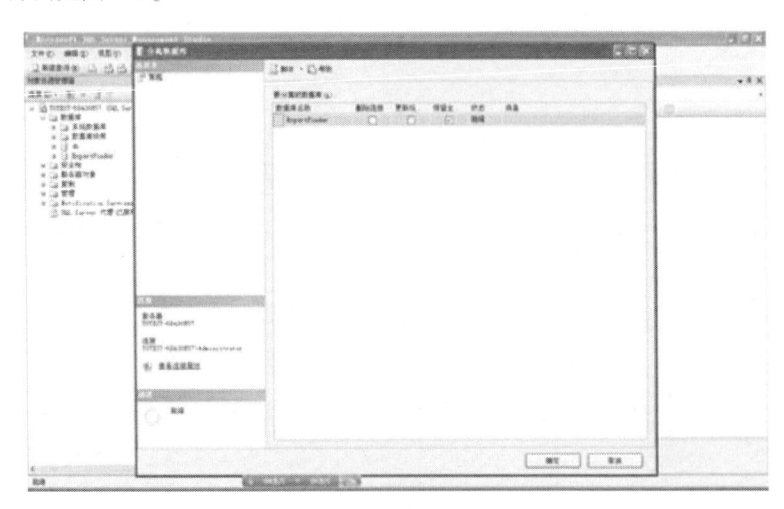

圖 4-5 分離數據庫

分離操作完成後，在數據庫下拉選項中就沒有 ExpertFinder 數據庫了。

步驟二：附加數據庫 ExpertFinder。右鍵數據庫，選擇附加。在彈出的選擇頁窗口中單擊添加。在定位數據庫文件窗口中選中要附加的數據庫文件 ExpertFinder.mdf，單擊確定，ExpertFinder 數據庫就被重新附加上了。界面見圖 4-6。

圖 4-6 附加數據庫

附加數據庫時，一定要知道被分離出去的數據庫的位置，才能正確查找到要附加的數據庫並附加。附加操作完成後，ExpertFinder 數據庫又出現在數據庫下拉選項中了。

4.2.3 實訓任務三：根據數據字典創建 Bidbulletin 及全部數據表

步驟一：右鍵 ExpertFinder 中的表，選擇新建表，新建一個名稱默認為 Table_1 的表。界面見圖 4-7。

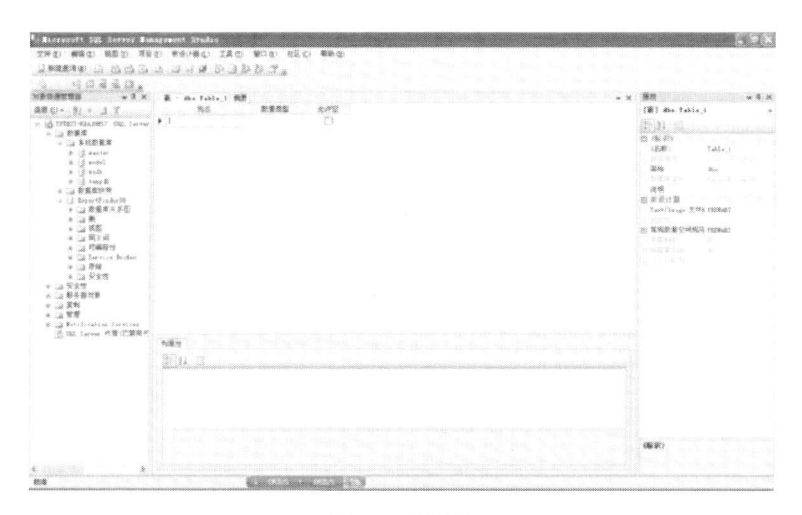

圖 4-7　新建表

步驟二：由已知的數據字典表信息，在光標位置依次輸入列名、數據類型，並根據數據字典描述選擇勾選允許空復選框。數據字典表信息見表 4-1。

表 4-1　　　　　　　　　　Bidbulletin 數據字典表

列名	數據類型	是否允許為空
BTID	int	否
Title	varchar（80）	否
Details	varchar（400）	否
Poster	varchar（40）	否
Posted	datetime	是

完成效果界面見圖 4-8。

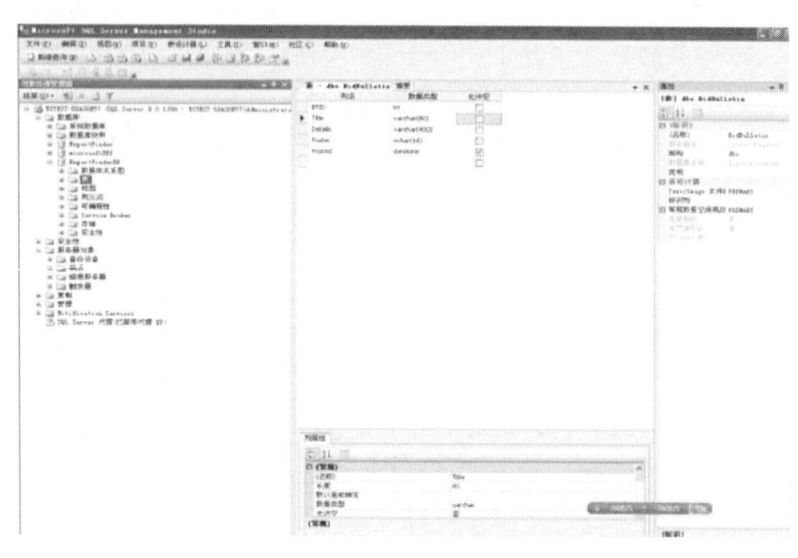

圖 4-8　添加表屬性

步驟三：表建好之後，按 Crtl+s 快捷鍵保存所建表，在選擇名稱窗口中輸入 BidBulletin，點擊確定，在數據庫中創建表 BidBulletin。界面見圖 4-9。

圖 4-9　保存所建表

重複執行以上步驟，依次為數據字典中的表信息在數據庫中建立表數據，直至建立全部表數據。建立好後的表數據界面見圖 4-10。

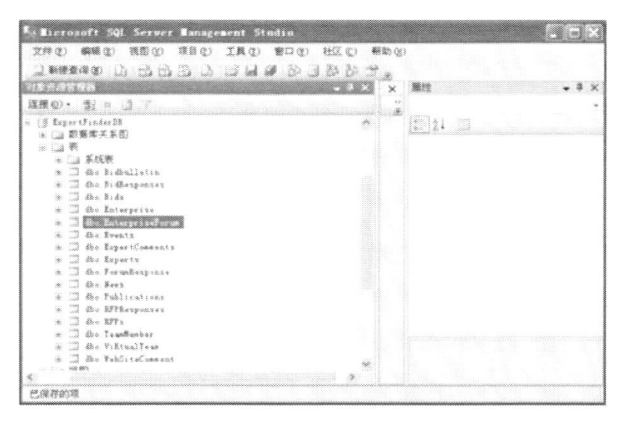

圖 4-10　建立全部表數據

4.2.4　實訓任務四：根據關係圖定義主外鍵約束

外鍵表示了兩個關係之間的聯繫。以另一個關係的外鍵作主關鍵字的表被稱為主表，具有此外鍵的表被稱為主表的從表。

步驟一：根據數據庫框架圖中給出的主外鍵信息，設置數據表的主鍵。右鍵表 BidBulletin，選擇修改，進入表數據中。選擇要設置為主鍵的行 BID，右鍵選擇設置為主鍵。框架信息見圖 4-11。

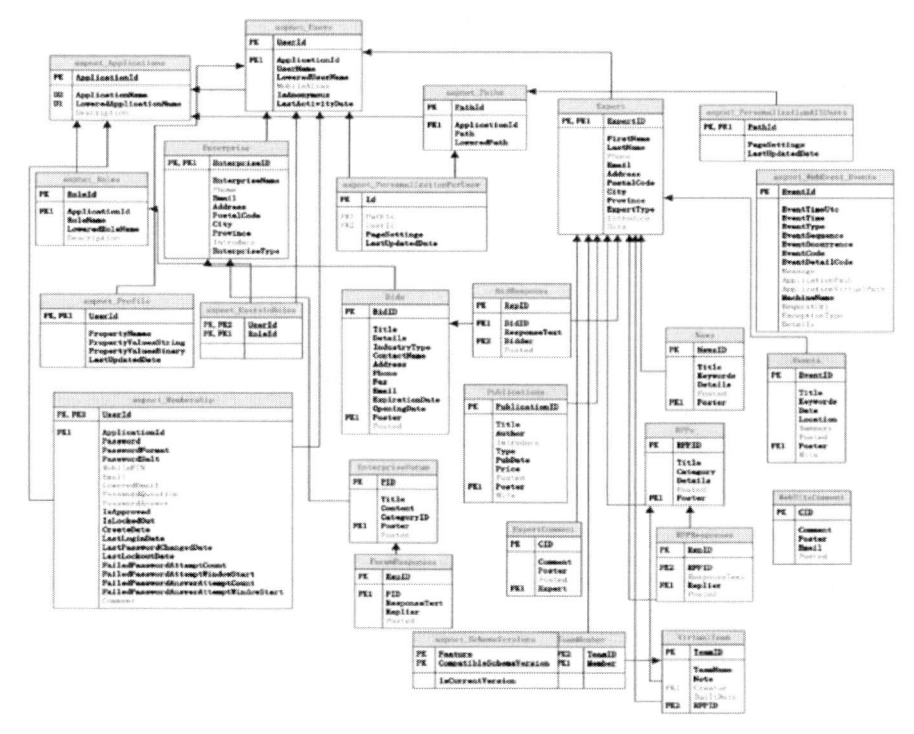

圖 4-11　數據庫框架圖

BID 屬性被設置為表數據的主鍵，界面見圖 4-12。

圖 4-12 設置表數據的主鍵

操作完成後，在 BTID 的左邊出現一個圖標，標示 BTID 被設置為表 BidBulletin 的主鍵。界面見圖 4-13。

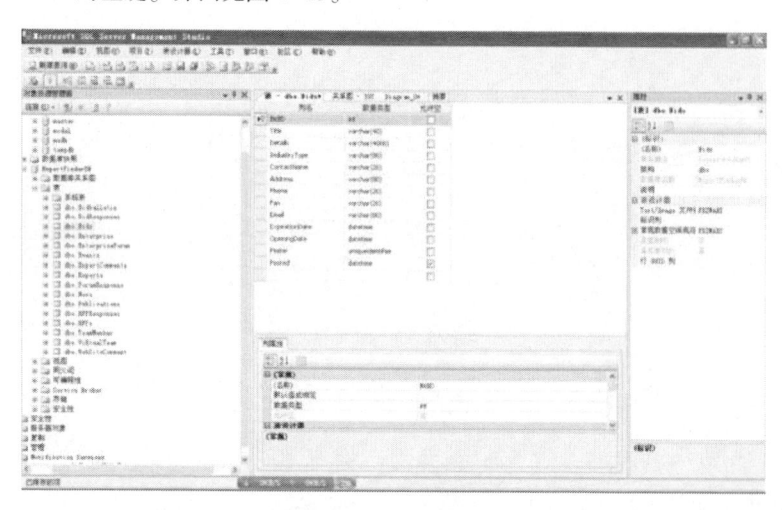

圖 4-13 表數據的主鍵

步驟二：在表數據中右鍵選擇關係，在出現的外鍵關係窗口中單擊添加，添加關係了 FK_Bids_Bids。界面見圖 4-14。

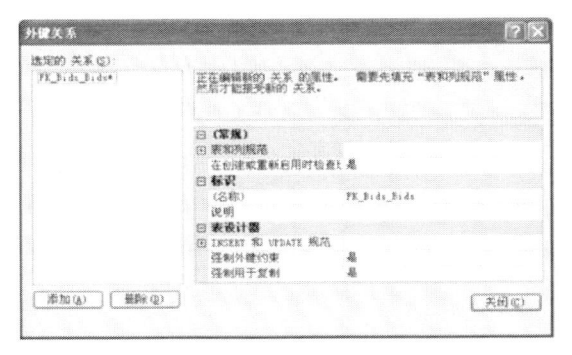

圖 4-14　添加關係

步驟三：選中表和列規範，點擊右邊出現的圖標。根據已給出的數據表框架圖在表和列窗口中分別定義主外鍵表的外鍵。界面見圖 4-15。

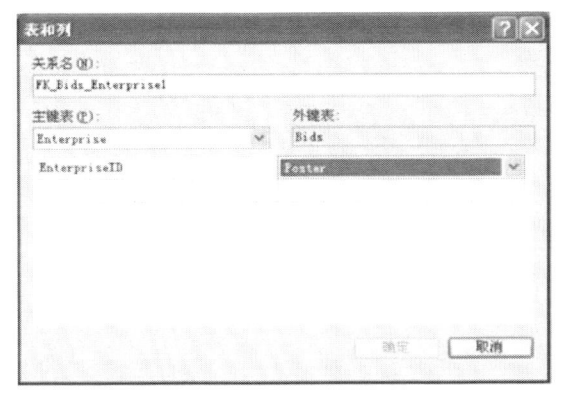

圖 4-15　定義主外鍵表的外鍵

步驟四：查看生成的關係圖。右鍵數據庫關係圖，選擇新建數據庫關係圖，在下圖所示添加表窗口中選中所有表，單擊添加，就可以查看所建立關係對相應的關係圖了。界面見圖 4-16、圖 4-17。

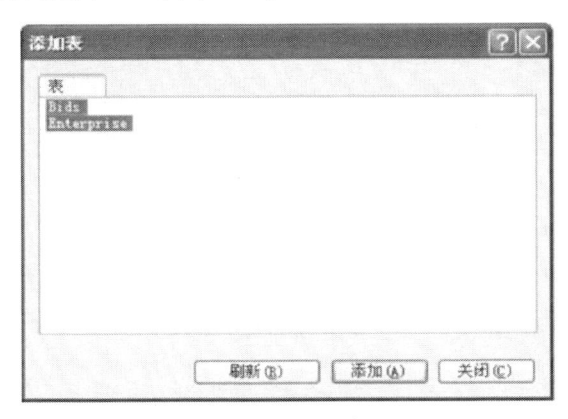

圖 4-16　生成的關係圖 1

图 4-17　生成的关系图 2

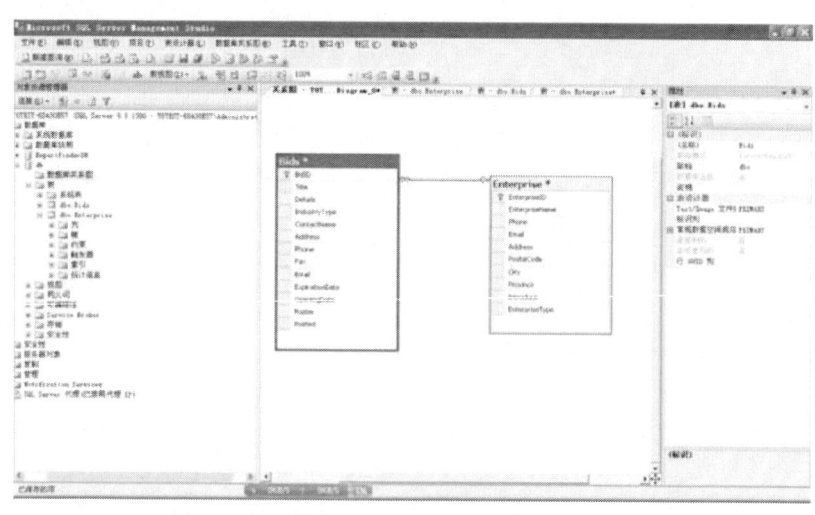

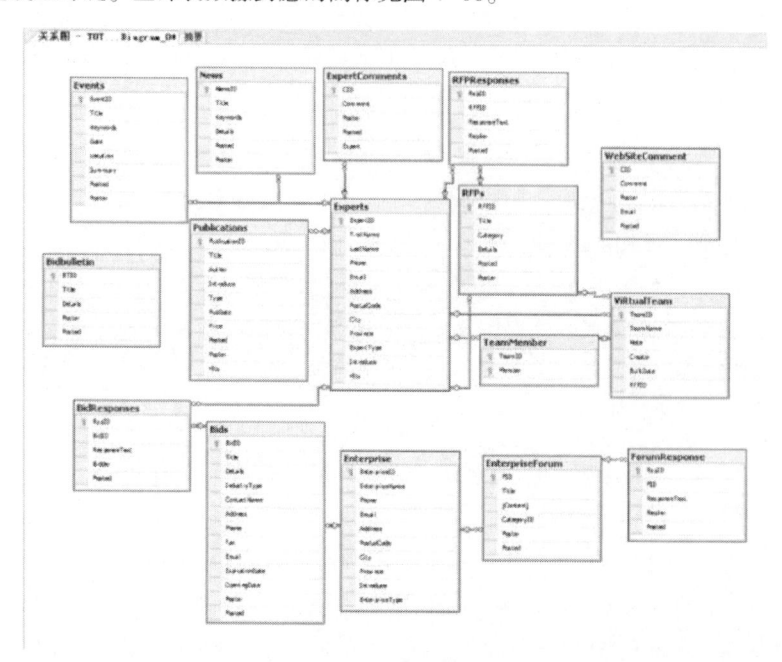

重复执行以上步骤，根据数据表框架图给出的信息，依次为数据库中的数据表定义主外键。全部表数据对应的关系见图 4-18。

图 4-18　生成的关系图 3

4.2.5　实训任务五：设置字段自增属性

SQL Server 自增字段可以在 SQL Server Management Studio 里面实现。
步骤一：右键表上的选择修改表，再选中需要设置为自增的字段。

步驟二：在下方的表設計器裡選擇標示規範，選擇是，字段的自增屬性就設定好了。界面見圖 4-19。

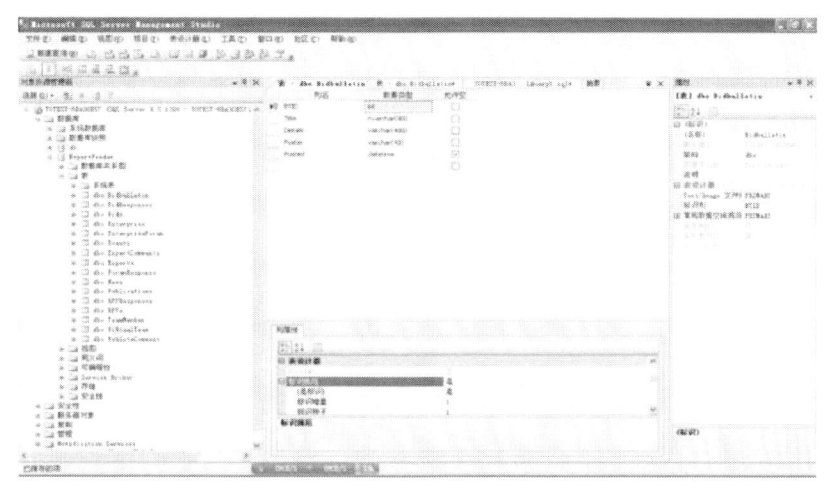

圖 4-19　設置字段自增屬性

按照以上所給步驟，依次為數據庫中所有表的數據類型是 int 且是主鍵的字段設置自增屬性，例如，News 表中的 NewsID，ForumResponses 表中的 RspID 等。

4.2.6　實訓任務六：練習 SQL 數據庫操作

在查詢分析器中練習向數據庫中插入數據的操作。

步驟一：選中數據庫 ExpertFinder，單擊新建查詢，出現查詢欄。然後單擊查詢欄上的在編輯器中設計查詢圖標，界面見圖 4-20。

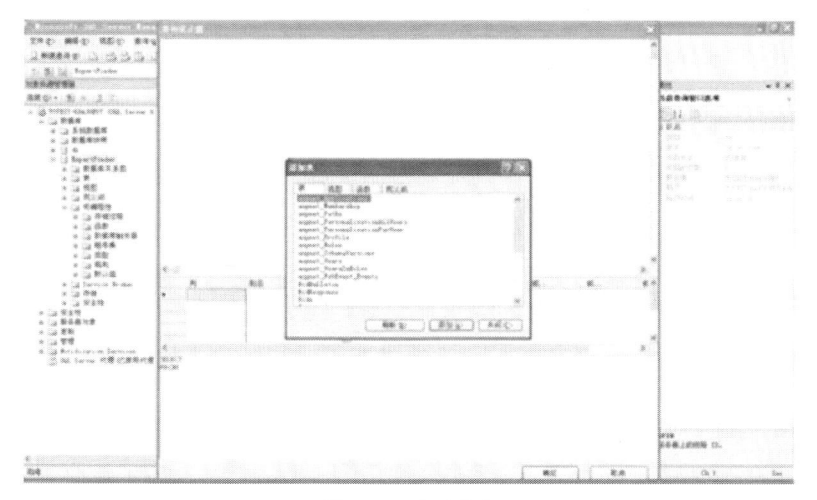

圖 4-20　新建查詢

063

步驟二：選中將要插入數據的表 Events，單擊添加按鈕，在查詢分析器中出現表 Events 表的視圖，單擊關閉按鈕。界面見圖 4-21。

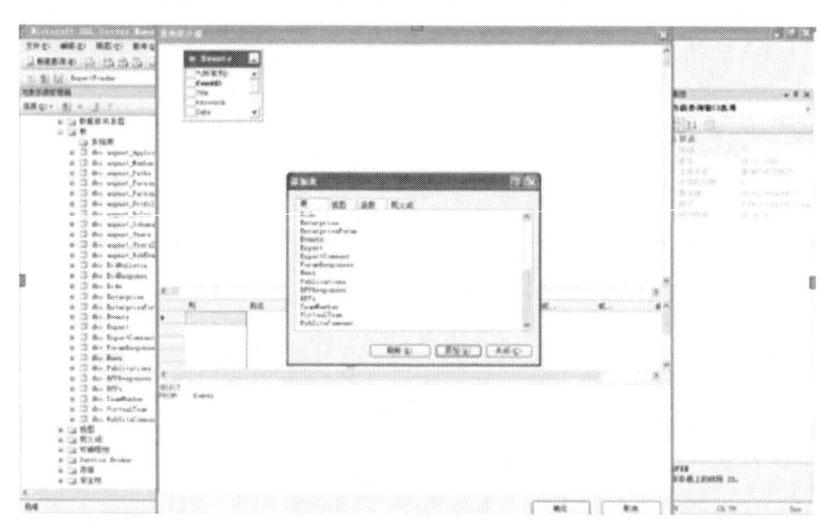

圖 4-21　插入數據表

步驟三：在查詢分析器中右鍵，選擇更改類型，在類型中選擇插入值，就可以在查詢分析器中對表進行插入值操作了。界面見圖 4-22。

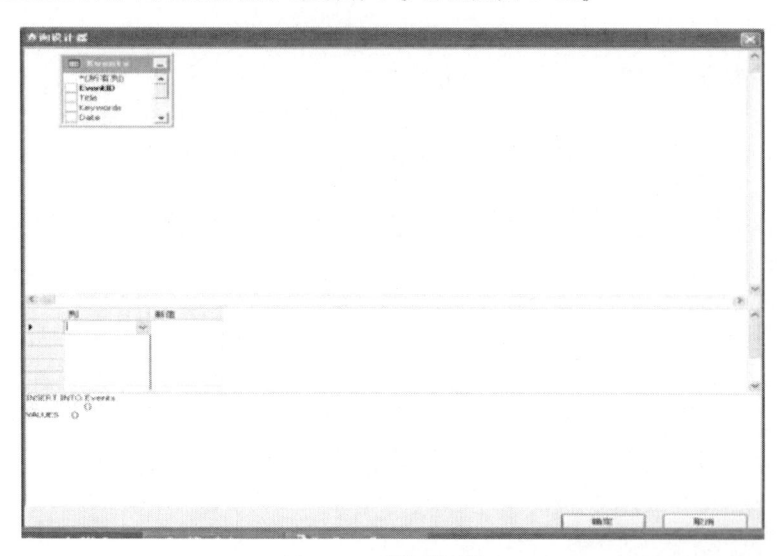

圖 4-22　查詢分析器 1

步驟四：在查詢分析器選擇要插入的列，輸入列值，單擊確定。界面見圖 4-23。

图 4-23 查询分析器 2

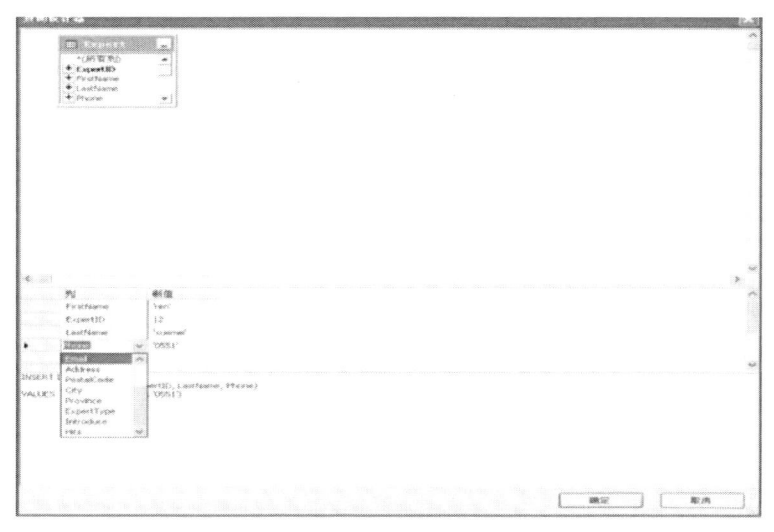

步骤五：在 Events 表中为列 Title、Date、Keywords、Location、Summary、Posted、Poster、Hits 插入值，对应 SQL 语句如下：

INSERT INTO Events（Title, Keywords, Date, Location, Summary, Posted, Poster, Hits）VALUES（'ff', 'ff', '2012-2-3', tt', 'hh', CONVERT（DATETIME, 2012-02-0300：00：00', 102）, ', 6546），在查询分析器中的界面见图 4-24。

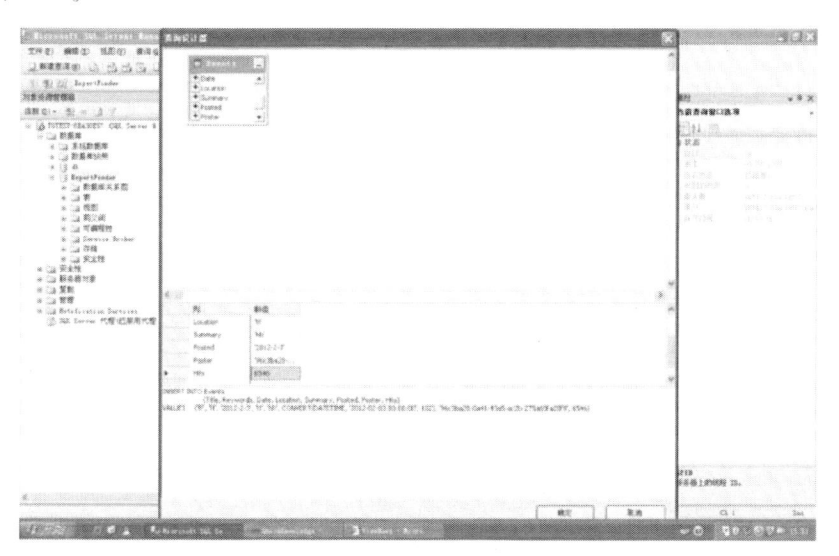

图 4-24 查询分析器 3

步骤六：完成步骤五输入值后，单击确定，单击执行图标 完成运行后，在表 Events 中插入了数据。操作界面见图 4-25。

图 4-25 運行查詢

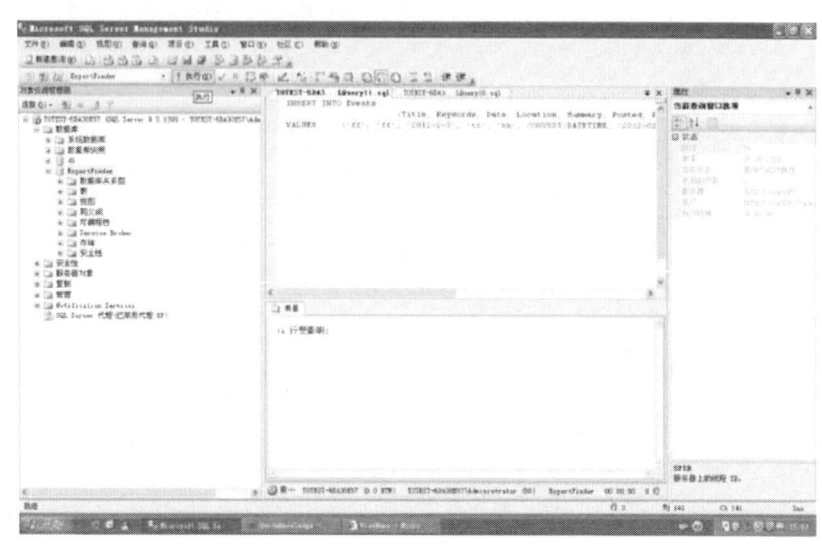

步驟六：多次執行插入語句，可以重複插入上述數據。因為表 Events 的 EventID 字段設置為自增字段，插入數據後，打開表就可以查看插入的數據。界面見圖 4-26。

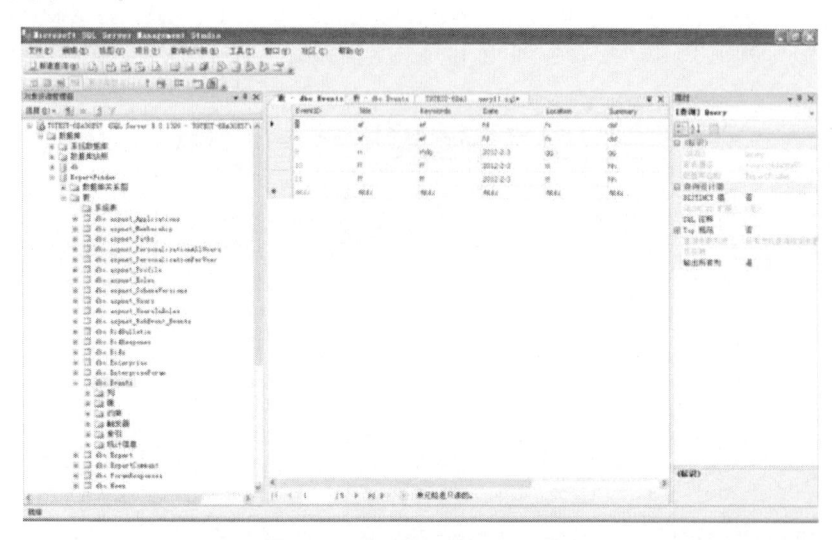

图 4-26 執行插入語句後的結果

（1）查詢表數據：SELECT EventID，Title，Keywords，Date FROM Events。
（2）更新表數據：UPDATE Events SET Title =' ggg '，Keywords =' hk '，Location =' gh '，Summary ='g'。
（3）刪除表中數據：DELETE FROM Events WHERE（EventID = 10）。

5 visual studio 中數據庫的連接及訪問

5.1 實驗基本要求

5.1.1 實訓目標

熟悉 visual studio 的數據庫連接方法，完成基本環境的搭建；掌握 visual studio 中的數據表的 GridView 和 DetailView 操作。

5.1.2 實訓任務

(1) 創建 mywebsite 網站並實現網站的基本測試，在瀏覽器中查看。
(2) 添加網站 mywebsite 的數據庫連接並測試。
(3) 實現 News 數據表 GridView 操作。
(4) 實現 News 數據表 DetailView 操作。
(5) 實現 News 數據表記錄的增加、修改、刪除。

5.2 實驗步驟

5.2.1 實訓任務一：創建 mywebsite 網站並實現網站的基本測試，在瀏覽器中查看

步驟一：打開 visual studio，選擇文件→新建→網站，出現界面見圖 5-1。

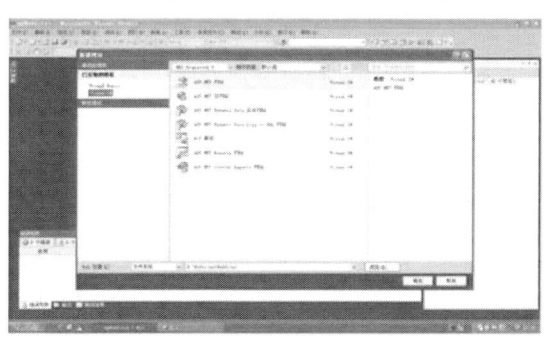

圖 5-1　新建網站

步驟二：建立 mywebsite 網站。選擇 ASP.NET 網站，點擊瀏覽，選擇新建立的網站的存儲路徑，在 E 盤下，點擊 图标，新建一個文件夾，輸入 mywebsite，點擊打開，就創建了 mywebsite 網站，點擊確定。建立新網站 mywebsite 界面見圖 5-2。

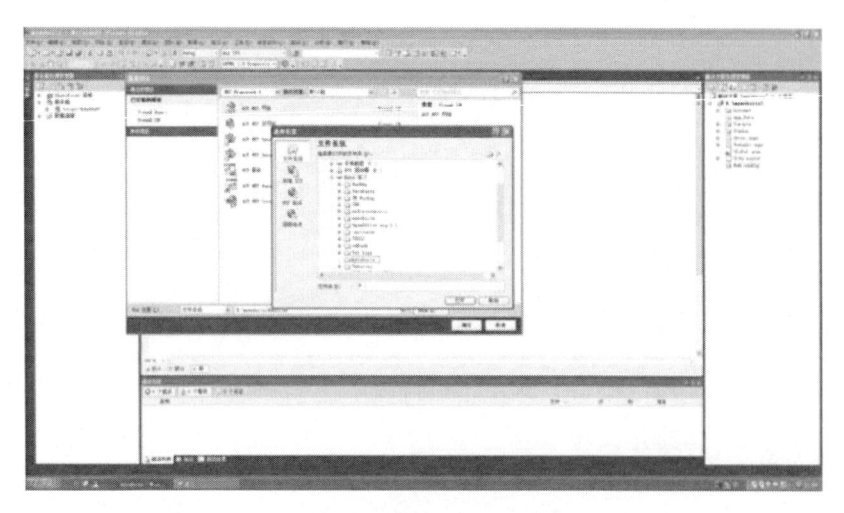

圖 5-2　網站的存儲路徑

建立好後的網站 mywebsite 的界面見圖 5-3。

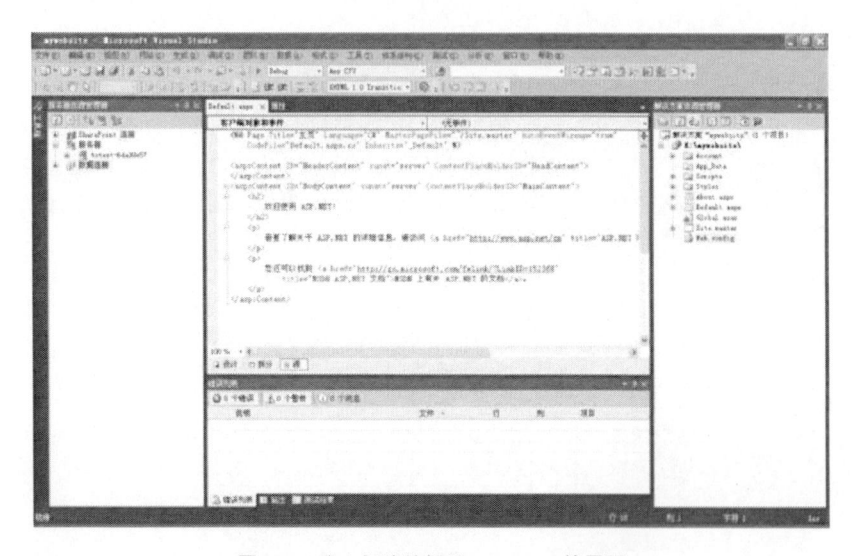

圖 5-3　建立好後的網站 mywebsite 的界面

步驟三：測試網站。在解決方案管理器中，右鍵 Default.aspx，選擇在瀏覽器中查看。界面見圖 5-4。

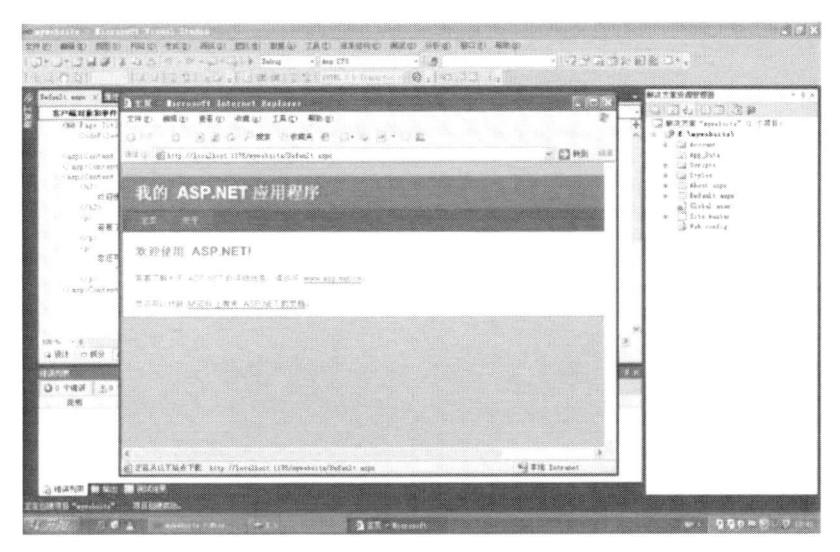

圖 5-4　測試網站

Mywebsite 網站已經成功創建了。

5.2.2　實訓任務二：添加網站 mywebsite 的數據庫連接並測試

步驟一：打開服務資源管理器。在菜單欄中，選擇視圖選項卡→服務資源管理器。界面見圖 5-5。

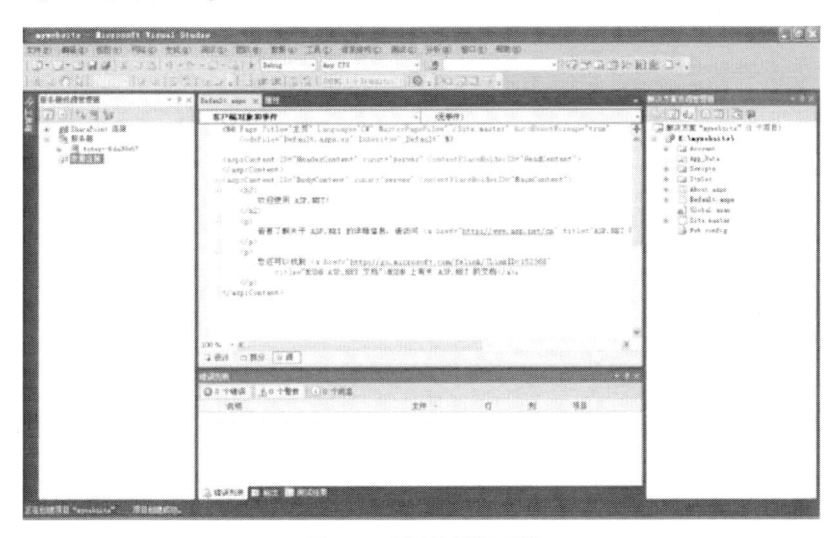

圖 5-5　服務資源管理器

步驟二：連接數據庫。在服務資源管理器中，右鍵數據連接，選擇添加連接。界面見圖 5-6。

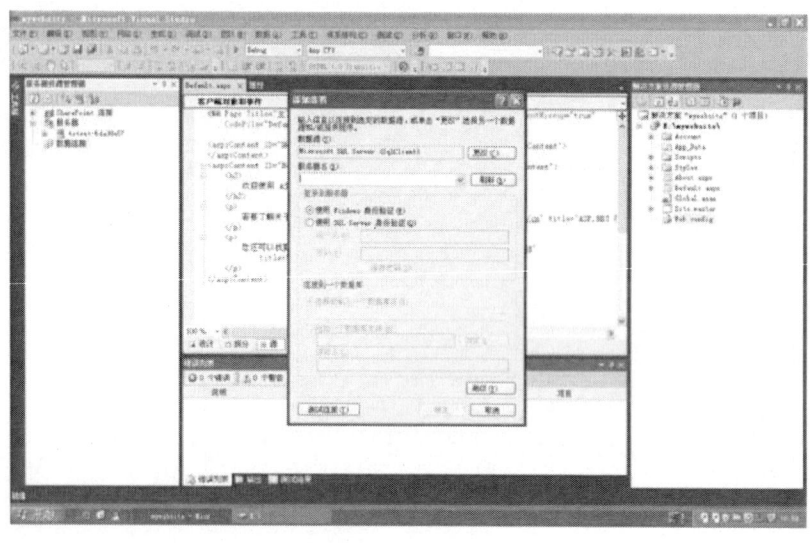

圖 5-6　連接數據庫

步驟三：在數據源選項中選擇 Microsoft SQL Server；服務器名選項中選擇本機服務器 TOTEST-6DA30E57；選擇或輸入一個數據庫名，在下拉選項中選擇 ExpertFinder 數據庫。界面見圖 5-7。

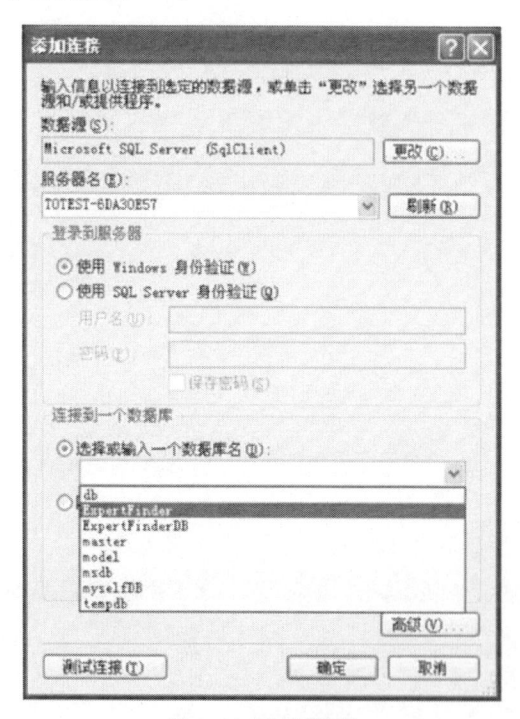

圖 5-7　數據源選項

步驟四：測試數據庫連接。點擊測試連接按鈕，彈出測試連接成功，表示數據庫連接成功。界面見圖 5-8。

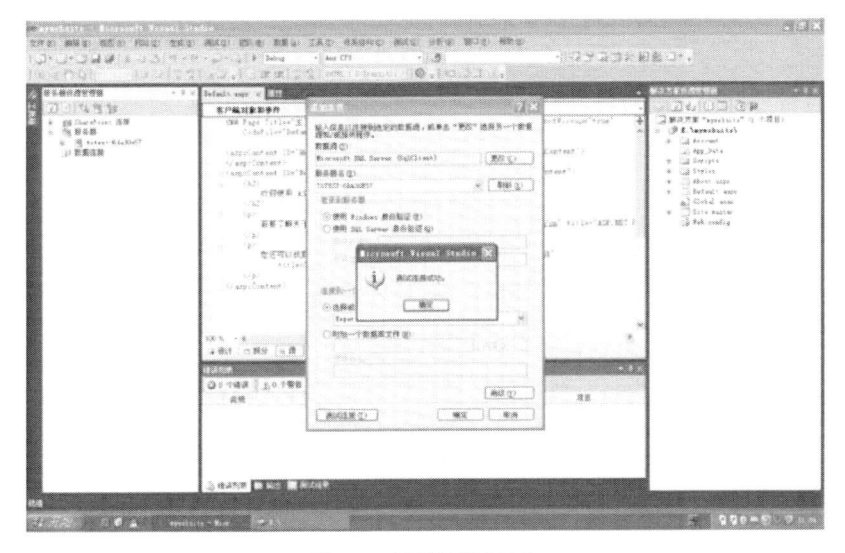

圖 5-8　測試數據庫連接

5.2.3　實訓任務三：實現 News 數據表 GridView 操作

步驟一：在解決方案資源管理器中，右鍵建立的網站 mywebsite，選擇添加新項。界面見圖 5-9。

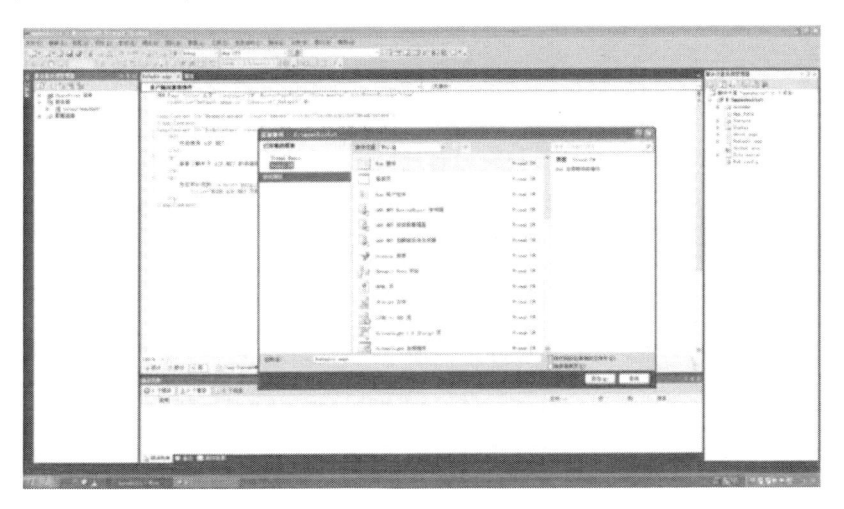

圖 5-9　添加新項

步驟二：添加 Web 窗體。在彈出的添加新項窗口中選擇 Web 窗體，在名稱欄中輸入 News.aspx。單擊添加，建立 News 窗體。界面見圖 5-10。

圖 5-10　添加 Web 窗體

步驟三：右鍵 News 選擇打開，打開 News 窗體。點擊拆分。界面見圖 5-11。

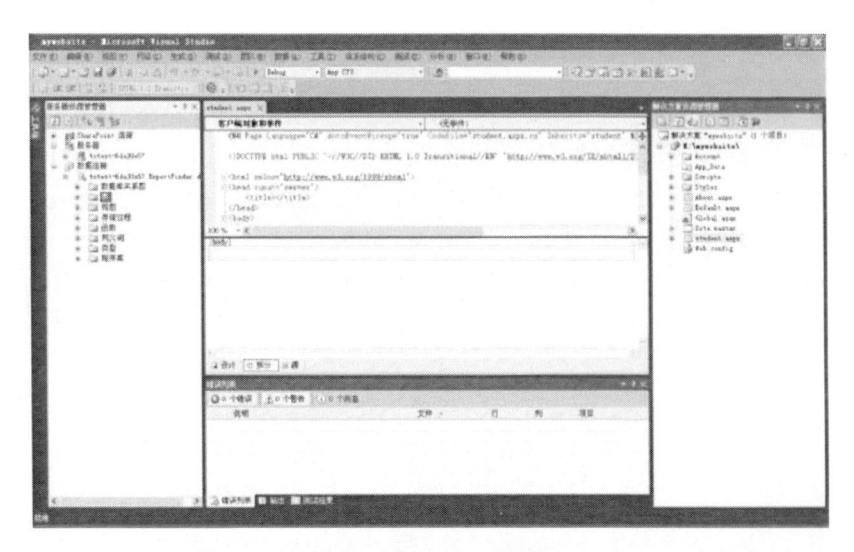

圖 5-11　拆分 News 窗體

步驟三：在服務器資源管理器中，數據連接下拉選項中的表中選中 News 表，把 News 表直接拖拽到分欄框中。界面見圖 5-12。

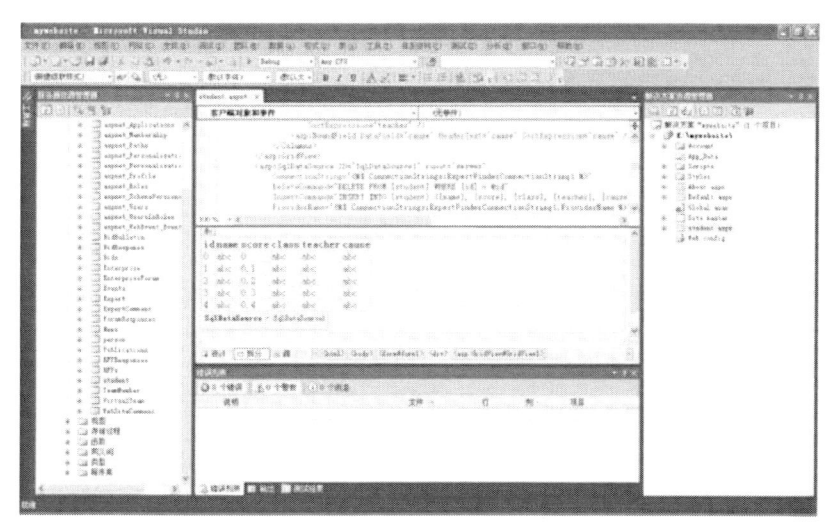

圖 5-12　把 News 表直接拖拽到分欄框中

步驟四：配置數據源。點擊 sqlDataSource 中的 ▷ 圖標，選擇配置數據源。其配置過程界面如下：

（1）選擇數據連接 ExpertFinderSqlDataSource1，點擊下一步。見圖 5-13。

圖 5-13　配置數據源

（2）選擇高級，在彈出的高級 SQL 選項窗口中勾選生成 INSERT、UPDATE 和 DELETE 語句。點擊確定，再點擊下一步。界面見圖 5-14。

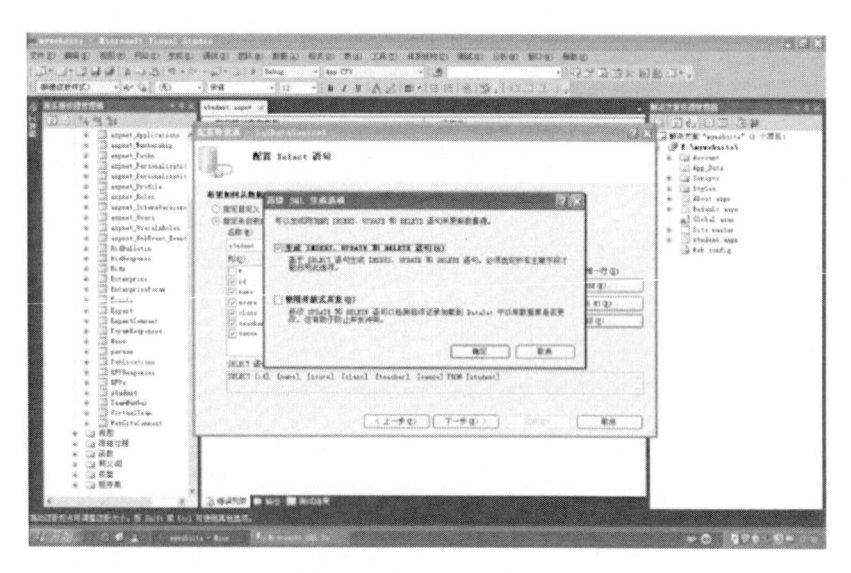

圖 5-14 高級 SQL 選項窗口

（3）單擊查詢。ExpertFinder 的數據源就配置好了。界面見圖 5-15。

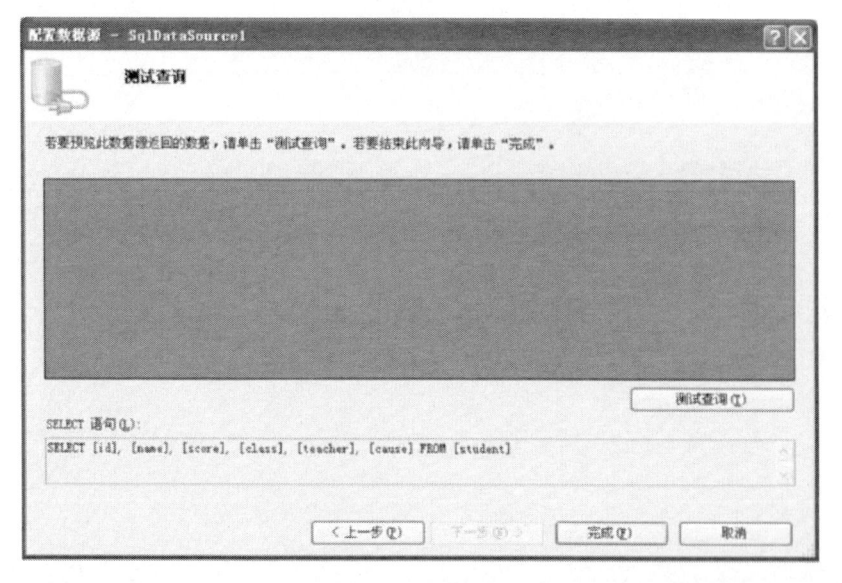

圖 5-15 測試數據源

步驟五：實現數據的 GridView 操作。選中分欄中的 News 表格，點擊表格最右邊的 > 圖標，勾選下面所有的選項框，就實現了表數據的 GridView 操作。界面見圖 5-16。

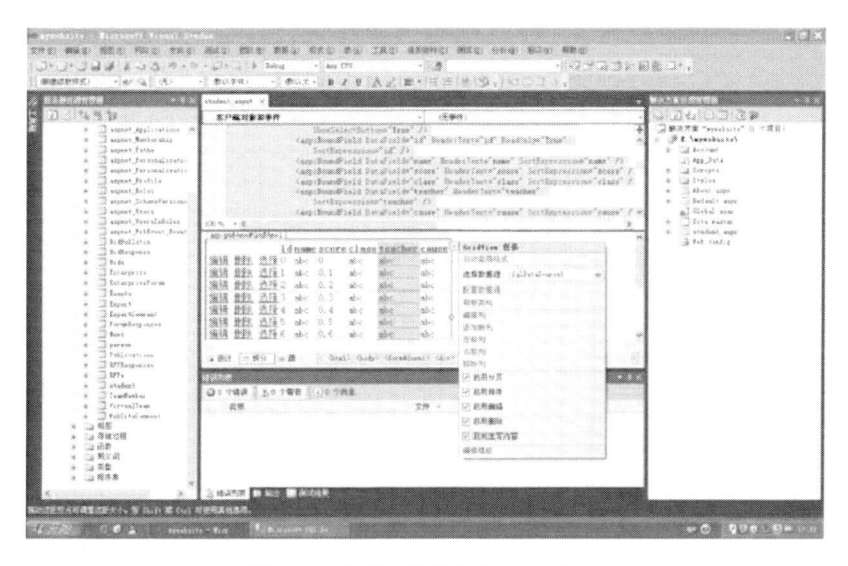

圖 5-16　實現表數據的 GridView 操作

步驟六：查看 GridView 操作結果。在分欄中，右鍵 GridView 表格，選擇在瀏覽器中查看。界面見圖 5-17。

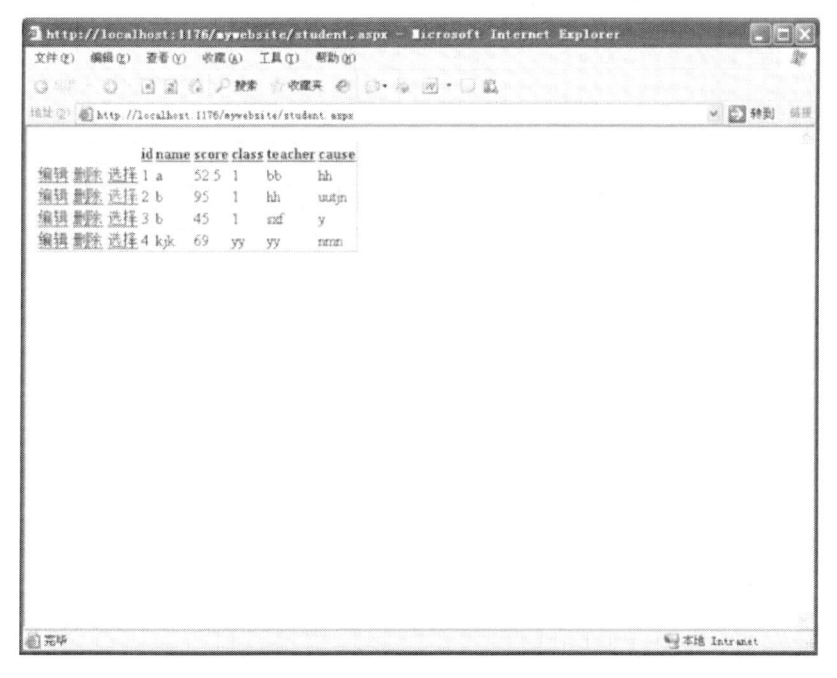

圖 5-17　查看 GridView 操作結果

5.2.4　實訓任務四：實現 News 數據表 DetailView 操作

步驟一：在菜單欄中選擇視圖→工具箱。界面見圖 5-18。

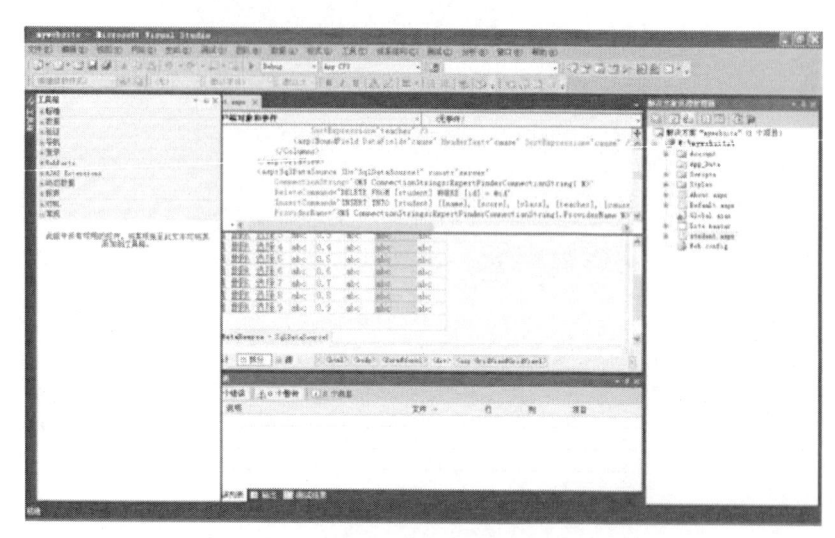

圖 5-18　工具箱界面

步驟二：點擊服務器資源管理器左上角的 圖標，在數據下拉選項中選擇 DetailView。界面見圖 5-19。

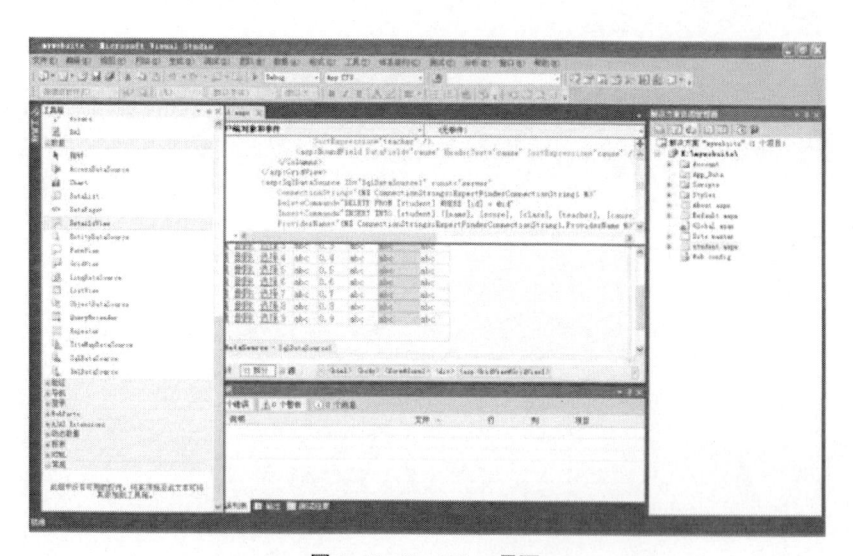

圖 5-19　DetailView 界面

步驟三：選中 DetailView，把 DetailView 直接拖拽到分欄中。界面見圖 5-20。

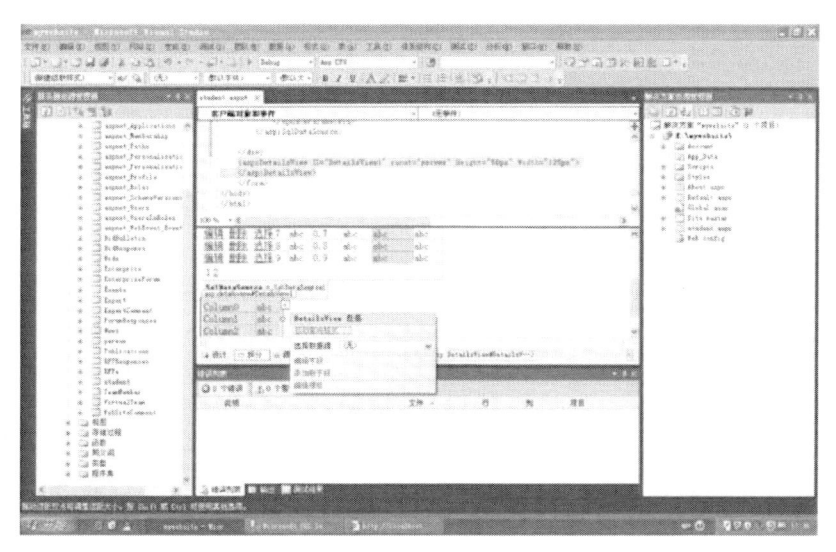

圖 5-20　把 DetailView 直接拖拽到分欄中

步驟四：實現數據的 DetailView 操作。選中分欄中的 News 表格，點擊表格最右邊的 ▶ 圖標，在選擇數據源下拉選項中選擇 SqlDataSource1，勾選下面所有的選項框，就實現了表數據的 DetailView 操作。界面見圖 5-21。

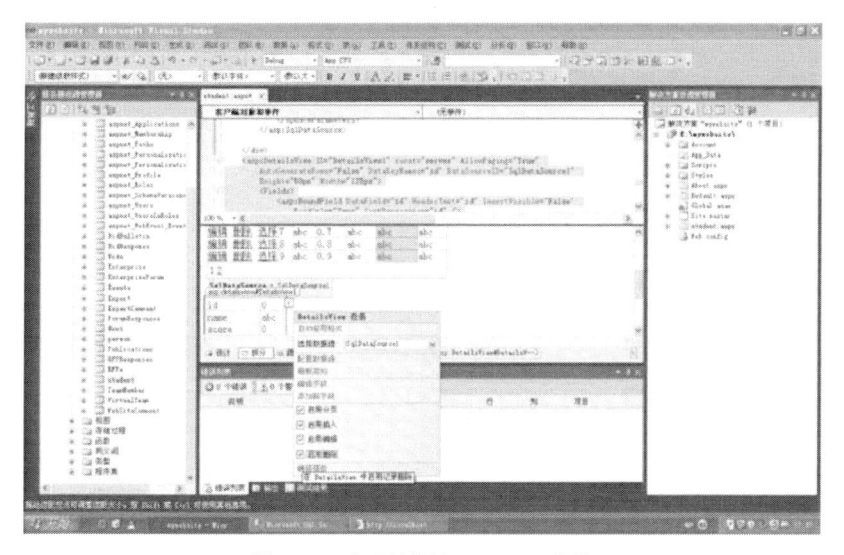

圖 5-21　實現數據的 DetailView 操作

步驟五：查看 DetailView 操作結果。在分欄中，右鍵 DetailView，選擇在瀏覽器中查看。界面見圖 5-22。

077

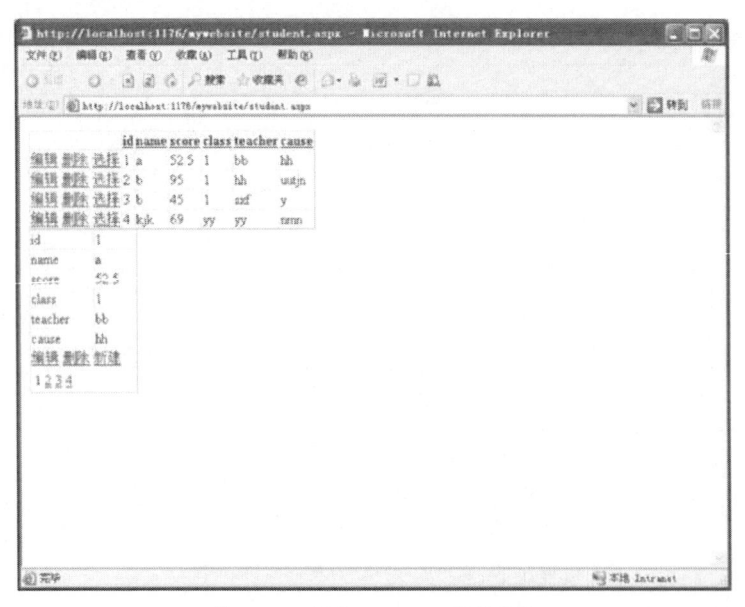

圖 5-22　查看 DetailView 操作結果

5.2.5　實訓任務五：實現 News 數據表記錄的增加、修改、刪除

步驟一：增加 News 數據表數據。點擊圖 5-22 中新建按鈕，出現編輯框。輸入 News 基本信息。界面見圖 5-23。

圖 5-23　增加 News 數據表數據

點擊插入按鈕，根據數據表信息完成添加。增加數據後的結果顯示見圖 5-24。

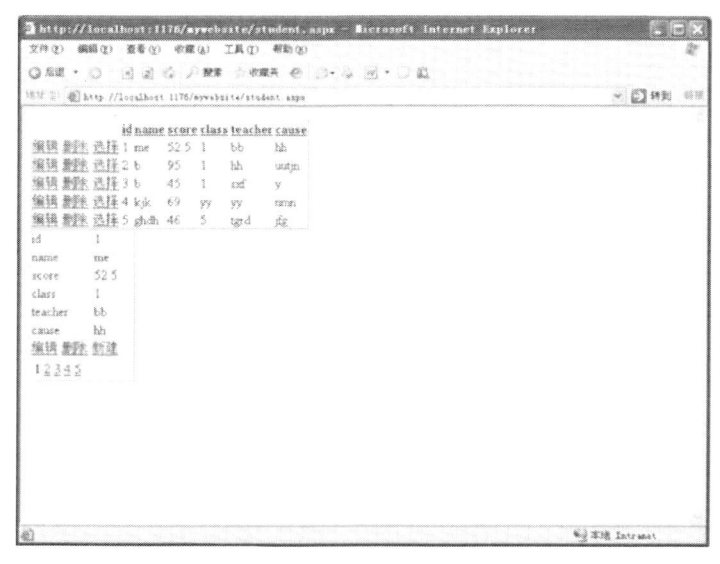

图 5-24　插入 News 數據後結果

這樣，姓名為 ghd 的學生的信息就被添加到表中了。

步驟二：修改 News 數據表數據。直接點擊 GridView 表每一行信息前的編輯按鈕或是點擊 DetailView 表的編輯按鈕都可以修改表數據。點擊 GridView 表第一行的編輯按鈕，並修改姓名為 me。界面見圖 5-25。

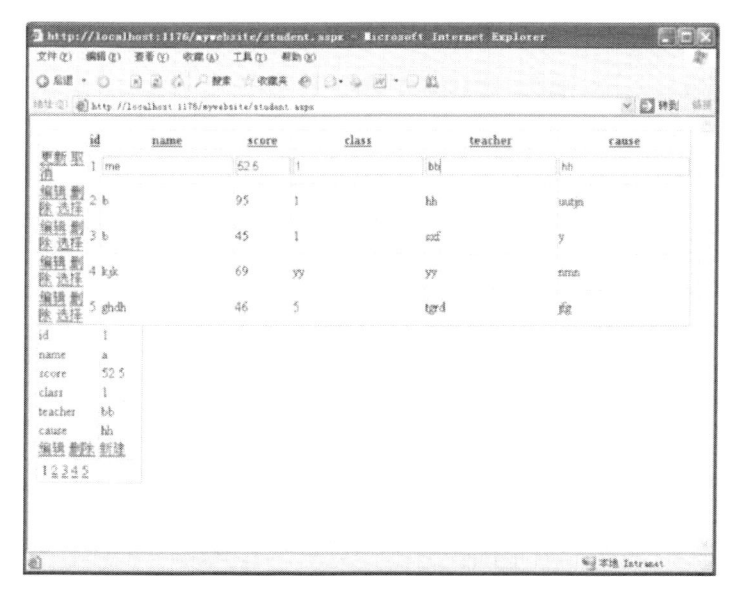

图 5-25　修改 News 數據表數據

點擊更新按鈕，數據表完成修改。修改數據後的結果顯示見圖 5-26。

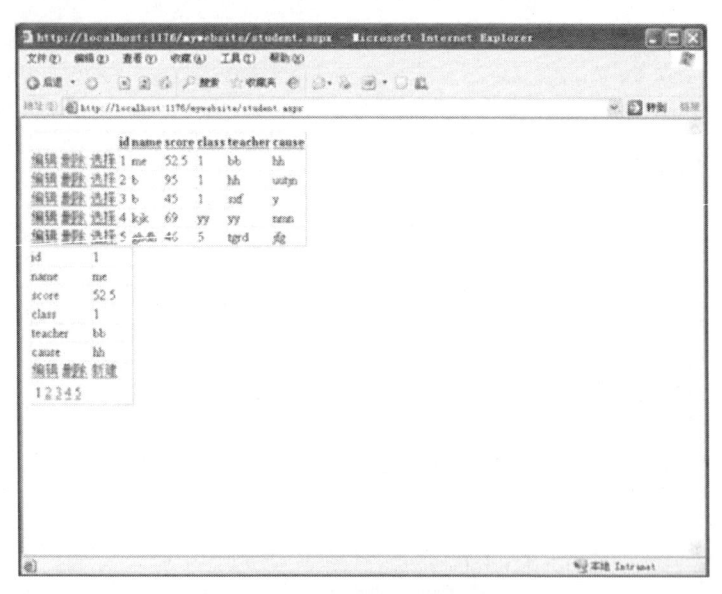

圖 5-26　修改數據後的結果

步驟三：刪除 News 數據表數據。直接點擊 GridView 表每一行信息前的刪除按鈕或是點擊 DetailView 表的刪除按鈕都可以刪除表數據。點擊 GridView 表第一行的是刪除按鈕，刪除姓名為 me 的學生信息。界面見圖 5-27。

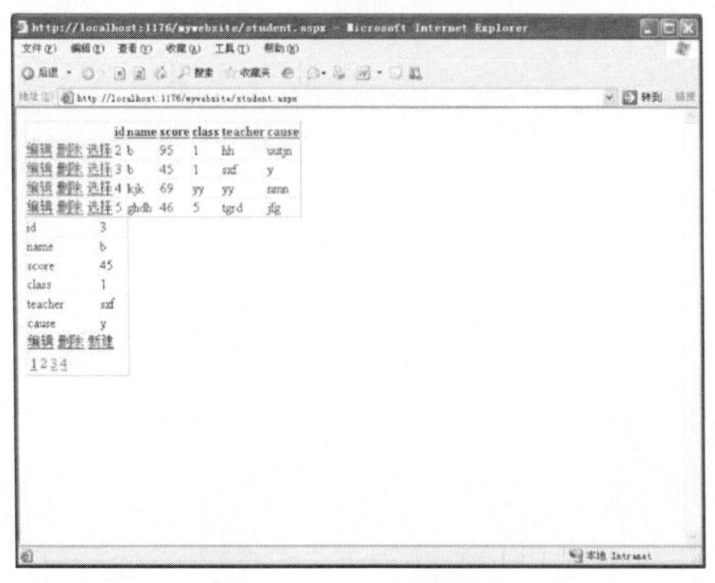

圖 5-27　刪除 News 數據表數據

學生 me 的信息被刪除了。

6 ExpertFinder 存儲過程操作實訓

6.1 實驗基本要求

6.1.1 實訓目標

熟悉 ExpertFinder 數據庫的存儲過程的基本操作。

6.1.2 實訓任務

（1）創建 News_insert 表數據存儲過程，向表 News 添加數據。
（2）創建 News_delete 表數據存儲過程，刪除表 News 中的數據。
（3）創建 News_update 表數據存儲過程，更新表 News 中的數據。
（4）創建 News_select 表數據存儲過程，實現查詢表 News 表中的數據。
（5）創建 News_getbynewsID 表數據存儲過程，實現通過特定條件來獲得 News 表中的數據。

6.2 實驗步驟

6.2.1 實訓任務一：創建 News_insert 表數據存儲過程

步驟一：創建存儲過程。在數據庫下拉選項中選擇可編程性，展開可編程性選項，選擇存儲過程，右鍵存儲過程，選擇新建存儲過程，在右邊出現的 SQLQuery 欄中創建存儲過程。界面見圖 6-1。

圖 6-1　創建存儲過程

編輯欄中給出了創建存儲過程的基本語法。

步驟二：刪除原代碼，輸入如下代碼：

```
create PROCEDURE News_insert

(
@Title varchar(80),
@Keywords varchar(80),
@Details varchar(4000),
@GetDate datetime,
@Poster uniqueidentifier)
AS
BEGIN
    SET NOCOUNT ON;
    INSERT INTO News
    (
        [Title],
        [Keywords],
        [Details],
        [Posted],
        [Poster]
    )
    VALUES
    (
        @Title,
        @Keywords,
        @Details,
        @GetDate,
        @Poster
    )
END
```

步驟三：點擊 ! 執行(X) 按鈕，當消息欄中出現「命令已成功完成。」表示存儲過程已經成功創建。界面見圖 6-2。

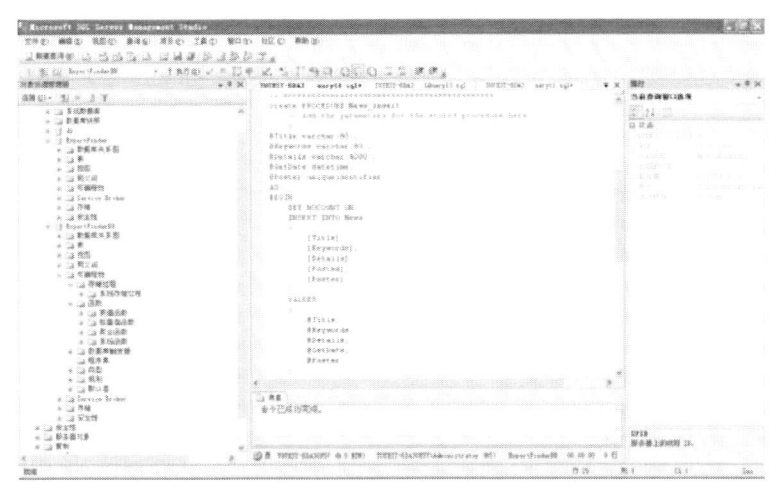

圖 6-2　執行存儲過程 1

步驟四：執行存儲過程。點擊新建查詢，在查詢欄中，編輯調用存儲過程的 SQL 語句向表 News 中插入數據，調用代碼如下：

```
exec news_Insert
        @Title='525',
        @Keywords='f312f',
        @Details='ksaai',
        @GetDate='2012-2-3',
        @Poster='96c3ba28-0a41-43a5-ac2b-275a69fa28f9'
```

點擊 執行(X) 按鈕，消息欄中出現「命令已完成。」表示數據添加成功。

步驟五：查看結果，打開數據庫中的 News 表就可以查看添加的數據。界面見圖 6-3。

圖 6-3　執行存儲過程 2

083

可以對步驟三中的插入值進行修改，再次點擊 執行(X) 按鈕實現數據添加，然後重新查看數據表中的數據，所有的數據都已經正確添加了。界面見圖6-4。

圖6-4 執行存儲過程3

6.2.2 實訓任務二：創建 news_delete 表數據存儲過程，刪除表 News 中的數據

步驟一：同創建 News_insert 表數據存儲過程相同，首先新建存儲過程。在編輯欄中創建一個名稱為 News_delete 的存儲過程，輸入如下代碼：

```
SET ANSI_NULLS ON
GO
SET QUOTED_IDENTIFIER ON
GO
create PROCEDURE News_delete
(
    @NewsID int,
    @Poster uniqueidentifier
)
AS
    SET NOCOUNT ON

    DELETE
    FROM    News
    WHERE
        (NewsID = @NewsID and Poster=@Poster)

GO
```

步驟二：創建完成後點擊 執行(X) 按鈕，當消息欄中出現「命令已成功完成。」表示存儲過程已經成功創建。界面見圖6-5。

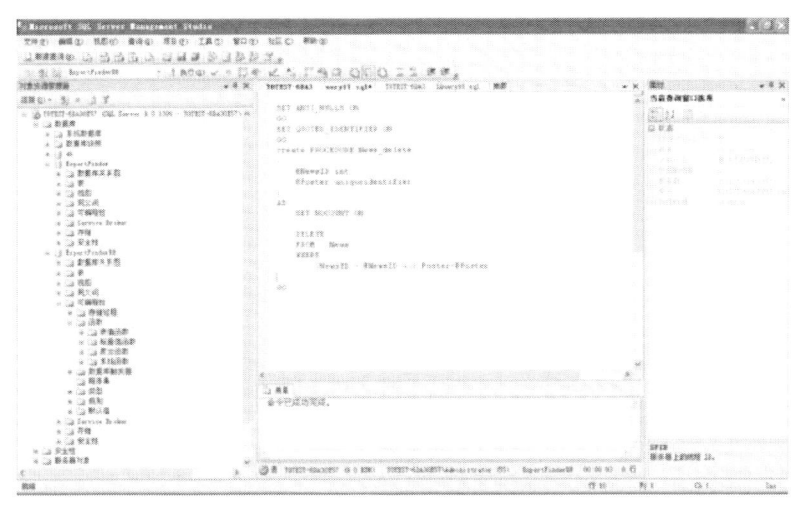

图 6-5　执行存储过程 4

步骤三：执行存储过程。点击新建查询，在查询栏中，编辑调用存储过程的 SQL 语句删除表 News 中的数据，代码如下：

```
exec News_delete
    @NewsID=6,
    @Poster='96c3ba28-0a41-43a5-ac2b-275a69fa28f9'
```

步骤四：点击 执行(X) 按钮，消息栏中出现「命令已完成。」表示数据删除成功。界面见图 6-6。

图 6-6　执行存储过程 5

步骤五：打开数据库中的 News 表就可以查看删除后数据表了。界面见图 6-7。

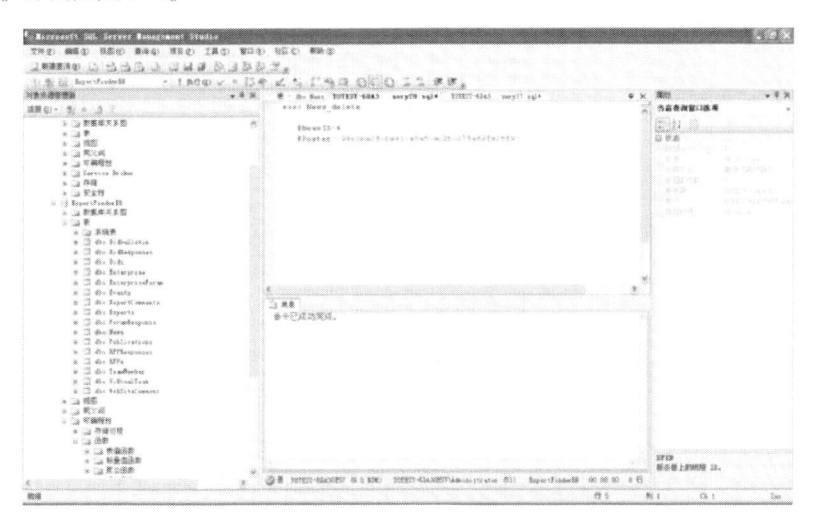

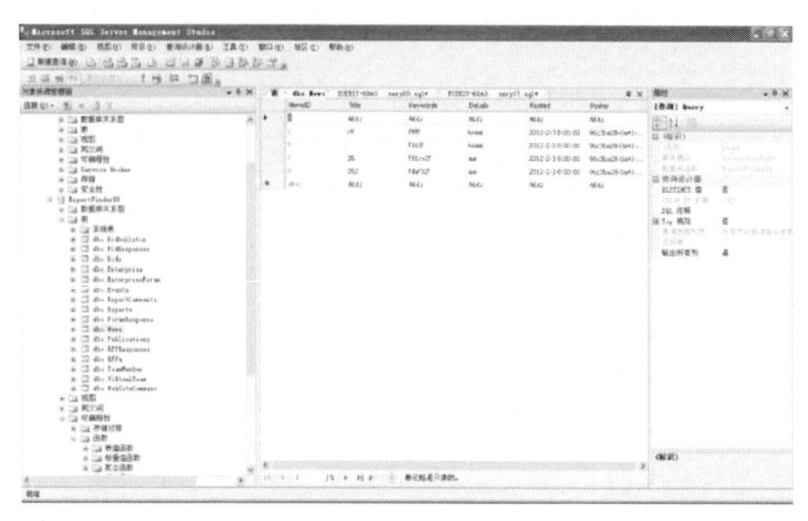

圖 6-7　執行存儲過程 6

表中 NewsID=6 且 Poster='96c3ba28-0a41-43a5-ac2b-275a69fa28f9' 的數據別被刪除了。可以對步驟二中的刪除條件進行修改，再次點擊 執行(X) 按鈕實現數據刪除，然後重新查看數據表中的數據，又有數據被刪除了。界面見圖 6-8。

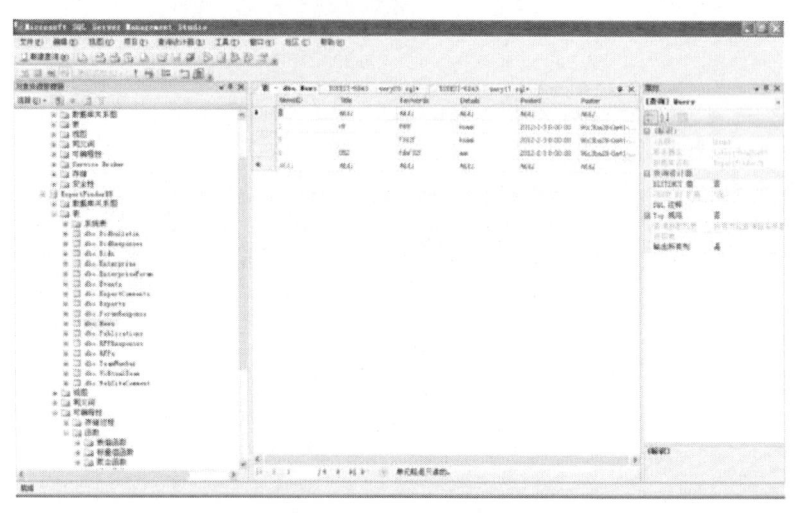

圖 6-8　執行存儲過程 7

6.2.3　實訓任務三：創建 news_update 表數據存儲過程，更新表 News 中的數據

步驟一：創建 news_update 表數據存儲過程，更新表 News 中的數據。代碼如下：

```sql
set QUOTED_IDENTIFIER ON
go
create PROCEDURE News_update
(
    @NewsID int,
    @Title varchar(80),
    @Keywords varchar(80),
    @Details varchar(4000)
)
AS
    SET NOCOUNT ON

    UPDATE News
    SET
        Title = @Title,
        Keywords = @Keywords,
        Details = @Details
    WHERE
        NewsID = @NewsID

    go
```

步驟二：創建完成後點擊 [執行(X)] 按鈕，當消息欄中出現「命令已成功完成。」表示存儲過程已經成功創建。界面見圖 6-9。

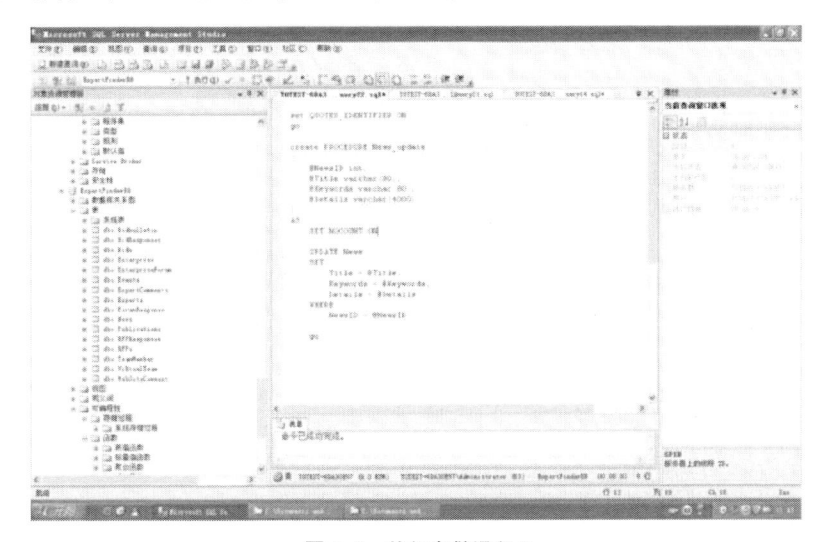

圖 6-9　執行存儲過程 8

步驟三：執行存儲過程。代碼如下：

```sql
exec News_update
 @NewsID=5,
    @Title='happy',
    @Keywords='london',
    @Details='aoyun'
```

步驟四：點擊 [執行(X)] 按鈕，消息欄中出現「命令已完成。」表示數據更新成功。界面見圖 6-10。

087

圖 6-10　執行存儲過程 9

6.2.4　實訓任務四：創建 news_select 表數據存儲過程，實現查詢表 News 表中的數據

步驟一：創建 news_select 表數據存儲過程，查找表 News 中的數據，並按 Posted 降序排列。代碼如下：

```
set ANSI_NULLS ON
set QUOTED_IDENTIFIER ON
go


create PROCEDURE News_Select
AS
    SET NOCOUNT ON

    SELECT * FROM News
    ORDER BY Posted DESC
go
```

步驟二：創建完成後點擊　執行(X)　按鈕，當消息欄中出現「命令已成功完成。」表示存儲過程已經成功創建。界面見圖 6-11。

圖 6-11　執行存儲過程 10

步驟三：執行存儲過程。代碼如下：
exce News_Select

步驟四：點擊 執行 按鈕，消息欄中出現「命令已完成。」表示數據查詢成功。界面見圖 6-12。

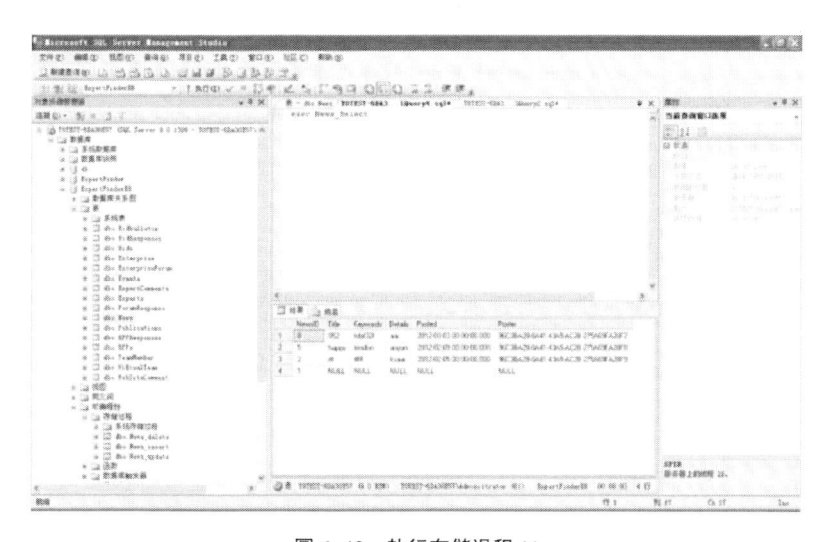

圖 6-12　執行存儲過程 11

089

6.2.5 實訓任務五：創建 news_getbynewsID 表數據存儲過程，實現通過特定條件來獲得 News 表中的數據

步驟一：創建 news_getbynewsID 表數據存儲過程，獲得表 News 中滿足 newsID 條件的數據。代碼如下：

```
set ANSI_NULLS ON
set QUOTED_IDENTIFIER ON
go

create PROCEDURE News_GetBynewsID
    @NewsID int
AS
    SET NOCOUNT ON

    SELECT * FROM News
    WHERE NewsID=@NewsID
go
```

步驟二：創建完成後點擊 執行(X) 按鈕，當消息欄中出現「命令已成功完成。」表示存儲過程已經成功創建。界面見圖 6-13。

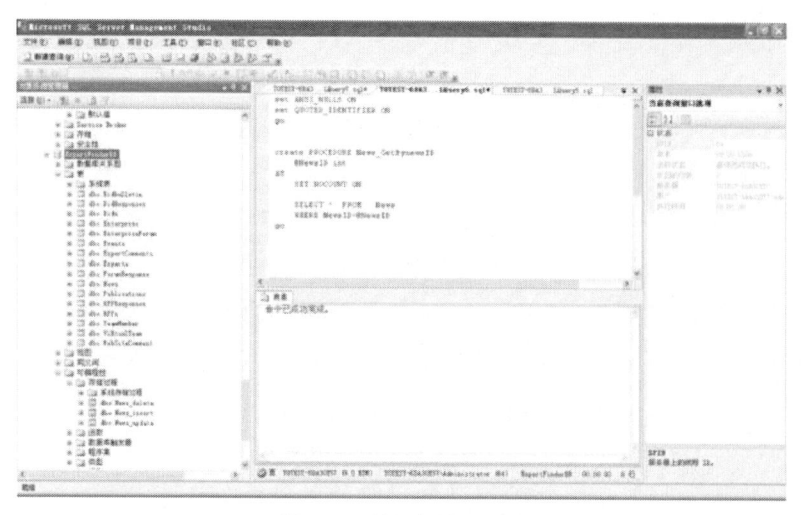

圖 6-13　執行存儲過程 12

步驟三：執行存儲過程。代碼如下：

```
exec News_GetBynewsID
@NewsID=5
```

步驟四：點擊 執行(X) 按鈕，消息欄中出現「命令已完成。」表示數據查找成功。界面見圖 6-14。

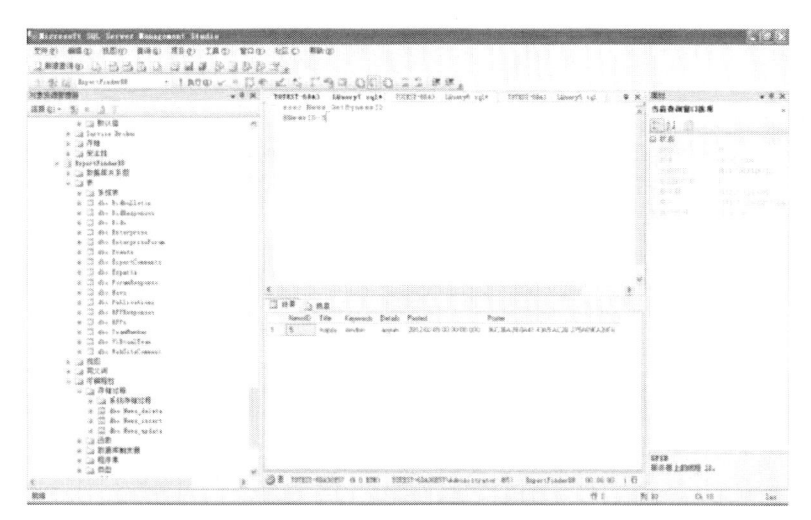

圖 6-14　執行存儲過程 13

7 ExpertFinder 存儲過程與視圖設計操作實訓

7.1 實驗基本要求

7.1.1 實訓目標

製作 ExpertFinder 數據庫的視圖，熟悉視圖設計常用操作。

7.1.2 實訓任務

（1）製作數據庫視圖 vNews。
（2）製作數據庫視圖 vTeamMember。

7.2 實驗步驟

以下是給出的將要製作的視圖信息。見圖 7-1。

vVirtualTeam	vNews	vRFPs	vPublications	vEvents	vBids
TeamID TeamName Note Creator FirstName LastName BuiltDate RFPID	NewsID Title Keywords Details Posted Poster FirstName LastName	RFPID Title CATEGORY Details Posted Poster FirstName LastName	PublicationID Title Author Introduce Type PubDate Price Posted Poster FirstName LastName Hits	EventID Title Keywords Date Location Summary Posted Poster FirstName LastName Hits	BidID Title Details IndustryType ContactName Address Phone Fax Email OpeningDate ExpirationDate Poster FirstName LastName Posted

vEnterpriseForum	vBidResponses	vExpertComment	vRFPResponses	vTeamMember
PID Title Content CategoryID Poster FirstName LastName Posted	RspID BidID ResponseText Bidder FirstName LastName Posted	CID Comment Expert FirstName LastName Poster Posted	RspID RFPID ResponseText Replier FirstName LastName Posted	TeamID Member FirstName LastName

圖 7-1 視圖信息

7.2.1 實訓任務一：製作數據庫視圖 vNews

步驟一：在數據庫 ExpertFinder 下拉選項中右鍵視圖，選擇新建視圖。界面見圖 7-2。

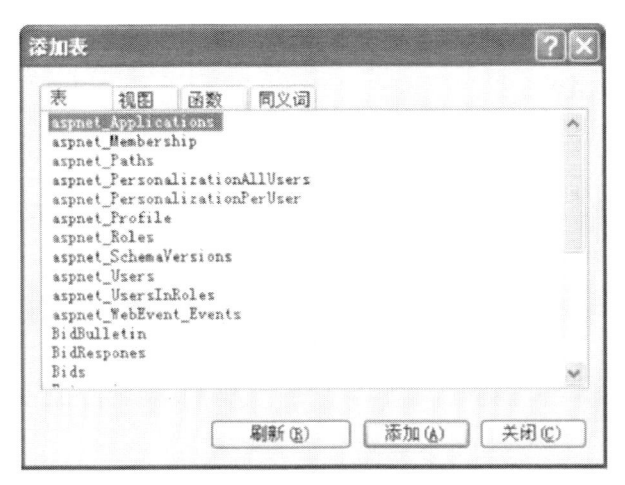

圖 7-2 新建視圖

步驟二：在彈出的添加表對話框中，同時選中 Experts 表與 News 表，單擊添加，這兩個表就被添加到視圖中了。界面見圖 7-3。

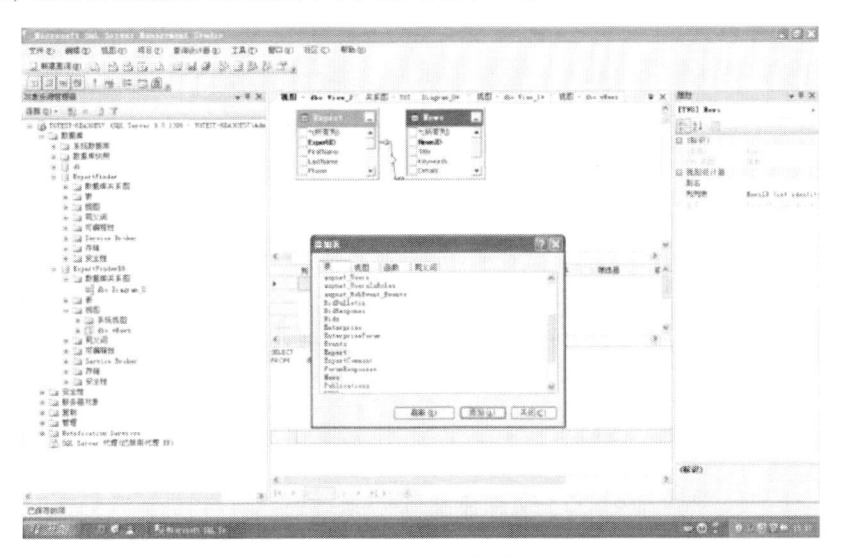

圖 7-3 添加表對話框

步驟三：在中間的選項欄中分別選出 Experts 表與 News 表和它們對應要添加的列。保存視圖，輸入視圖名 vNews。界面見圖 7-4。

圖 7-4　選項欄設置

步驟四：查看視圖。在視圖下拉選項中找到視圖 vNews，右鍵打開視圖，就可以查看新建的視圖的數據信息了。界面見圖 7-5。

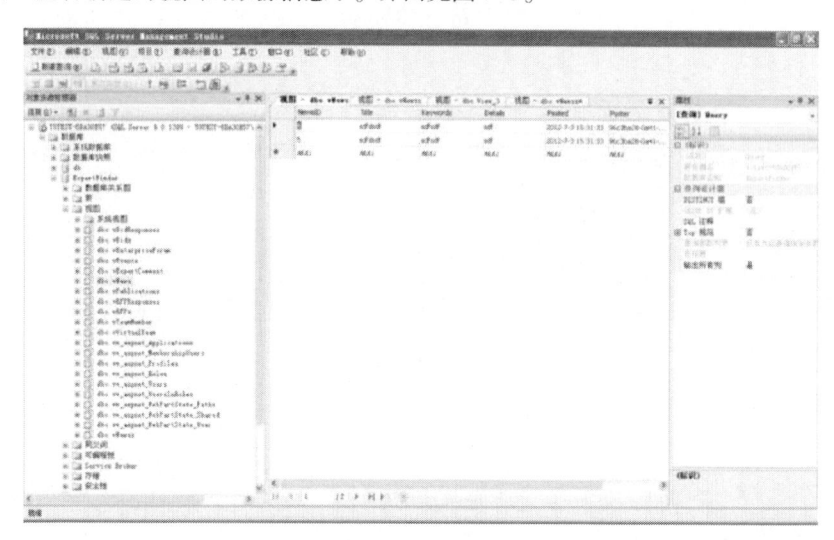

圖 7-5　查看視圖

7.2.2　實訓任務二：製作數據庫視圖 vTeamMember

步驟一：選中數據庫 ExpertFinder，點擊新建查詢。界面見圖 7-6。

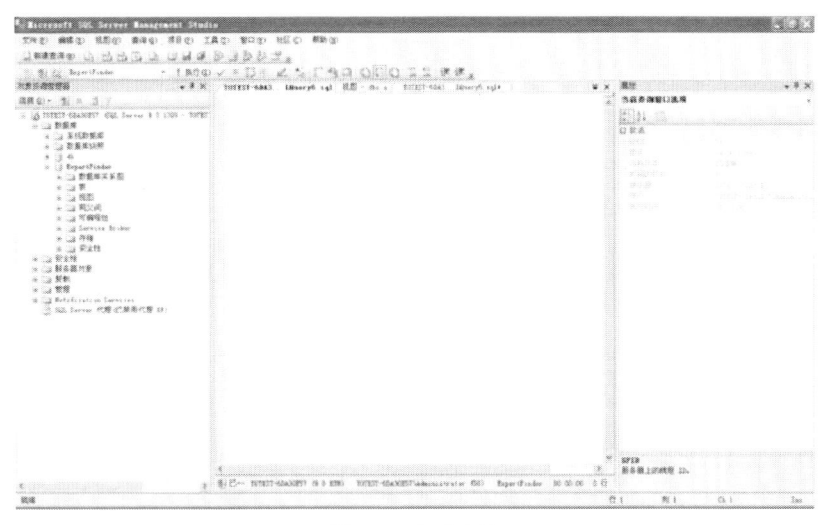

圖 7-6　新建查詢

步驟二：在查詢窗口內輸入代碼，新建一個名為 vTeamMember 的視圖。代碼如下：

```
create view vTeamMember as SELECT    TeamID, Member, LastName,firstname
FROM      TeamMember INNER JOIN
                Expert on Member = ExpertID
```

步驟三：點擊 執行 按鈕，消息欄中出現「命令已完成。」表示視圖創建成功。界面見圖 7-7。

圖 7-7　執行創建視圖語句

步驟四：查看結果，打開數據庫中的視圖 vTeamMember 就可以查看創建的視圖信息了。界面見圖 7-8。

圖 7-8　查看結果

用以上任一方法，依次製作視圖 vVirtualTeam、vRFPs、vPublications、vEvents、vBids、vEterpriseForum、vBidResponses、vExpertVomment 和 vRFPResponses。結果的界面見圖 7-9。

圖 7-9　視圖列表

8 ADO.NET 數據庫操作實訓

8.1 實驗基本要求

8.1.1 實訓目標

掌握使用 ADO.NET 操作數據庫的方法；掌握連接字符串的配置方法；熟悉 SqlConnection、SqlCommand 類使用方法；掌握 CRUD 的實現方法。

8.1.2 實訓任務

（1）配置連接字符串。
（2）創建記錄列表顯示頁面。
（3）創建記錄詳細顯示頁面。
（4）創建記錄刪除頁面。
（5）創建記錄編輯頁面，實現修改和增加數據

8.2 實驗步驟

為了方便作業，將 News 表作處理：去除其關係，設置 Poster 字段可空。

8.2.1 實訓任務一：配置連接字符串

步驟一：在服務器資源管理器中，右鍵已經連接的數據庫 ExpertFinder，選擇屬性。界面見圖 8-1。

图 8-1 服务器资源管理器

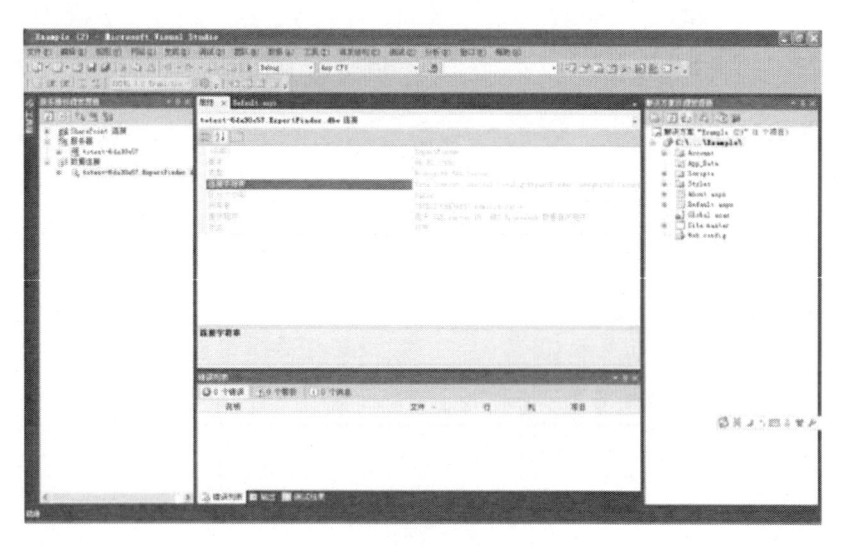

步骤二：复制属性选项框中的连接字符串 Data Source=.；Initial Catalog=ExpertFinder；Integrated Security=True。界面见图 8-2。

图 8-2 复制属性选项框中的连接字符串

步骤三：在解决方案管理器中，右键 web.config，选择打开，打开 web.config。界面见图 8-3。

图 8-3　打开 web.config

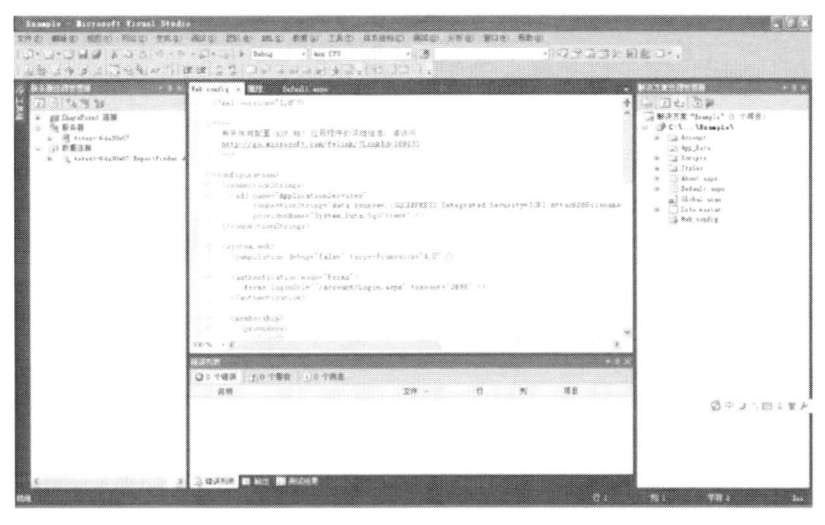

步驟四：配置連接字符串。將連接字符串 connectionString 替換成步驟二中複製的連接字符串，命名為 cnnstring。界面見圖 8-4。

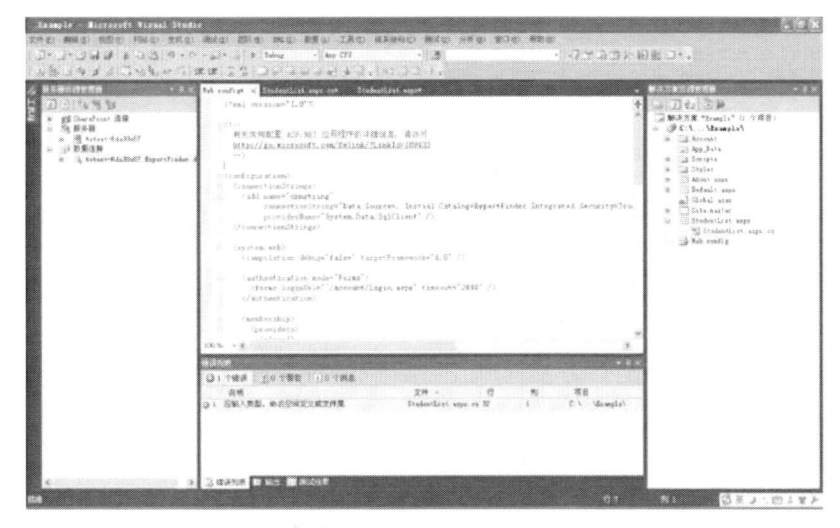

图 8-4　配置連接字符串

8.2.2　實訓任務二：創建記錄列表顯示頁面

步驟一：在解決方案管理器中，右鍵我們建立的網站 Example，選擇添加新項，建立新的 web 窗體，並命名為 NewsList。界面見圖 8-5。

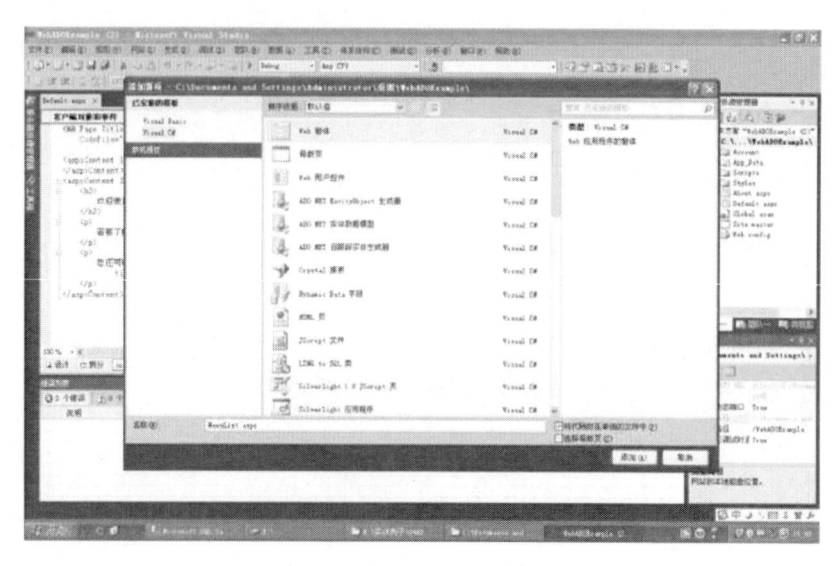

圖 8-5　新的 web 窗體

步驟二：在 NewsList.aspx 窗口中，點擊拆分。然後把工具箱中的 GridView 控件拖拽到拆分窗口中。界面見圖 8-6。

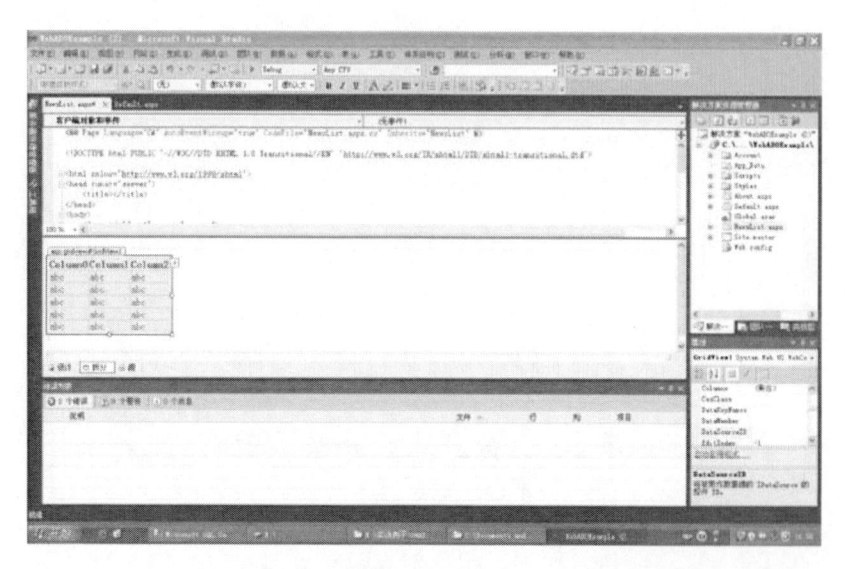

圖 8-6　拆分窗口、拖拽 GridView 控件

步驟三：右鍵打開解決方案管理器中的 NewsList.aspx.cs。界面見圖 8-7。

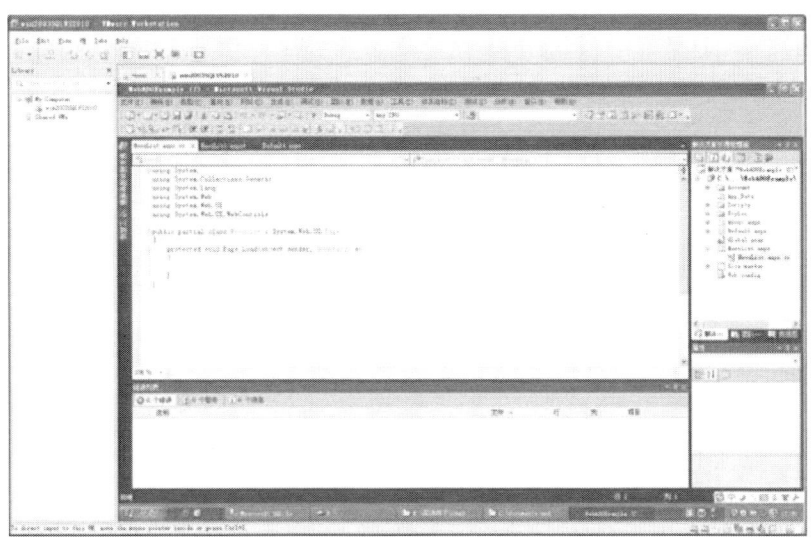

圖 8-7　打開解決方案管理器中的 NewsList.aspx.cs

步驟四：在 NewsList.aspx.cs 中添加命名空間。

usingSystem. Data；

usingSystem. Data. SqlClient；

using System.configuration；

代碼如下：

```
using System;
using System.Collections.Generic;
using System.Linq;
using System.Web;
using System.Web.UI;
using System.Web.UI.WebControls;
using System.Data;
using System.Data.SqlClient;
using System.Configuration;
```

步驟五：創建數據庫連接，打開數據庫連接。代碼如下：

```
string constring = ConfigurationManager.ConnectionStrings["cnnstring"].ToString();
SqlConnection myConnection = new SqlConnection(constring);
myConnection.Open();
```

步驟六：GridView 綁定數據源，關閉連接。代碼如下：

```
GridView1.DataSource = br;
GridView1.DataBind();
myConnection.Close();
```

則 NewsList.aspx.cs 的全部代碼如下：

```
using System;
using System.Collections.Generic;
using System.Linq;
using System.Web;
using System.Web.UI;
using System.Web.UI.WebControls;
using System.Data;
using System.Data.SqlClient;
using System.Configuration;

public partial class NewsList : System.Web.UI.Page
{
    protected void Page_Load(object sender, EventArgs e)
    {

        ShowNewsList();
    }
    private void ShowNewsList()
    {
        string constring = ConfigurationManager.ConnectionStrings["cnnstring"].ToString();
        SqlConnection myConnection = new SqlConnection(constring);
        myConnection.Open();
        SqlCommand cmd = new SqlCommand("select * from News", myConnection);
        SqlDataReader br = cmd.ExecuteReader();
        GridView1.DataSource = br;
        GridView1.DataBind();
        myConnection.Close();
    }
}
```

步驟七：查看數據表。右鍵 NewsList.aspx，選擇在瀏覽器中查看，查看數據表。界面見圖 8-8。

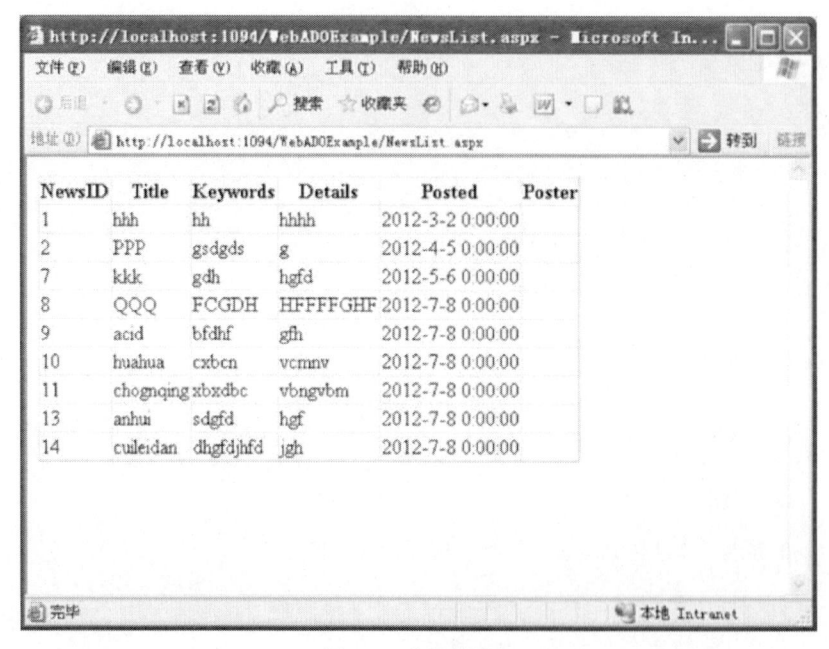

圖 8-8　查看數據表

8.2.3 實訓任務三：創建記錄詳細顯示頁面

步驟一：解決方案管理器中添加新項，並命名為 ViewNews。界面見圖 8-9。

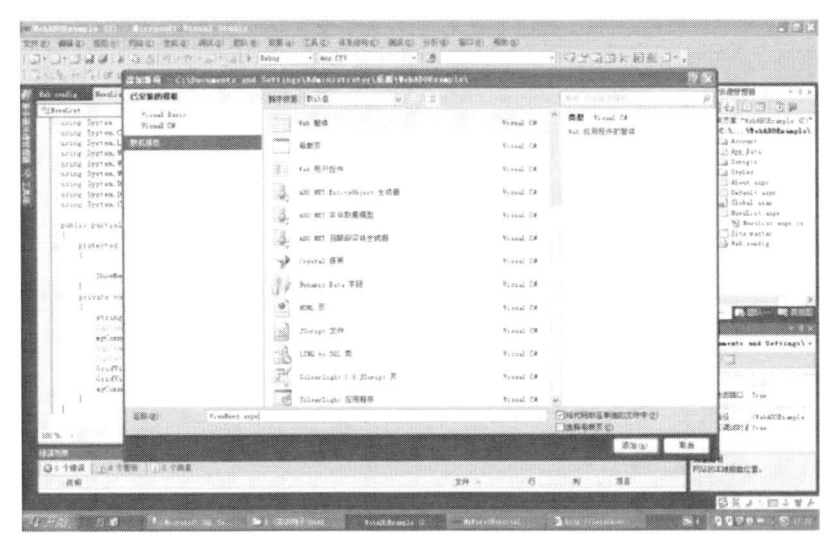

圖 8-9 添加新項

步驟二：在 ViewNews.aspx 窗口中，點擊拆分。然後把工具箱中的 DetailsView 控件拖拽到拆分窗口中。界面見圖 8-10。

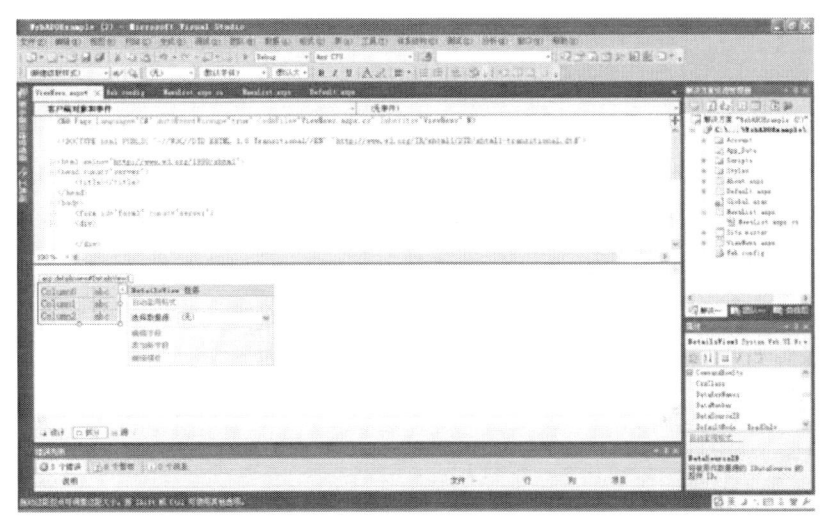

圖 8-10 拆分 ViewNews.aspx 窗口、拖拽 DetailsView 控件

步驟三：同實訓任務二中，首先添加命名空間、創建數據庫連接，再打開數據庫連接。代碼分別如下：

添加命名空間。

```
usingSystem. Data;
usingSystem. Data. SqlClient;
using System.configuration;
using System;
using System.Collections.Generic;
using System.Linq;
using System.Web;
using System.Web.UI;
using System.Web.UI.WebControls;
using System.Data;
using System.Data.SqlClient;
using System.Configuration;
```

創建數據庫連接，並打開數據庫連接。代碼如下：

```
string constring = ConfigurationManager.ConnectionStrings["cnnstring"].ToString();
SqlConnection myConnection = new SqlConnection(constring);
myConnection.Open();
```

步驟四：創建 Command 對象，執行 SQL 語句並綁定數據源。代碼如下：

```
SqlCommand cmd = new SqlCommand("select * from News where NewsID=@NewsID", myConnection);
cmd.Parameters.AddWithValue("@NewsID", NewsID);
SqlDataReader dr= cmd.ExecuteReader();
DetailsView1.DataSource = dr;
DetailsView1.DataBind();
```

步驟五：調用記錄詳細顯示函數。代碼如下：

```
if (Request["id"] != null)//判斷是否有传递id
{
    string strid = Request["id"].ToString();
    int id = int.Parse(strid);
    ViewStudentData(id);//调用记录详细显示函数
```

則 ViewNews.aspx.cs 中全部代碼如下：

```
using System;
using System.Collections.Generic;
using System.Linq;
using System.Web;
using System.Web.UI;
using System.Web.UI.WebControls;
using System.Data;
using System.Data;
using System.Data.SqlClient;
using System.Configuration;


public partial class ViewNews : System.Web.UI.Page
{
    protected void Page_Load(object sender, EventArgs e)
    {
        if (Request["NewsID"] != null)
        {
            string strid = Request["NewsID"].ToString();
            int NewsID = int.Parse(strid);
            ViewNewsData(NewsID);

        }

    }
```

```
private void ViewNewsData(int NewsID)
{
    string constring = ConfigurationManager.ConnectionStrings["cnnstring"].ToString();

    SqlConnection myConnection = new SqlConnection(constring);

    myConnection.Open();
    SqlCommand cmd = new SqlCommand("select * from News where NewsID=@NewsID", myConnection);
    cmd.Parameters.AddWithValue("@NewsID", NewsID);
    SqlDataReader dr= cmd.ExecuteReader();
    DetailsView1.DataSource = dr;
    DetailsView1.DataBind();
}
}
```

步驟六：查看表數據詳細信息。右鍵 ViewNews.aspx，選擇在瀏覽器中查看，查看數據表。界面見圖 8-11。

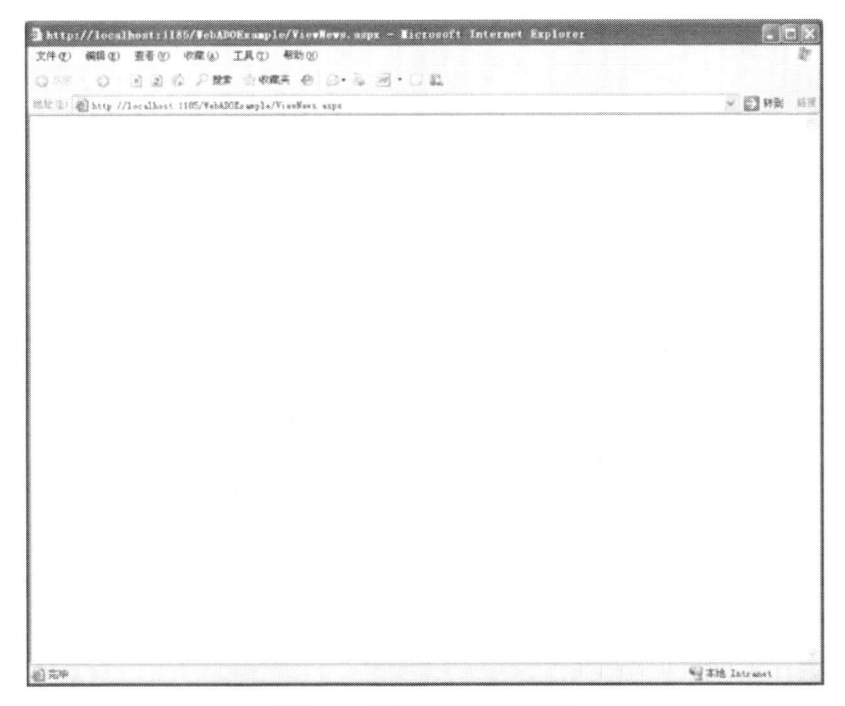

圖 8-11　查看表數據詳細信息 1

在地址欄中添加？NewsID＝2，enter。則顯示 NewsID 為 2 的消息的詳細信息。界面見圖 8-12。

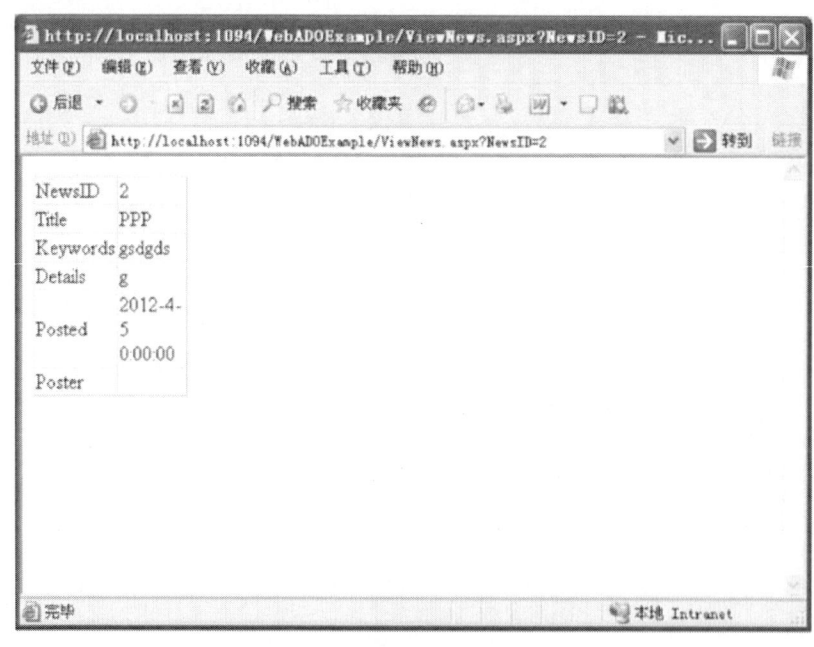

圖 8-12　查看表數據詳細信息 2

NewsID 的值可以適當修改，查看不同 NewsID 的新聞的詳細信息。

步驟七：添加 NewsList 表與 ViewNews 表的跳轉連接。右鍵打開 NewsList.aspx。在拆分窗口中，點擊 圖標，選擇編輯列。界面見圖 8-13。

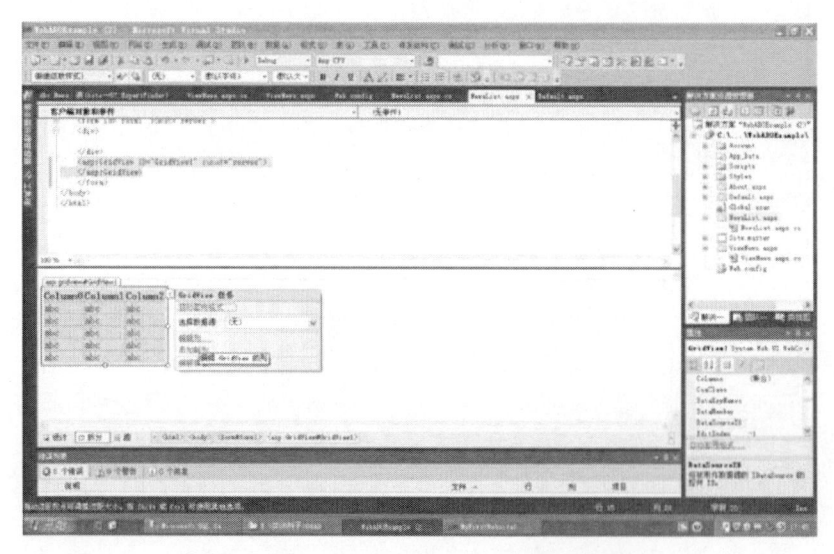

圖 8-13　添加 NewsList 表與 ViewNews 表的跳轉連接

步驟八：在字段窗口中添加 HiperLinkField。配置 HiperLinkField 屬性見圖 8-14。

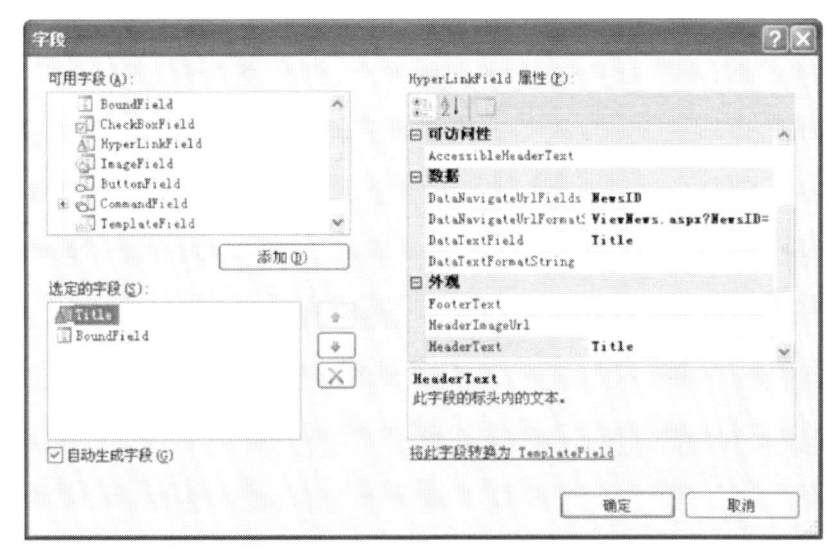

圖 8-14　配置 HiperLinkField 屬性

步驟九：添加 BoundField 字段，屬性配置見圖 8-15。

圖 8-15　添加 BoundField 字段

字段配置結果見圖 8-16。

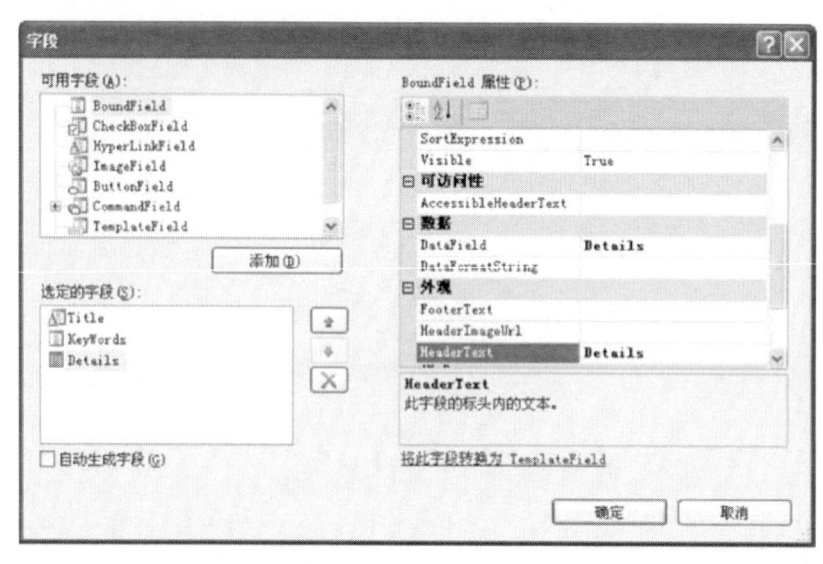

圖 8-16　字段配置結果

步驟十：查看跳轉連接結果。右鍵 NewsList，選擇在瀏覽器中查看。界面見圖 8-17。

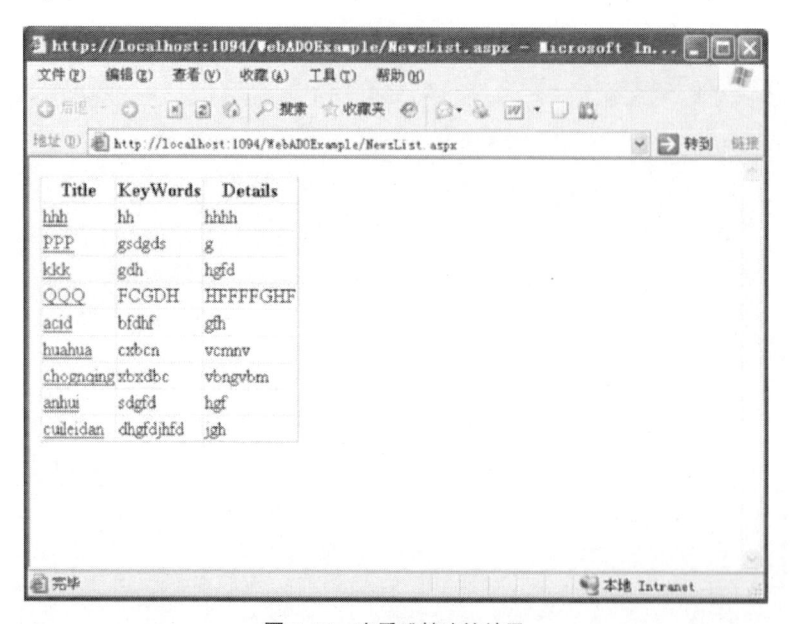

圖 8-17　查看跳轉連接結果

步驟十一：點擊 Title 為 hhh 的新聞，自動跳轉到其詳細信息。界面見圖 8-18。

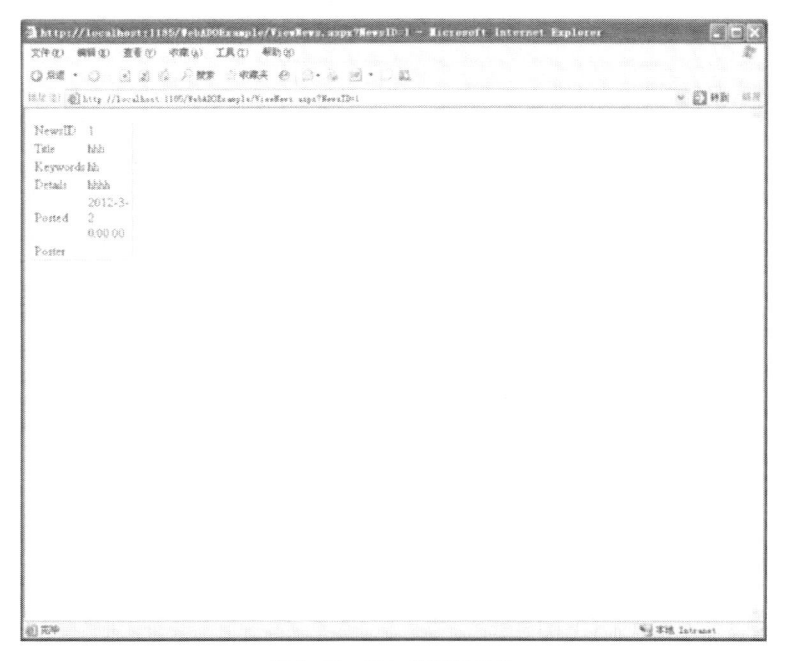

圖 8-18　Title 的詳細信息

8.2.4　實訓任務四：創建記錄刪除頁面

步驟一：在解決方案管理器中，右鍵我們建立的網站 Example，選擇添加新項，建立新的 web 窗體，並將其命名為 DeleteNews。界面見圖 8-19。

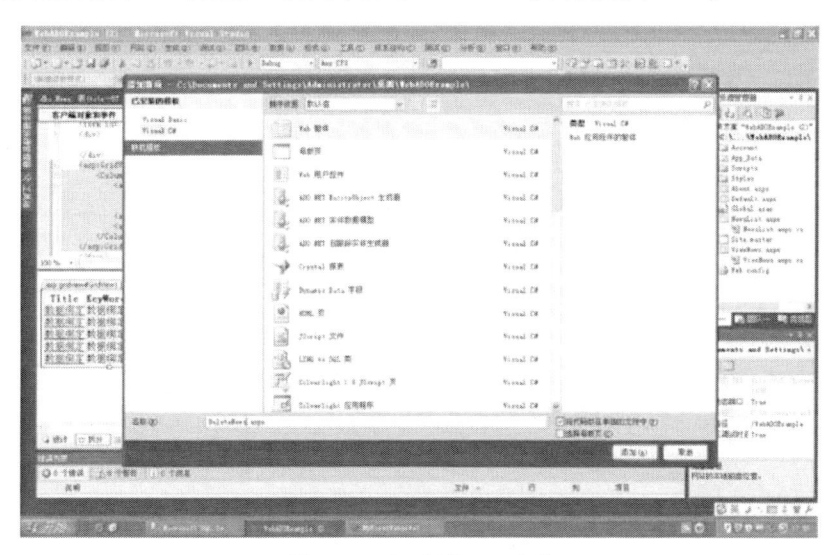

圖 8-19　建立新的 web 窗體

109

步驟二：首先添加命名空間，創建數據庫連接，再打開數據庫連接。代碼分別如下：

添加命名空間。

usingSystem. Data;

usingSystem. Data. SqlClient;

using System.configuration;

代碼如下：

```
using System;
using System.Collections.Generic;
using System.Linq;
using System.Web;
using System.Web.UI;
using System.Web.UI.WebControls;
using System.Data;
using System.Data.SqlClient;
using System.Configuration;
```

創建數據庫連接，並打開數據庫連接。代碼如下：

```
string constring = ConfigurationManager.ConnectionStrings["cnnstring"].ToString();
SqlConnection myConnection = new SqlConnection(constring);
myConnection.Open();
```

步驟三：創建 Command 對象，執行 SQL 語句。代碼如下：

```
SqlCommand cmd = new SqlCommand("delete from News where NewsID=@deleteid", myConnection);
cmd.Parameters.AddWithValue("@deleteid", NewsID);
cmd.ExecuteNonQuery();
```

則 DeleteNews.aspx.cs 的全部代碼如下：

```
using System;
using System.Collections.Generic;
using System.Linq;
using System.Web;
using System.Web.UI;
using System.Web.UI.WebControls;
using System.Data;
using System.Data.SqlClient;
using System.Configuration;

public partial class DeleteNews : System.Web.UI.Page
{
    protected void Page_Load(object sender, EventArgs e)
    {
        if (Request["NewsID"] != null)
        {
            string strid = Request["NewsID"].ToString();
            int NewsID= int.Parse(strid);
            DeleteNewsData(NewsID);
        }




    }
```

```
private void DeleteNewsData(int NewsID)
{
    string constring = ConfigurationManager.ConnectionStrings["cnnstring"].ToString();

    SqlConnection myConnection = new SqlConnection(constring);

    myConnection.Open();
    SqlCommand cmd = new SqlCommand("delete from News where NewsID=@deleteid", myConnection);
    cmd.Parameters.AddWithValue("@deleteid", NewsID);
    cmd.ExecuteNonQuery();


}
}
```

步驟四：查看表數據詳細信息。右鍵 DeleteNews.aspx，選擇在瀏覽器中查看，查看數據表。界面見圖 8-20。

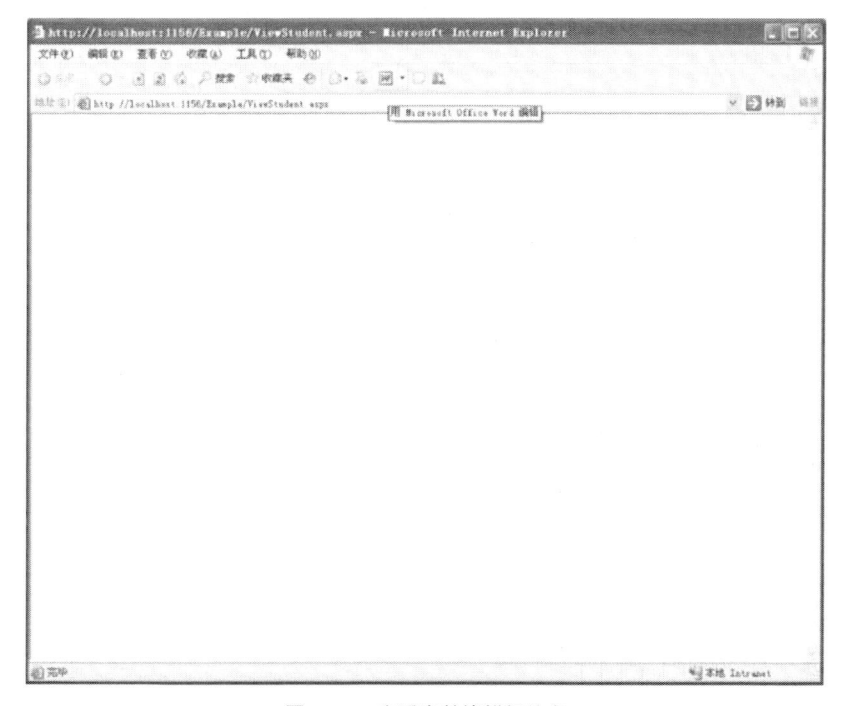

圖 8-20　查看表數據詳細信息

在地址欄中添加？NewsID=1 與？NewsID=2，enter。則 NewsID 為 1 和 2 的新聞的信息從數據表中刪除了。結果可在 NewsList 中查看。界面見圖 8-21。

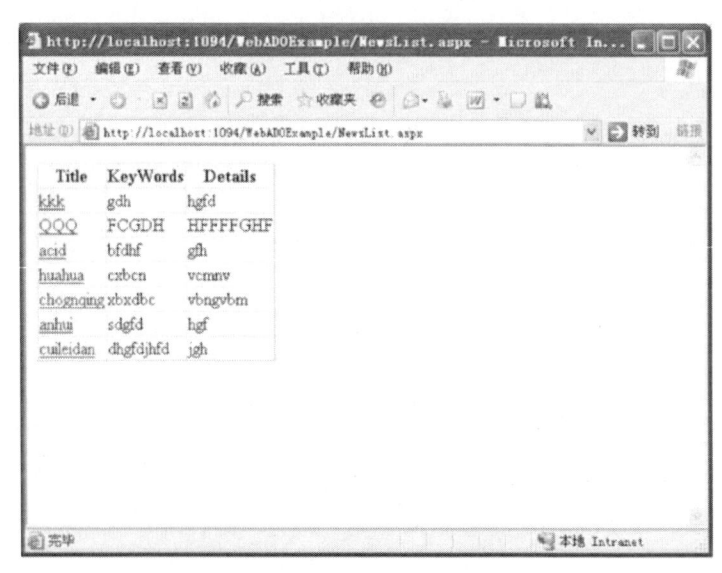

圖 8-21　從數據表中刪除數據

NewsID 為 1 和 2 的新聞信息從數據表中刪除。

步驟五：添加 DeleteNews 表與 ViewNews 表的跳轉連接。右鍵打開 ViewNews.aspx。在拆分窗口中，將工具箱中的 HiperLink 控件拖拽到拆分窗口中。界面見圖 8-22。

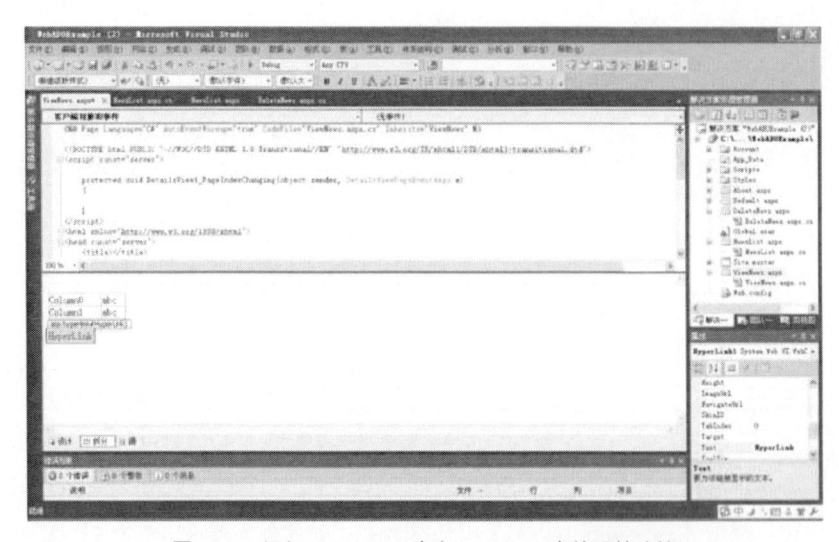

圖 8-22　添加 DeleteNews 表與 ViewNews 表的跳轉連接

右鍵 HiperLink 控件，選擇屬性。將屬性設置中的 Text 改為「刪除數據」。截面見圖 8-23。

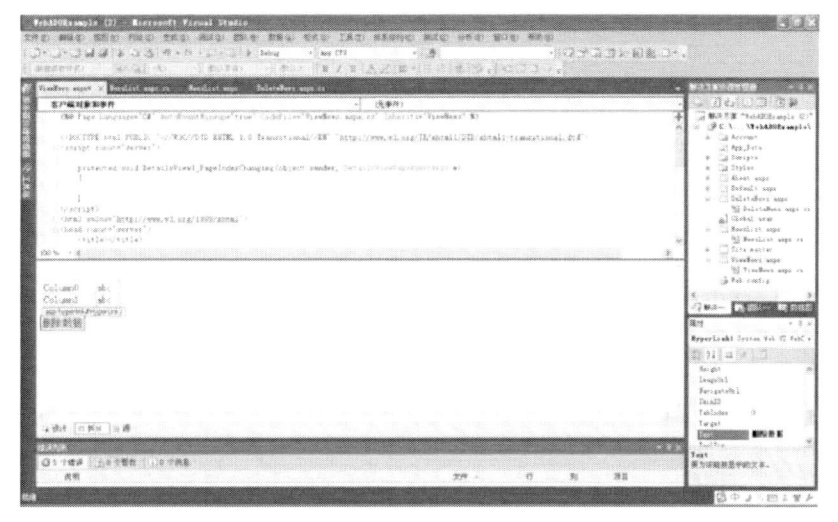

圖 8-23　將屬性設置中的 Text 改為「刪除數據」

步驟六：右鍵打開 ViewNews.aspx.cs，在其中添加 HiperLinlk 代碼。

`HyperLink1.NavigateUrl = "DeleteNews.aspx?NewsID=" + NewsID.ToString();`

代碼如下：

```
if (Request["NewsID"] != null)
{
    string strid = Request["NewsID"].ToString();
    int NewsID = int.Parse(strid);
    ViewNewsData(NewsID);
    HyperLink1.NavigateUrl = "DeleteNews.aspx?NewsID=" + NewsID.ToString();
}
```

步驟七：右鍵打開 DeleteNews.aspx.cs，在其中添加刪除後返回 NewsList 的代碼。

`Response.Redirect("NewsList.aspx");`

代碼如下：

```
if (Request["NewsID"] != null)
{
    string strid = Request["NewsID"].ToString();
    int NewsID= int.Parse(strid);
    DeleteNewsData(NewsID);
    Response.Redirect("NewsList.aspx");
}
```

步驟八：查看跳轉連接結果。右鍵 NewsList.aspx，選擇在瀏覽器中查看。界面見圖 8-24。

图 8-24　查看跳轉連接結果

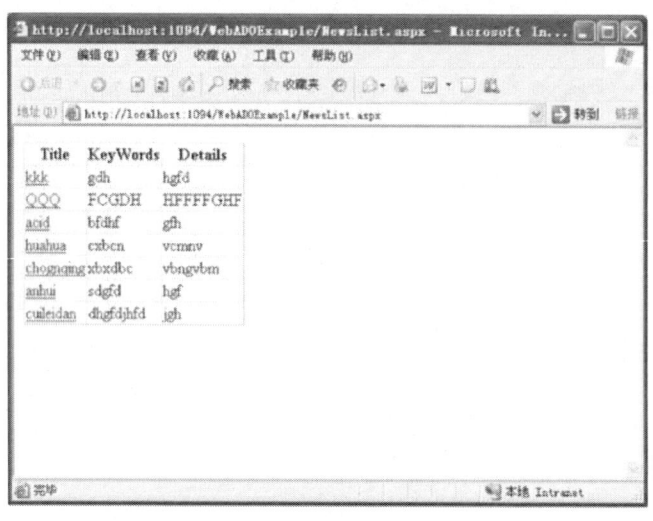

步驟九：點擊 Title 為 kkk 的新聞，自動跳轉到其詳細信息。點擊刪除數據，則 kkk 新聞的信息從數據表中刪除了，並跳轉回 NewsList 表。界面見圖 8-25。

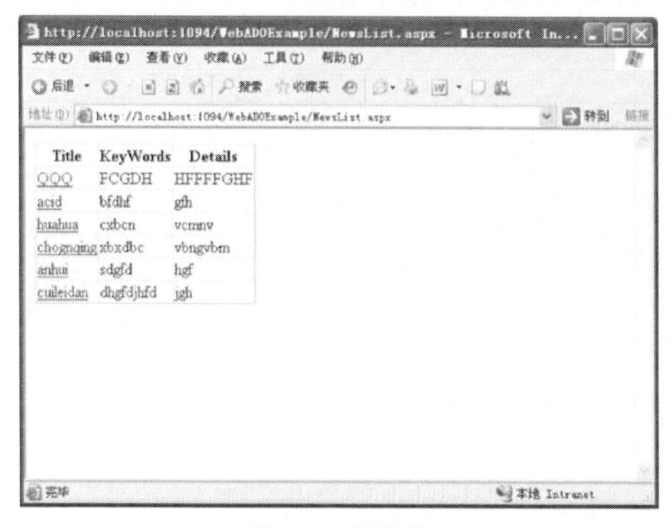

图 8-25　刪除數據

8.2.5　實訓任務五：創建記錄編輯頁面，實現修改和增加數據

步驟一：在解決方案管理器中，右鍵我們建立的網站 Example，選擇添加新項，建立新的 web 窗體，並命名為 EditDNews。界面見圖 8-26。

圖 8-26　建立新的 web 窗體

步驟二：首先添加命名空間，創建數據庫連接，再打開數據庫連接。代碼分別如下：

添加命名空間。

usingSystem. Data;

usingSystem. Data. SqlClient;

using System.configuration;

```
using System;
using System.Collections.Generic;
using System.Linq;
using System.Web;
using System.Web.UI;
using System.Web.UI.WebControls;
using System.Data;
using System.Data.SqlClient;
using System.Configuration;
```

創建數據庫連接，並打開數據庫連接。代碼如下：

```
string constring = ConfigurationManager.ConnectionStrings["cnnstring"].ToString();
SqlConnection myConnection = new SqlConnection(constring);
myConnection.Open();
```

步驟三：打開 EditDNews.aspx，在菜單欄中點擊選擇插入表格，插入一個 4 行 2 列 400 像素的表格。界面見圖 8-27。

115

圖 8-27　插入表格

步驟四：編輯表。輸入表的各行名稱。在右邊的列中，將工具箱中的 TextBox 控件拖拽到其中。在最後一個單元格中，將工具箱中的 Button 控件拖拽其中。界面見圖 8-28。

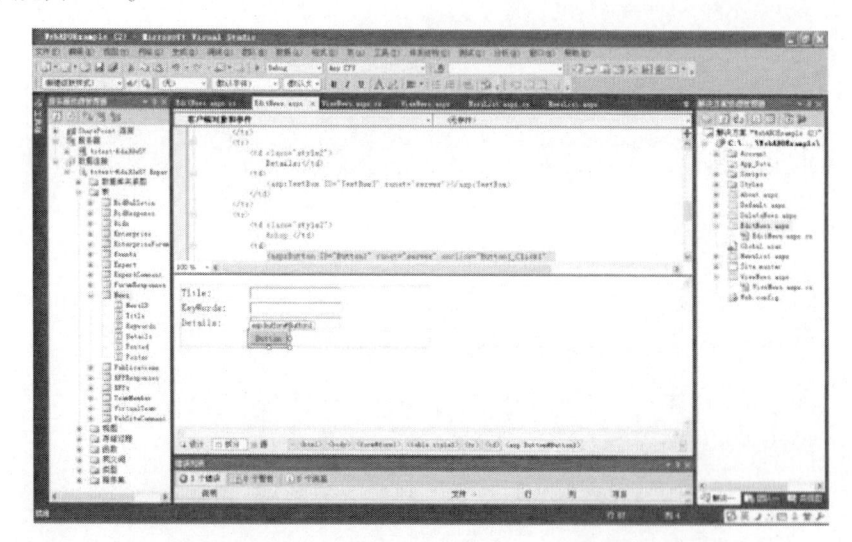

圖 8-28　編輯表

步驟五：雙擊 Button 控件，進入代碼編輯界面。界面見圖 8-29。

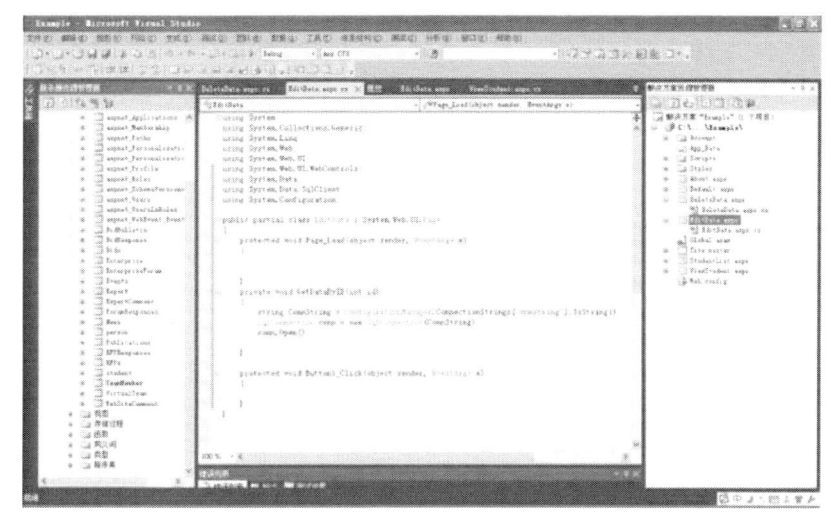

圖 8-29　代碼編輯界面

步驟六：增加數據。代碼如下：

```
private void AddNews()
{
    string ConnString = ConfigurationManager.ConnectionStrings["cnnstring"].ToString();
    SqlConnection conn = new SqlConnection(ConnString);
    conn.Open();
    SqlCommand cmd =
        new SqlCommand
            ("Insert into News (Title,KeyWords,Details) values(@Title,@KeyWords,@Details)", conn);
    cmd.Parameters.AddWithValue("@Title", TextBox1.Text);
    cmd.Parameters.AddWithValue("@KeyWords", TextBox2.Text);
    cmd.Parameters.AddWithValue("@Details", TextBox3.Text);
    cmd.ExecuteNonQuery();
    conn.Close();
    Response.Redirect("NewsList.aspx");
}
```

步驟七：更新數據。代碼如下：

```
private void UpgrateNews()
{
    string ConnString = ConfigurationManager.ConnectionStrings["cnnstring"].ToString();
    SqlConnection conn = new SqlConnection(ConnString);
    conn.Open();
    SqlCommand cmd =
        new SqlCommand
            ("Update News set Title=@Title,KeyWords=@KeyWords,Details=@Details where NewsID=@NewsID", conn);
    cmd.Parameters.AddWithValue("@Title", TextBox1.Text);
    cmd.Parameters.AddWithValue("@KeyWords", TextBox2.Text);
    cmd.Parameters.AddWithValue("@Details", TextBox3.Text);
    cmd.Parameters.AddWithValue("@NewsID", (int)ViewState["NewrID"]);
    cmd.ExecuteNonQuery();
    conn.Close();
    Response.Redirect("NewsList.aspx");
}
```

步驟八：以 NewsID 作為參數向表格中傳遞數據。代碼如下：

```csharp
private void GetDataByNEWSID(int NewsID)   //Load news by NewsID
{
    string ConnString =ConfigurationManager.ConnectionStrings["cnnstring"].ToString();
    SqlConnection conn = new SqlConnection(ConnString);
    conn.Open();
    SqlCommand cmd = new SqlCommand("select * from News  where NewsID=@NewsID", conn);
    cmd.Parameters.AddWithValue("@NewsID", NewsID);
    SqlDataReader dr = cmd.ExecuteReader();
    dr.Read();
    TextBox1.Text = dr["Title"].ToString();
    TextBox2.Text = dr["KeyWords"].ToString();
    TextBox3.Text = dr["Details"].ToString();
    conn.Close();
}
```

步驟九：Botton 編輯按鈕的控製函數。代碼如下：

```csharp
protected void Button1_Click1(object sender, EventArgs e) //</summary>
{
    if (ViewState["NewsID"] != null)
        UpgrateNews();
    else
        AddNews();
}
```

程序的全部代碼如下：

```csharp
using System;
using System.Collections.Generic;
using System.Linq;
using System.Web;
using System.Web.UI;
using System.Web.UI.WebControls;
using System.Data;
using System.Data.SqlClient;
using System.Configuration;

public partial class EditNews: System.Web.UI.Page
{
    protected void Page_Load(object sender, EventArgs e)
    {
        if ((!IsPostBack) && (Request["NewsID"] != null))
        {
            string strNEWSID = Request["NewsID"].ToString();
            int NewsID = int.Parse(strNEWSID);
            ViewState["NewsID"] = NewsID;
            GetDataByNEWSID(NewsID);
        }
    }
    private void GetDataByNEWSID(int NewsID)   //Load news by NewsID
    {
        string ConnString =ConfigurationManager.ConnectionStrings["cnnstring"].ToString();
        SqlConnection conn = new SqlConnection(ConnString);
        conn.Open();
        SqlCommand cmd = new SqlCommand("select * from News  where NewsID=@NewsID", conn);
        cmd.Parameters.AddWithValue("@NewsID", NewsID);
        SqlDataReader dr = cmd.ExecuteReader();
        dr.Read();
        TextBox1.Text = dr["Title"].ToString();
        TextBox2.Text = dr["KeyWords"].ToString();
        TextBox3.Text = dr["Details"].ToString();
        conn.Close();
    }
    private void AddNews()
    {
        string ConnString = ConfigurationManager.ConnectionStrings["cnnstring"].ToString();
        SqlConnection conn = new SqlConnection(ConnString);
        conn.Open();
        SqlCommand cmd =
            new SqlCommand
                ("Insert into News (Title,KeyWords,Details) values(@Title,@KeyWords,@Details)", conn);
        cmd.Parameters.AddWithValue("@Title", TextBox1.Text);
        cmd.Parameters.AddWithValue("@KeyWords", TextBox2.Text);
        cmd.Parameters.AddWithValue("@Details", TextBox3.Text);
```

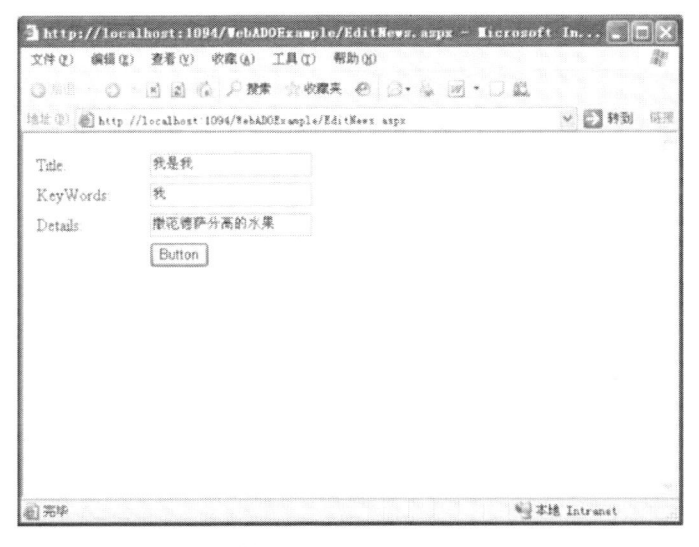

步骤十：查看 EditNews。查看 News 表数据的添加，右键 EditNews.aspx，选择在浏览器中查看。在弹出的浏览器窗口中输入 News 信息。界面见图 8-30。

图 8-30　查看 EditNews

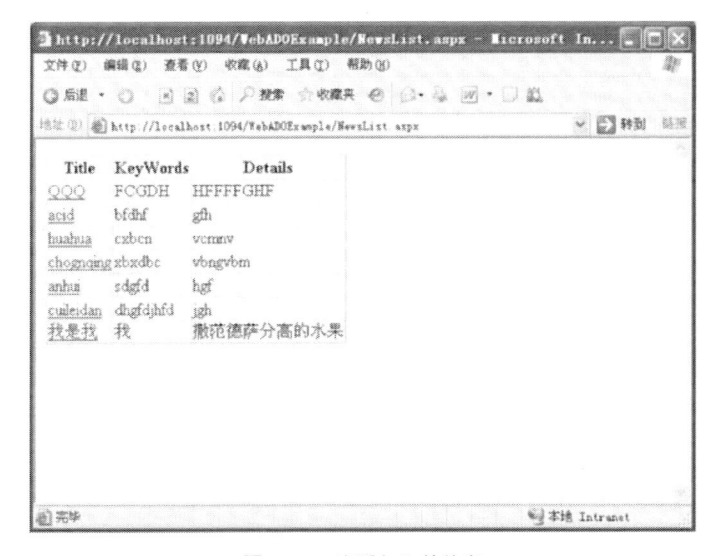

单击 Button 按钮，则可以查看加入的信息。界面见图 8-31。

图 8-31　查看加入的信息

将 Title 为「我是我」的信息加入到 News 表中了。

步骤十一：查看 News 表数据的修改操作。右键 EditNews.aspx，选择在浏览器中查看。在地址栏中添加？NewsID＝8，在调出的表中修改 News 信息。界面见图 8-32。

圖 8-32　查看 News 表數據的修改操作

將 Title 改為 PPP。

單擊 Button 按鈕，則可以查看修改後的 News 表。界面見圖 8-33。

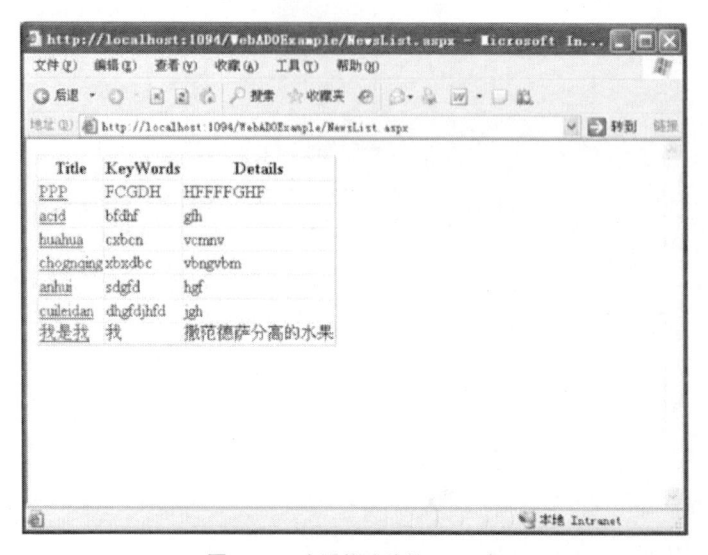

圖 8-33　查看修改後的 News 表

步驟十二：添加 EditNews 表與 ViewsNews 表的跳轉連接。右鍵打開 ViewNews.aspx。在拆分窗口中，將工具箱中的 HiperLink 控件拖拽到拆分窗口中。界面見圖 8-34。

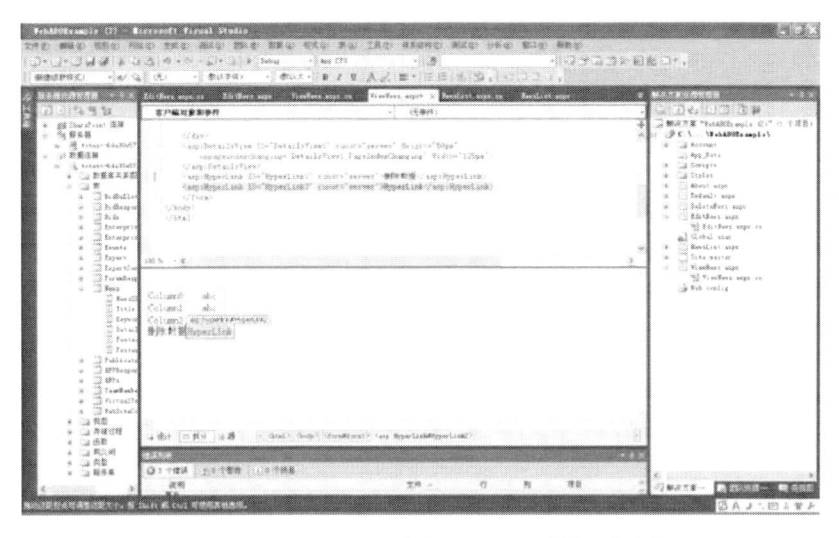

圖 8-34　添加 EditNews 表與 ViewsNews 表的跳轉連接

　　右鍵 HiperLink 控件，選擇屬性。將屬性設置中的 Text 改為「編輯數據」。截面見圖 8-35。

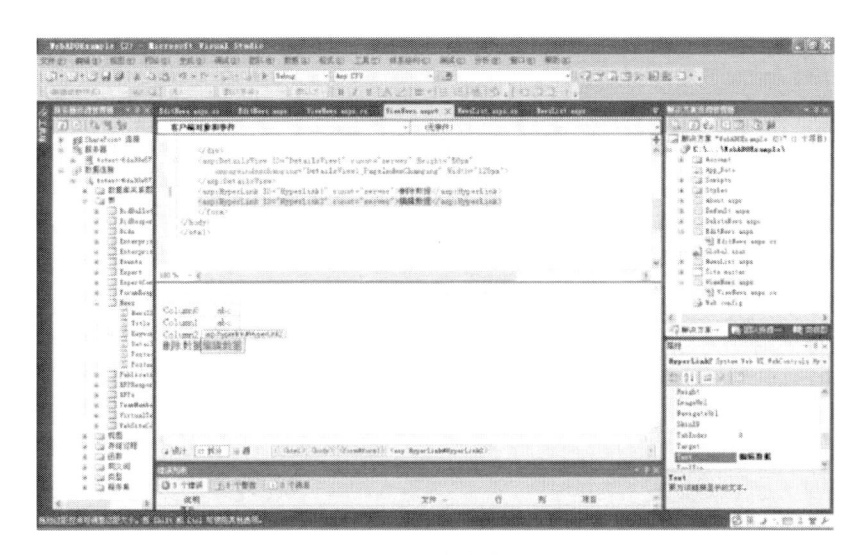

圖 8-35　「編輯數據」設置

步驟十三：右鍵打開 ViewNews.aspx.cs，在其中添加 HiperLinlk 代碼。

HyperLink2.NavigateUrl = "EditNews.aspx?NewsID=" + NewsID.ToString();

代碼如下：

```
if (Request["NewsID"] != null)
{
    string strid = Request["NewsID"].ToString();
    int NewsID = int.Parse(strid);
    ViewNewsData(NewsID);
    HyperLink1.NavigateUrl = "DeleteNews.aspx?NewsID=" + NewsID.ToString();
    HyperLink2.NavigateUrl = "EditNews.aspx?NewsID=" + NewsID.ToString();
}
```

步驟十四：查看跳轉連接結果。右鍵 NewsList.aspx，選擇在瀏覽器中查看。界面見圖 8-36。

圖 8-36　查看跳轉連接結果

點擊 Title 為「我是我」的 News，自動跳轉到該消息的詳細信息。界面見圖 8-37。

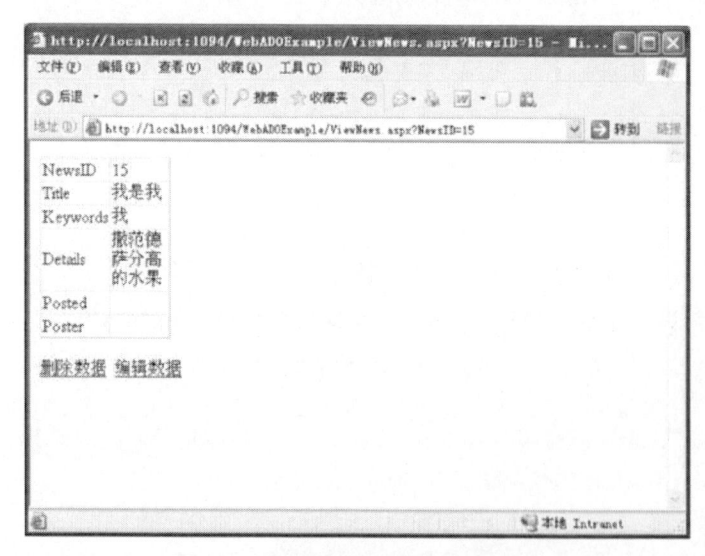

圖 8-37　自動跳轉到該消息的詳細信息

點擊編輯數據，則進入消息「我是我」的修改頁面，可對數據進行修改。界面見圖 8-38。

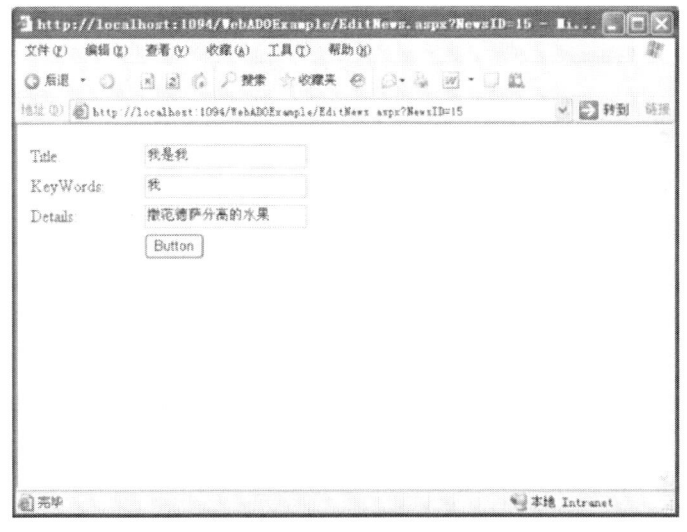

圖 8-38　消息修改頁面

9 存儲過程設計操作實訓

9.1 實驗基本要求

9.1.1 實訓目標

掌握存儲過程的設計和實現。

9.1.2 實訓任務

(1) 創建查詢記錄的存儲過程。
(2) 創建查詢特定記錄的存儲過程。
(3) 創建刪除記錄的存儲過程。
(4) 創建增加記錄的存儲過程。
(5) 創建修改記錄的存儲過程。

9.2 實驗步驟

9.2.1 實訓任務一：創建查詢記錄的存儲過程

步驟一：打開 Microsoft SQL Server Management Studio，展開 ExpertFinder 數據庫，選擇可編程性，右鍵點擊存儲過程，選擇新建存儲過程。見圖 9-1。

圖 9-1　新建存儲過程

步驟二：在新建存儲過程窗口中寫入建立查詢記錄的存儲過程語句：
CREATE PROCEDURE News_Select
-- Add the parameters for the stored procedure here
AS
BEGIN
-- SET NOCOUNT ON added to prevent extra result sets from
-- interfering with SELECT statements.
SET NOCOUNT ON;
-- Insert statements for procedure here
SELECT　newsid,title,keywords,posted from news
END
GO

點擊執行按鈕，顯示「命令已成功完成」，右鍵存儲過程，選擇刷新，可以看到剛才創建的存儲過程「News_Select」。見圖 9-2。

圖 9-2　執行存儲過程

步驟三：打開 MicrosoftvisualStudio→打開 mywebsite 網站→打開 NewsList.aspx 的代碼，將原來的 sql 語句改為存儲過程，修改的語句如下（見圖 9-3）：

SqlCommand cmd = new SqlCommand("News_Select", conn);

cmd.CommandType = CommandType.StoredProcedure。

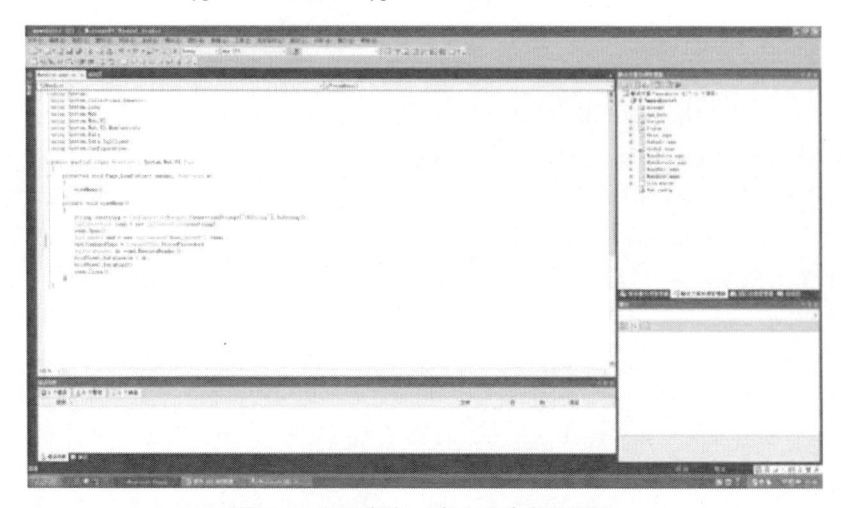

圖 9-3　將原來的 sql 語句改為存儲過程

9.2.2　實訓任務二：創建查詢特定記錄的存儲過程

步驟一：打開 Microsoft SQL Server Management Studio，展開 ExpertFinder 數據庫，選擇可編程性，右鍵點擊存儲過程，選擇新建存儲過程。見圖 9-4。

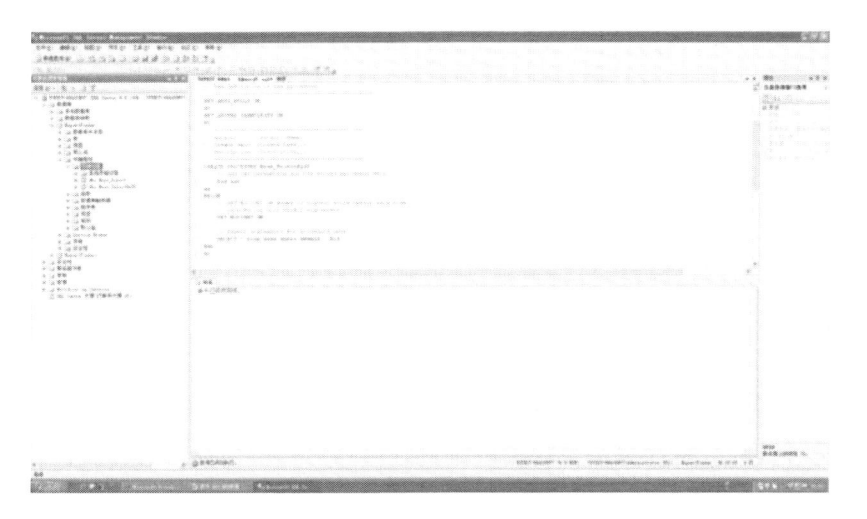

圖 9-4　新建存儲過程

步驟二：在新建存儲過程窗口中寫入建立查詢特定記錄的存儲過程語句：

CREATE PROCEDURE News_SelectByID

-- Add the parameters for the stored procedure here

@id int

AS

BEGIN

-- SET NOCOUNT ON added to prevent extra result sets from

-- interfering with SELECT statements.

SET NOCOUNT ON;

-- Insert statements for procedure here

SELECT * from news where newsid = @id

END

GO

　　點擊執行按鈕，顯示「命令已成功完成」，右鍵存儲過程，選擇刷新，可以看到剛才創建的存儲過程「News_SelectByID」，見圖 9-5。

圖 9-5　執行存儲過程「News_SelectByID」

步驟三：打開 Microsoft visual Studio→打開 mywebsite 網站→打開 NewsDetails.aspx 和 NewsEdit.aspx 的代碼，將原來的 sql 語句改為存儲過程，修改的語句如下（見圖 9-6）：

SqlCommand cmd = new SqlCommand("News_SelectByID", conn);
cmd.CommandType = CommandType.StoredProcedure。

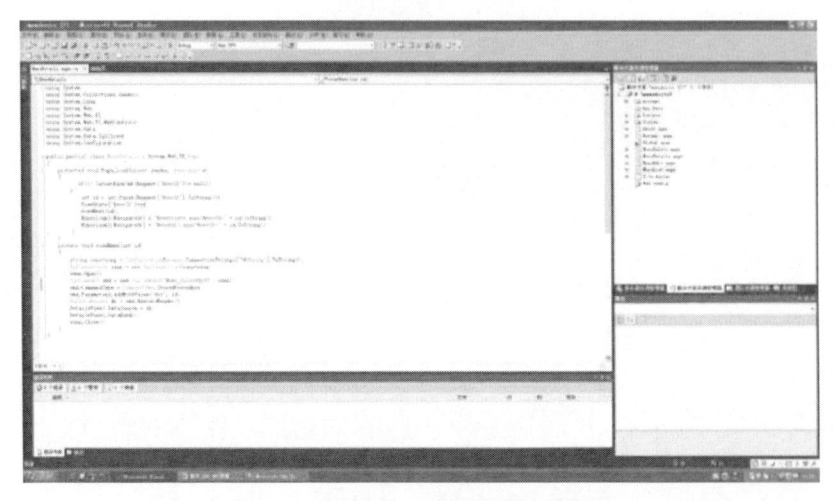

圖 9-6　將原來的 sql 語句改為存儲過程

9.2.3　實訓任務三：創建刪除記錄的存儲過程

步驟一：打開 Microsoft SQL Server Management Studio，展開 ExpertFinder 數據庫，選擇可編程性，右鍵點擊存儲過程，選擇新建存儲過程。見圖 9-7。

圖 9-6　新建存儲過程

步驟二：在新建存儲過程窗口中寫入刪除記錄的存儲過程語句：

CREATE PROCEDURE News_Detele

-- Add the parameters for the stored procedure here

@ id int

AS

BEGIN

-- SET NOCOUNT ON added to prevent extra result sets from

-- interfering with SELECT statements.

SET NOCOUNT ON;

-- Insert statements for procedure here

delete from news where newsid = @ id

END

GO

點擊執行按鈕，顯示「命令已成功完成」，右鍵存儲過程，選擇刷新，可以看到剛才創建的存儲過程「News_Delete」，見圖 9-7。

图 9-7 执行存储过程「News_Delete」

步骤三：打开 Microsoft visual Studio，打开 mywebsite 网站，打开 NewsDelete.aspx 代码，将原来的 sql 语句改为存储过程，修改的语句如下：

SqlCommand cmd = new SqlCommand("News_Delete", conn);
cmd.CommandType = CommandType.StoredProcedure;

见图 9-8。

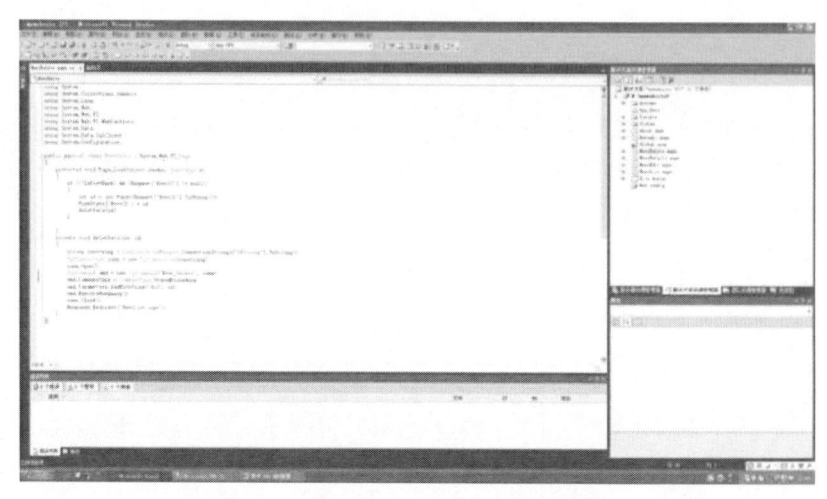

图 9-8 将原来的 sql 语句改为存储过程

9.2.4 实训任务四：创建增加记录的存储过程

步骤一：打开 Microsoft SQL Server Management Studio，展开 ExpertFinder 数据库，选择可编程性，右键点击存储过程，选择新建存储过程。见图 9-9。

圖 9-9　新建存儲過程

步驟二：在新建存儲過程窗口中寫入增加記錄的存儲過程語句：
CREATE PROCEDURE News_InsertData
-- Add the parameters for the stored procedure here
　　@title varchar(80),
　　@keywords varchar(80),
　　@details varchar(4000),
　　@posted datetime,
　　@poster uniqueidentifier
AS
BEGIN
-- SET NOCOUNT ON added to prevent extra result sets from
-- interfering with SELECT statements.
SET NOCOUNT ON;
-- Insert statements for procedure here
insert into news
(
　　[title],
　　[keywords],
　　[details],
　　[posted],
　　[poster]
)

```
values
(
    [title],
    [keywords],
    [details],
    [posted],
    [poster]
)
END
GO
```

點擊執行按鈕，顯示「命令已成功完成」，右鍵存儲過程，選擇刷新，可以看到剛才創建的存儲過程「News_InsertData」，見圖9-10。

圖9-10　執行存儲過程「News_InsertData」

步驟三：打開 Microsoft visual Studio，打開 mywebsite 網站，打開 NewsEdit.aspx 代碼，將原來的 sql 語句改為存儲過程，修改的語句如下（見圖9-11）：

SqlCommand cmd = new SqlCommand("News_InsertData", conn);
cmd.CommandType = CommandType.StoredProcedure;

圖 9-11　將原來的 sql 語句改為存儲過程

9.2.5　實訓任務五：創建修改記錄的存儲過程

步驟一：打開 Microsoft SQL Server Management Studio，展開 ExpertFinder 數據庫，選擇可編程性，右鍵點擊存儲過程，選擇新建存儲過程。見圖 9-12。

圖 9-12　新建存儲過程

步驟二：在新建存儲過程窗口中寫入修改記錄的存儲過程語句：
CREATE PROCEDURE News_UpdateData
-- Add the parameters for the stored procedure here
　　)
　　@title varchar(80),
　　@keywords varchar(80),

```
    @details varchar(4000),
    @posted datetime,
    @poster uniqueidentifier
    @id int
)
AS
BEGIN
    -- SET NOCOUNT ON added to prevent extra result sets from
    -- interfering with SELECT statements.
    SET NOCOUNT ON;
    -- Insert statements for procedure here
        update news
    set
    title = @title,
    keywords = @keywords,
    details = @details,
    posted = @posted,
    poster = @poster
    where
    newsid = @id
END
GO
```

點擊執行按鈕，顯示「命令已成功完成」，右鍵存儲過程，選擇刷新，可以看到剛才創建的存儲過程「News_UpdateData」，見圖9-13。

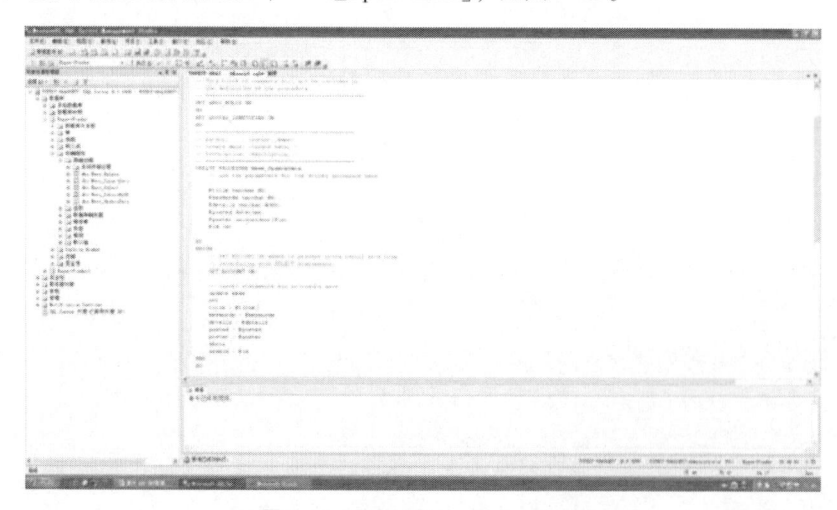

圖9-13　執行「News_UpdateData」

步驟三：打開 Microsoft visual Studio，打開 mywebsite 網站，打開 NewsEdit.aspx 代碼，將原來的 sql 語句改為存儲過程，修改的語句如下（見圖 9-14）：

SqlCommand cmd = new SqlCommand("News_UpdateData", conn);
cmd.CommandType = CommandType.StoredProcedure;

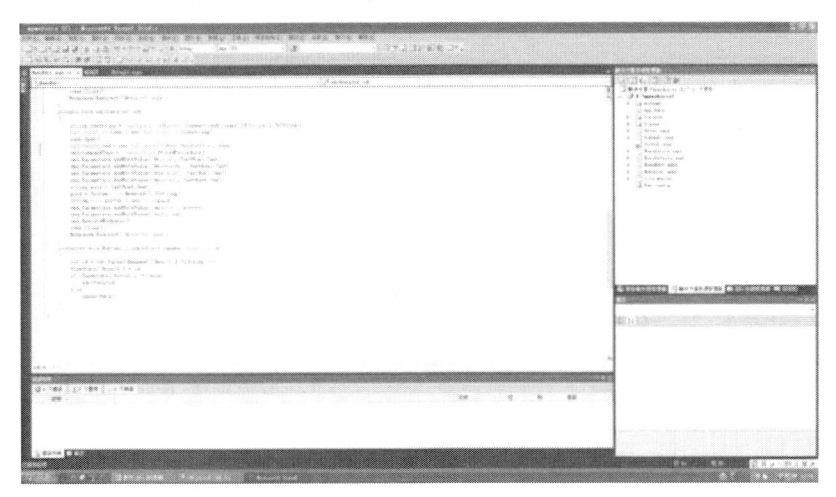

圖 9-14　將原來的 sql 語句改為存儲過程

10　SQLHelper 操作實訓

10.1　實驗基本要求

10.1.1　實訓目標

掌握 SQLHelper 的常用方法和數據表操作實現。

10.1.2　實訓任務

（1）導入 SQLHelper 文件。
（2）修改 NewsList.aspx 頁面代碼。
（3）修改 NewsDetails.aspx 頁面代碼。
（4）修改 NewsDelete.aspx 頁面代碼。
（5）修改 NewsEdit.aspx 頁面代碼。

10.2　實驗步驟

10.2.1　實訓任務一：導入 SQLHelper 文件

步驟一：打開 Microsoft Visual Studio，選擇「文件」，添加現有網站（mywebsite），在 mywebsite 網站下新建一個文件夾，命名為 App_Code，右鍵點擊 App_Code 選擇「在 Windowns 管理器中打開文件夾（X）」，將 SQLHelper 中的 SqlHelper.cs 和 SqlHelperParameterCache.cs 複製到 App_Code 中，見圖 10-1。

圖 10-1　導入 SQLHelper 文件

10.2.2　實訓任務二：修改 NewsList.aspx 頁面代碼

步驟一：打開 NewsList.aspx 的代碼窗口。見圖 10-2。

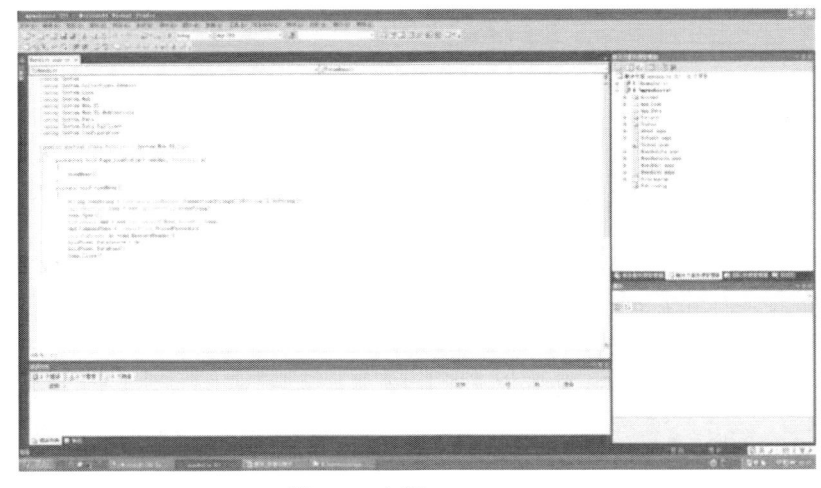

圖 10-2　打開 NewsList.aspx

步驟二：修改 viewNews 函數中的代碼。代碼如下：
private void viewNews( )
{
string constring = ConfigurationManager.ConnectionStrings["DBString"].ToString( );
　　DataSet ds = new DataSet( );
SqlHelper.FillDataset(constring, "News_Select", ds, new string[ ] { "News" },

null);
        GridView1.DataSource = ds;
    GridView1.DataBind();
}

10.2.3 實訓任務三：修改 NewsDetails.aspx 頁面代碼

步驟一：打開 NewsDetails.aspx 的代碼窗口。見圖 10-3。

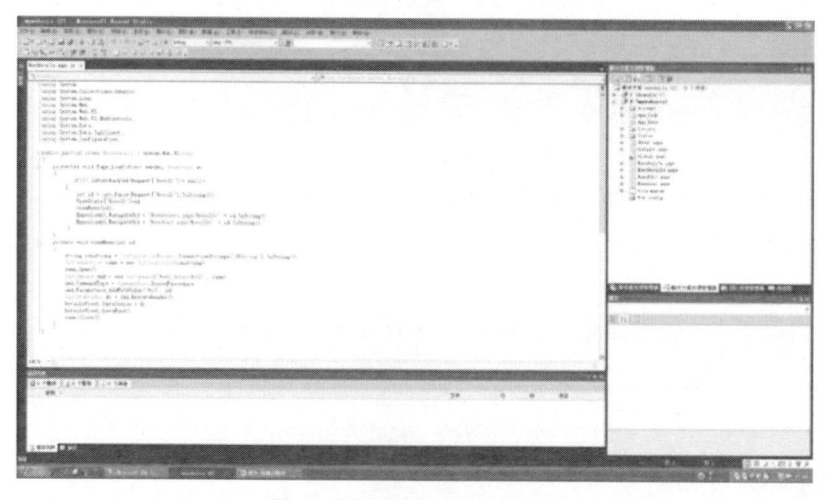

圖 10-3 打開 NewsDetails.aspx

步驟二：修改 viewNews 函數中的代碼。如下：
private void viewNews(int id)
{
string constring = ConfigurationManager.ConnectionStrings["DBString"].ToString();
SqlParameter[] paras =
{
new SqlParameter("@id",id)
};
    DataSet ds = new DataSet();
SqlHelper.FillDataset(constring, "News_SelectByID", ds, new string[] { "News" }, paras);
        DetailsView1.DataSource = ds;
    DetailsView1.DataBind();
}

10.2.4 實訓任務四：修改 NewsDelete.aspx 頁面代碼

步驟一：打開 NewsDelete.aspx 的代碼窗口。見圖 10-4。

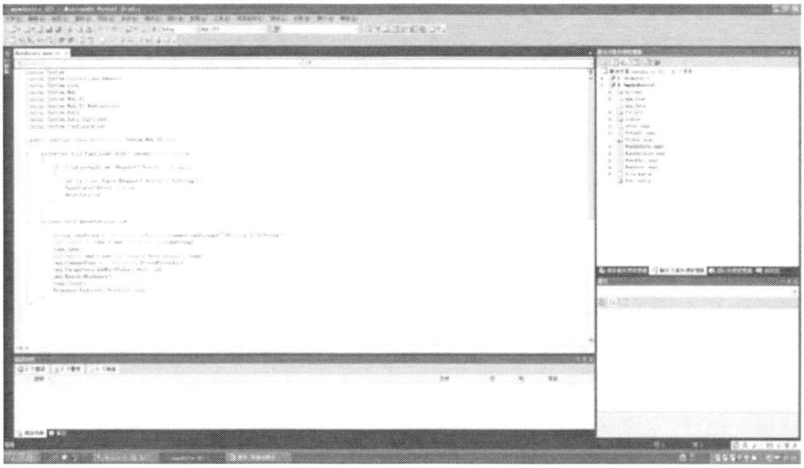

圖 10-4　打開 NewsDelete.aspx

步驟二：修改 deleteData 函數中的代碼。如下：
private void deletData(int id)
{
string constring =
ConfigurationManager.ConnectionStrings["DBString"].ToString();
SqlParameter[] paras =
{
new SqlParameter("@id",id)
};
SqlHelper.ExecuteNonQuery(constring, "News_Delete", paras);
Response.Redirect("NewsList.aspx");}
}

10.2.5　實訓任務五：修改 NewsEdit.aspx 頁面代碼

步驟一：打開 NewsEdit.aspx 的代碼窗口。見圖 10-5。

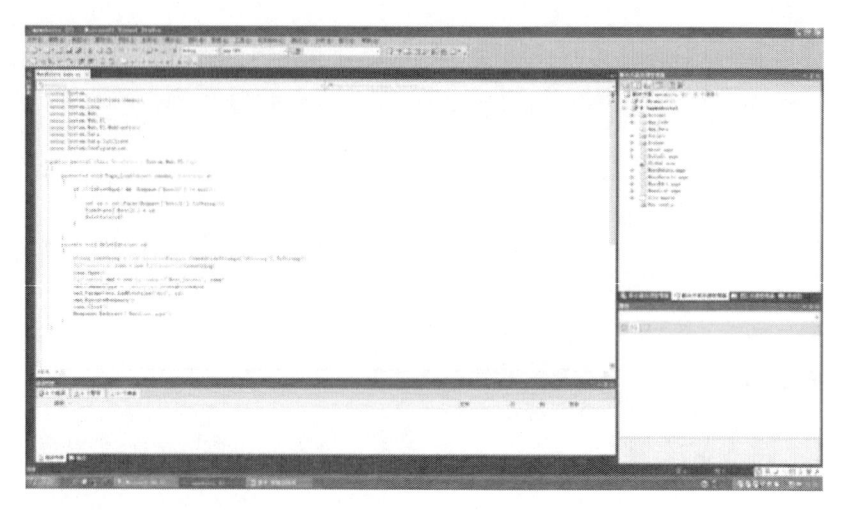

图 10-5　打开 NewsEdit.aspx

步骤二：修改 getData 函数中的代码。如下：

private void getData（int id）

{

string constring = ConfigurationManager.ConnectionStrings["DBString"].ToString()；

SqlParameter[] paras =

{

new SqlParameter("@id")

}；

　　SqlDataReader dr = SqlHelper.ExecuteReader(constring，"News_SelectByID"，paras)；

dr.Read()；

TextBox1.Text = dr["title"].ToString()；

TextBox2.Text = dr["keywords"].ToString()；

　　TextBox3.Text = dr["details"].ToString()；

　　TextBox4.Text = dr["posted"].ToString()；

　　TextBox5.Text = dr["poster"].ToString()；

}

步骤三：修改 insertData 函数中的代码。如下：

private void insertData()

{

string constring =

```
ConfigurationManager.ConnectionStrings["DBString"].ToString();
string guid = TextBox5.Text;
guid = System.Guid.NewGuid().ToString();
System.Guid poster = new Guid(guid);
SqlParameter[] paras = {
new SqlParameter("@title",TextBox1.Text),
new SqlParameter("@keywords",TextBox2.Text),
new SqlParameter("@details",TextBox3.Text),
new SqlParameter("@posted",TextBox4.Text),
new SqlParameter("@poster",poster)
};
SqlHelper.ExecuteNonQuery(constring, "News_InsertData", paras);
Response.Redirect("NewsList.aspx");
}
```

步驟四:修改 eidtData 函數中的代碼。如下:
```
private void editData(int id)
{
string constring =
ConfigurationManager.ConnectionStrings["DBString"].ToString();
string guid = TextBox5.Text;
guid = System.Guid.NewGuid().ToString();
System.Guid poster = new Guid(guid);
SqlParameter[] paras = {
new SqlParameter("@title",TextBox1.Text),
new SqlParameter("@keywords",TextBox2.Text),
new SqlParameter("@details",TextBox3.Text),
new SqlParameter("@posted",TextBox4.Text),
new SqlParameter("@poster",poster),
new SqlParameter("@id",id)
};
SqlHelper.ExecuteNonQuery(constring, "News_UpdateData", paras);
Response.Redirect("NewsList.aspx");
}
```

11 三層架構的建立與操作實訓

11.1 實驗基本要求

11.1.1 實訓目標

構建一個三層架構，並實現對 News 表記錄的列表顯示和詳細顯示。

11.1.2 實訓任務

（1）建立 ThreeTier 三層架構框架，包含 DataModel 層、DAL 層、BLL 層和 Web 層，添加各層的引用關係。

（2）實現 DataModel 層數據集的添加。

（3）在 DAL 層實現對 News 表的列表實現、記錄詳細顯示、記錄刪除和記錄的更新和添加。

（4）在 BLL 層實現對 News 表的列表實現、記錄詳細顯示、記錄刪除和記錄的更新和添加。

（5）在 WEB 層實現對 News 表的列表實現、記錄詳細顯示、記錄刪除和記錄的更新和添加。

11.2 實驗步驟

為了方便作業，將 News 表作處理：去除其關係，設置 Poster 字段可空。

11.2.1 實訓任務一：建立 ThreeTier 三層架構框架，包含 DataModel 層、DAL 層、BLL 層和 Web 層

步驟一：建立一個空白解決方案並命名為 ThreeTier。點擊菜單欄選擇新建項目，在彈出的新建項目模板中選擇其他項目類型中的 VisualStudio 解決方案。在相應的對話框中選擇空白解決方案，命名為 ThreeTier，設置存儲路徑。界面見圖 11-1。

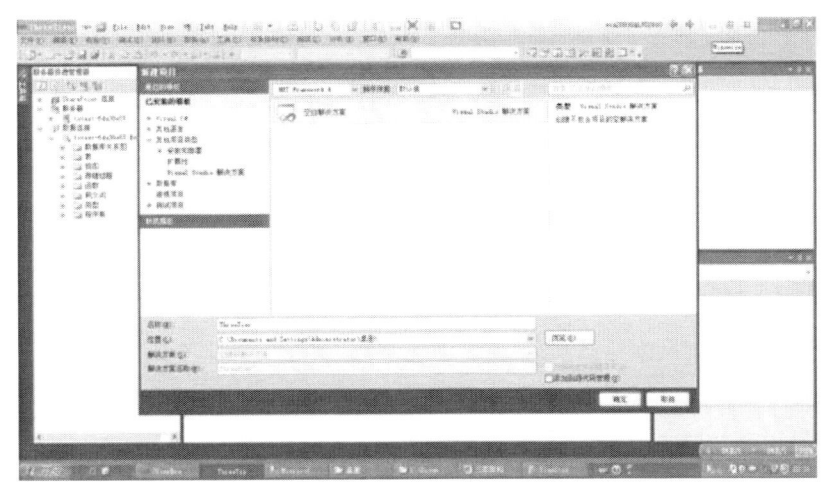

圖 11-1　建立空白解決方案

步驟二：在解決方案資源管理器中右鍵解決方案 ThreeTier，選擇添加→新建項目。選擇 Visual C#中的 類庫 圖標，輸入項目名稱 DataModel，單擊確定。界面見圖 11-2。

圖 11-2　新建類庫 DataModel

步驟三：建立 DAL 層。在解決方案資源管理器中右鍵解決方案 ThreeTier，選擇添加→新建項目。選擇 Visual C#中的 類庫 圖標，輸入項目名稱 DAL，單擊確定。界面見圖 11-3。

圖 11-3　新建類庫 DAL

步驟四：建立 BLL 層。在解決方案資源管理器中右鍵解決方案 ThreeTier，選擇添加→新建項目。選擇 Visual C#中的 [類庫] 圖標，輸入項目名稱 BLLL。單擊確定。界面見圖 11-4。

圖 11-4　新建類庫 BLL

步驟五：建立 Web 層。在解決方案資源管理器中右鍵解決方案 ThreeTier，選擇添加→新建網站。在彈出的添加新網站窗口中選擇 ASP.NET 網站。點擊下面的瀏覽，設置網站路徑為我們已經建立好的三層架構的路徑。在路徑後補充輸入「\Web」，單擊確定。界面見圖 11-5。

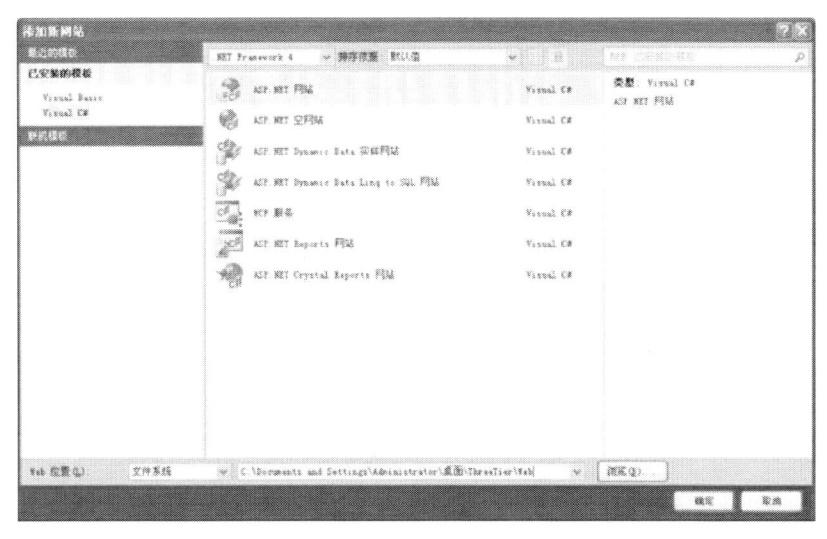

圖 11-5　新建網站

　　步驟六：添加各層之間的引用關係。分別添加 DAL 層對 DataModel 層、BLL 層對 DAL 層和 DataModel 層、WEB 層對 BLL 層和 DataModel 層的引用。添加 DAL 對 System.configuration 的引用。

　　（1）添加 DAL 對 DataModel 層的引用及 DAL 對 web.configuration 的引用。右鍵 DAL 類庫，選擇添加引用。在彈出的添加引用窗口中選中 DataModel，單擊確定。界面見圖 11-6。

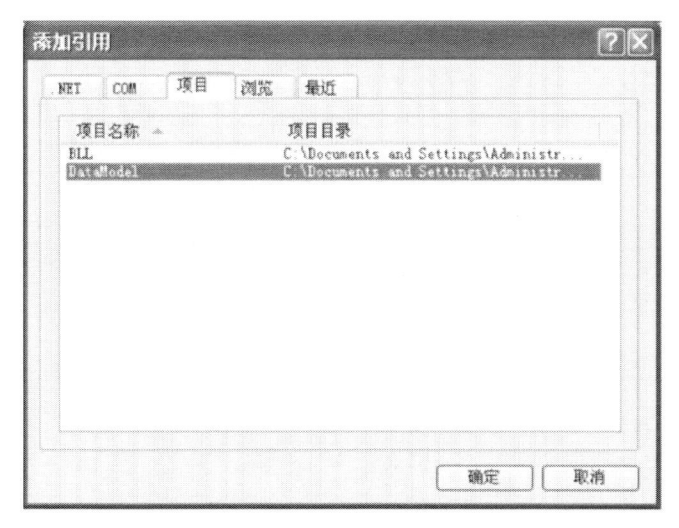

圖 11-6　添加 DAL 對 DataModel 層的引用

　　右鍵 DAL 類庫，選擇添加引用。在彈出的添加引用窗口中，在.NET 下拉選項中選中 System.configuration，單擊確定。界面見圖 11-7。

145

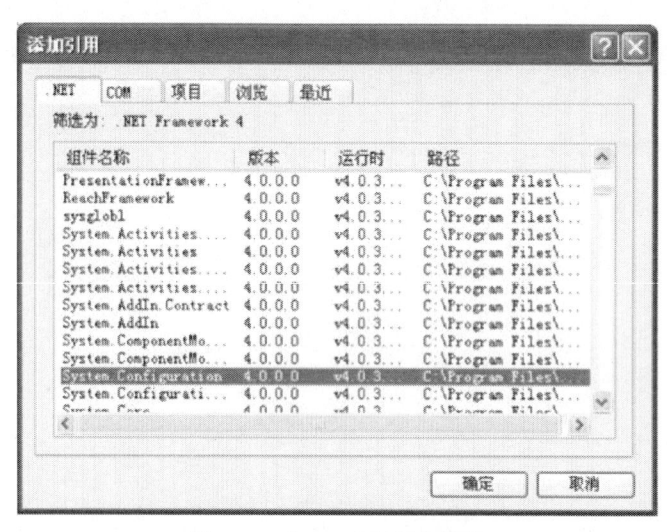

圖 11-7　為 DAL 類庫添加引用

（2）添加 BLL 層對 DAL 層和 DataModel 層的引用。右鍵 BLL 類庫，選擇添加引用。在彈出的添加引用窗口中同時選中 DAL 和 DataModel，單擊確定。界面見圖 11-8。

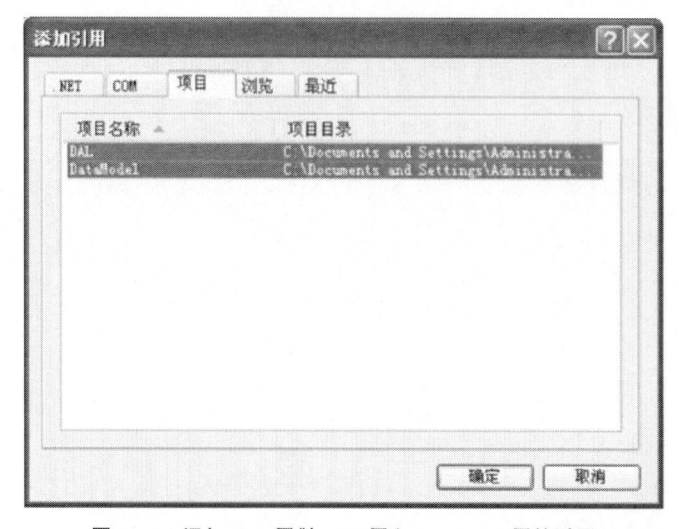

圖 11-8　添加 BLL 層對 DAL 層和 DataModel 層的引用

（3）添加 WEB 層對 BLL 層和 DataModel 層的引用。右鍵 WEB 網站，選擇添加引用。在彈出的添加引用窗口中同時選中 BLL 和 DataModel，單擊確定。界面見圖 11-9。

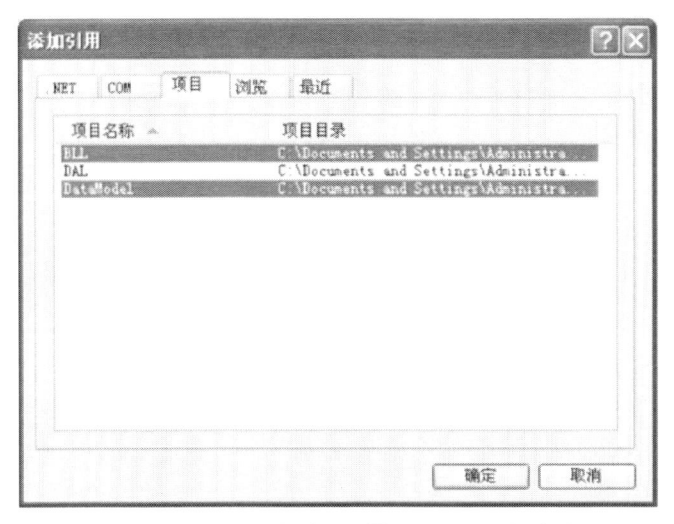

圖 11-8　添加 WEB 層對 BLL 層和 DataModel 層的引用

步驟七：配置 web 中連接字符串。

（1）在服務器資源管理器中，右鍵已經連接的數據庫 ExpertFinder，選擇屬性。複製屬性選項框中的連接字符串 Data Source = . ; Initial Catalog = ExpertFinder; Inte grated Security = True。界面見圖 11-9。

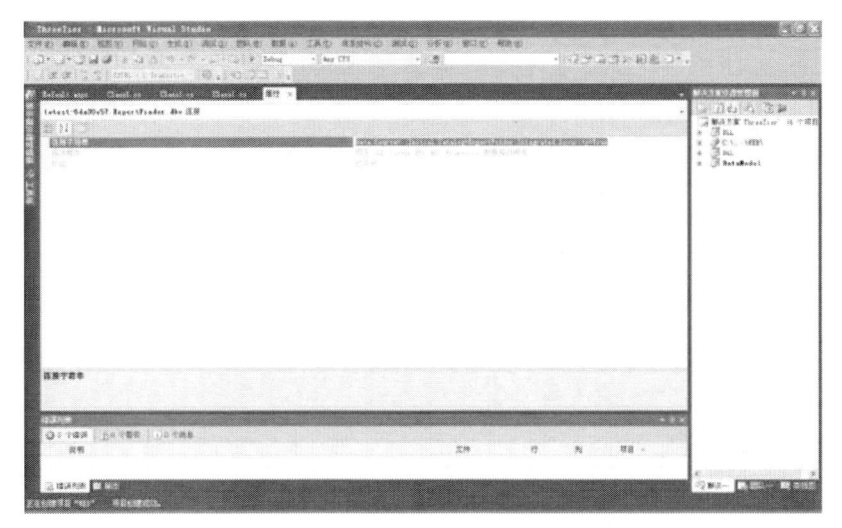

圖 11-9　複製連接字符串

（2）在解決方案管理器中，右鍵 web.config，選擇打開，打開 web.config。將連接字符串 connectionString 替換成步驟二中複製的連接字符串，命名為 BString。界面見圖 11-10。

147

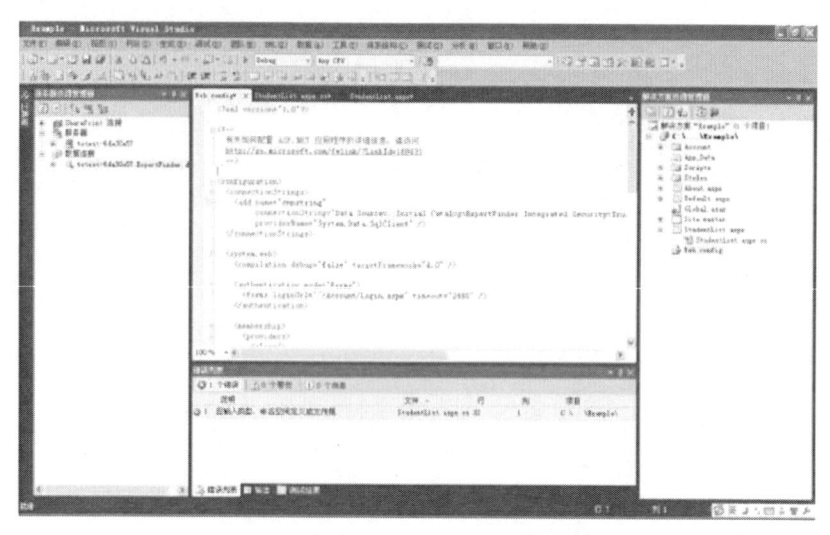

圖 11-10　修改 web.config 中的連接字符串

11.2.2　實訓任務二：實現 DataModel 層數據集的添加

步驟一：右鍵 DataModel 文件，選擇添加→新建項。在彈出的添加新項窗口中選擇 Visualc#項下的數據集項並命名為 NewsDS，單擊添加。界面見圖 11-11。

圖 11-11　新建數據集

步驟二：在服務器資源管理器中找到 News 表，並將其直接拖拽到 NewsDS.xsd 窗口中，保存。界面見圖 11-12。

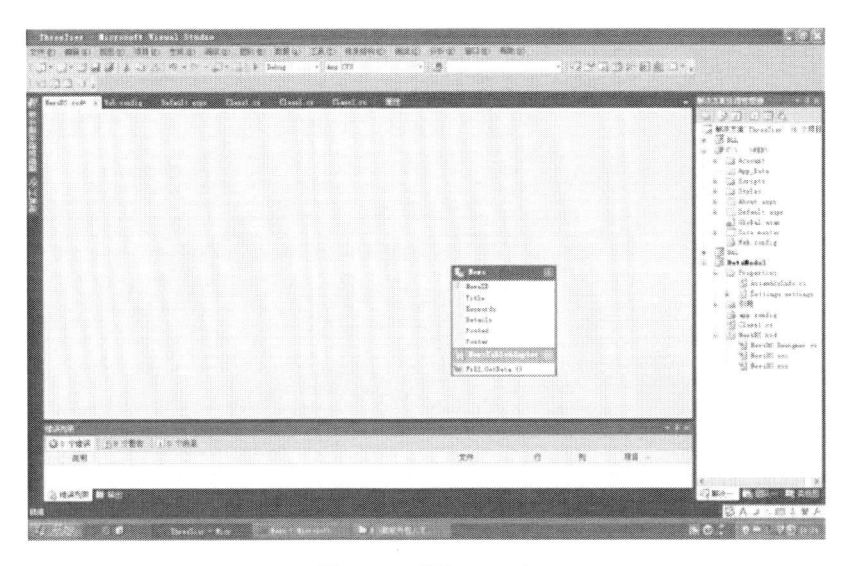

圖 11-12　添加 News 表

刪除 NewsDS 中的 NewsTableAdapter。右鍵 NewsTableAdapter，選擇刪除。NewsTableAdapter 就從 News 數據集中刪除了。界面見圖 11-13。

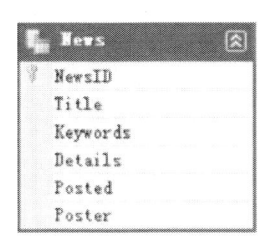

圖 11-13　刪除 NewsDS 中的 NewsTableAdapter

11.2.3　實訓任務三：在 DAL 層實現對 News 表的列表實現、記錄詳細顯示、記錄刪除和記錄的更新和添加

DAL 中調用的存儲過程是在存儲過程實訓中創建的存儲過程。要用到的存儲過程有 News_Select、News_GetByID、News_DeleteByID、News_Insert、News_Update。

步驟一：在 DAL 中添加 SQLHelper 項。

（1）右鍵 DAL 文件，選擇在 Windows 資源管理器中打開文件夾。將 SqlHelper.cs 和 SqlHelperParameterCache.cs 文件複製到 DAL 下。界面見圖 11-14。

149

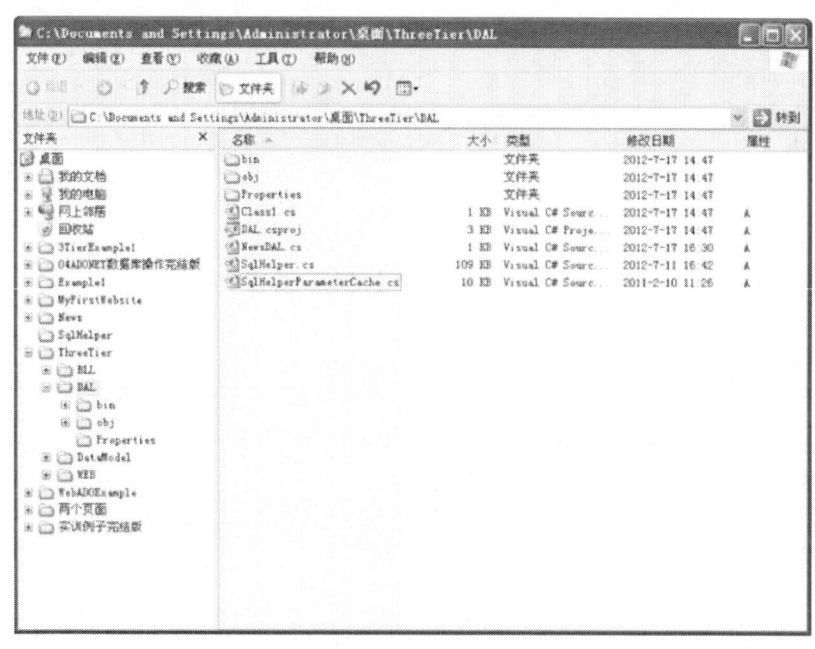

圖 11-14　複製 SqlHelper.cs 和 SqlHelperParameterCache.cs 文件

（2）右鍵 DAL 文件，選擇添加→現有項。選擇 SqlHelper.cs 和 SqlHelperParameter Cache.cs 文件，單擊添加，則 DAL 下添加了這兩個文件。界面見圖 11-15。

圖 11-15　在 DAL 文件中添加 SqlHelper.cs 和 SqlHelperParameter Cache.cs

步驟二：右鍵 DAL 文件，選擇添加→新建項。在彈出的添加新項窗口中選擇 Visual c#下的類項並命名為 NewsDAL，單擊添加。界面見圖 11-16。

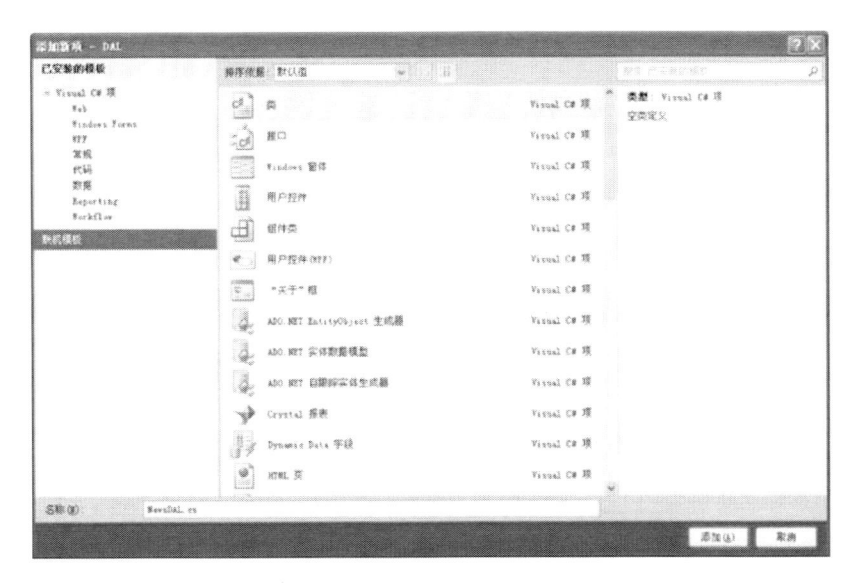

圖 11-16　添加 NewsDAL

步驟三：打開 NewsDAL.cs 文件，編寫實現對 News 表的列表實現、記錄詳細顯示、記錄刪除和記錄的更新和添加的代碼。

（1）添加命名空間引用。DAL 層代碼如下：

```
using DataModel;
using System.Data;
using System.Data.SqlClient;
using System.Configuration;
```

（2）記錄列表顯示的 DAL 層代碼如下：

```
public NewsDS News_Select()
{
    string connstring = ConfigurationManager.ConnectionStrings["DBString"].ToString();
    NewsDS ds = new NewsDS();
    SqlHelper.FillDataset(connstring, "News_Select", ds, new string[] { "News" }, null);
    return ds;
}
```

（3）記錄詳細顯示的代碼如下：

```
public NewsDS News_GetByNewsID(int NewsID)
{
    string connstring = ConfigurationManager.ConnectionStrings["DBString"].ToString();
    SqlParameter[] paras = { new SqlParameter("@NewsID", NewsID) };
    NewsDS ds = new NewsDS();
    SqlHelper.FillDataset(connstring, "News_GetByNewsID", ds, new string[] { "News" }, paras);
    return ds;
}
```

（4）刪除記錄的 DAL 層代碼如下：

```
public void News_DeleteByID(int NewsID)
{
    string connstring = ConfigurationManager.ConnectionStrings["DBString"].ToString();
    SqlParameter[] paras ={new SqlParameter("@NewsID",NewsID)
};
    SqlHelper.ExecuteNonQuery(connstring, "News_DeleteByID", paras);
}
```

（5）更新記錄的 DAL 層代碼如下：

```
public void News_Update(NewsDS toUpdate)
{
    string connstring = ConfigurationManager.ConnectionStrings["DBString"].ToString();
    DataRow row = toUpdate.News[0];
    SqlParameter[] paras ={
                    new SqlParameter("@NewsID",row["NewsID"]),
    new SqlParameter("@Title",row["Title"]),
                    new SqlParameter("@Keywords",row["Keywords"]),
                    new SqlParameter("@Details",row["Details"])
};
    SqlHelper.ExecuteNonQuery(connstring, "News_Update", paras);

}
```

注意定義參數順序與存儲過程中定義的參數順序保持一致。

（6）添加記錄的 DAL 層代碼如下：

```
public void News_Insert(NewsDS toInsert)
{
    string connstring = ConfigurationManager.ConnectionStrings["DBString"].ToString();
    DataRow row = toInsert.News.Rows[0];
    SqlParameter[] paras ={new SqlParameter("@Title",row["Title"]),
                    new SqlParameter("@Keywords",row["Keywords"]),
                    new SqlParameter("@Details",row["Details"]),
                    new SqlParameter("@Poster",new Guid())
};
    SqlHelper.ExecuteNonQuery(connstring, "News_Insert", paras);

}
```

全部代碼如下：

```
using System;
using System.Collections.Generic;
using System.Linq;
using System.Text;
using DataModel;
using System.Data;
using System.Data.SqlClient;
using System.Configuration;
```

```csharp
namespace DAL
{
    public class NewsDAL
    {
        public NewsDS News_Select()
        {
            string connstring = ConfigurationManager.ConnectionStrings["DBString"].ToString();
            NewsDS ds = new NewsDS();
            SqlHelper.FillDataset(connstring, "News_Select", ds, new string[] { "News" }, null);
            return ds;
        }
        public NewsDS News_GetByNewsID(int NewsID)
        {
            string connstring = ConfigurationManager.ConnectionStrings["DBString"].ToString();
            SqlParameter[] paras = { new SqlParameter("@NewsID", NewsID) };
            NewsDS ds = new NewsDS();
            SqlHelper.FillDataset(connstring, "News_GetByNewsID", ds, new string[] { "News" }, paras);
            return ds;
        }
        public void News_DeleteByID(int NewsID)
        {
            string connstring = ConfigurationManager.ConnectionStrings["DBString"].ToString();

            SqlParameter[] paras = {new SqlParameter("@NewsID",NewsID)

            };
            SqlHelper.ExecuteNonQuery(connstring, "News_DeleteByID", paras);
        }
        public void News_Update(NewsDS toUpdate)
        {
            string connstring = ConfigurationManager.ConnectionStrings["DBString"].ToString();
            DataRow row = toUpdate.News[0];
            SqlParameter[] paras ={
                            new SqlParameter("@NewsID",row["NewsID"]),

            new SqlParameter("@Title",row["Title"]),
                            new SqlParameter("@Keywords",row["Keywords"]),
                            new SqlParameter("@Details",row["Details"])
            };
            SqlHelper.ExecuteNonQuery(connstring, "News_Update", paras);

        }
        public void News_Insert(NewsDS toInsert)
        {
            string connstring = ConfigurationManager.ConnectionStrings["DBString"].ToString();
            DataRow row = toInsert.News.Rows[0];
            SqlParameter[] paras ={new SqlParameter("@Title",row["Title"]),
                            new SqlParameter("@Keywords",row["Keywords"]),
                            new SqlParameter("@Details",row["Details"]),
                            new SqlParameter("@Poster",new Guid())
            };
            SqlHelper.ExecuteNonQuery(connstring, "News_Insert", paras);
        }
    }
}
```

類 DAL 要定義為 public，便於其他項的引用，以下 BLL 中類的定義相似。

11.2.4　實訓任務四：在 BLL 層實現對 News 表的列表實現、記錄詳細顯示、記錄刪除和記錄的更新和添加

步驟一：右鍵 BLL 文件，選擇添加→新建項。在彈出的添加新項窗口中選擇 Visual c#項下的類項並命名為 NewsBLL，單擊添加。界面見圖 11-17。

圖 11-17 添加 NewsBLL

步驟二：打開 NewsBLL.cs 文件，編寫實現對 News 表的列表實現、記錄詳細顯示、記錄刪除和記錄的更新和添加的代碼。代碼如下：

```
using System.Text;
using DataModel;
using DAL;
namespace BLL
{
    public class NewsBLL
    {
        public NewsDS News_Select()
        {
            return (new NewsDAL()).News_Select();
        }
        public void News_Update(NewsDS toUpdate)
        {
            (new NewsDAL()).News_Update(toUpdate);
        }
        public void News_DeleteByID(int NewsID)
        {
            (new NewsDAL()).News_DeleteByID(NewsID);
        }
        public void News_Insert(NewsDS toInsert)
        {
            (new NewsDAL()).News_Insert(toInsert);
        }
        public NewsDS News_GetByID(int NewsID)
        {
            return (new NewsDAL()).News_GetByNewsID(NewsID);
        }
    }
}
```

11.2.5　實訓任務五：在 WEB 層實現對 News 表的列表實現、記錄詳細顯示、記錄刪除和記錄的更新和添加

步驟一：右鍵 WEB 網站，選擇添加→新建項。在彈出的添加新項窗口中選擇 Visual c#項下的 Web 窗體並命名為 NewsList，單擊添加。界面見圖 11-18。

圖 11-18　添加 NewsList

按照步驟一，依次建立 ViewNews.aspx、DeleteNews.aspx 和 EditNews.aspx。

步驟二：實現 News 表記錄的列表顯示。

（1）在 NewsList.aspx 窗口中，點擊拆分。然後把工具箱中的 GridView 控件拖拽到拆分窗口中。界面見圖 11-19。

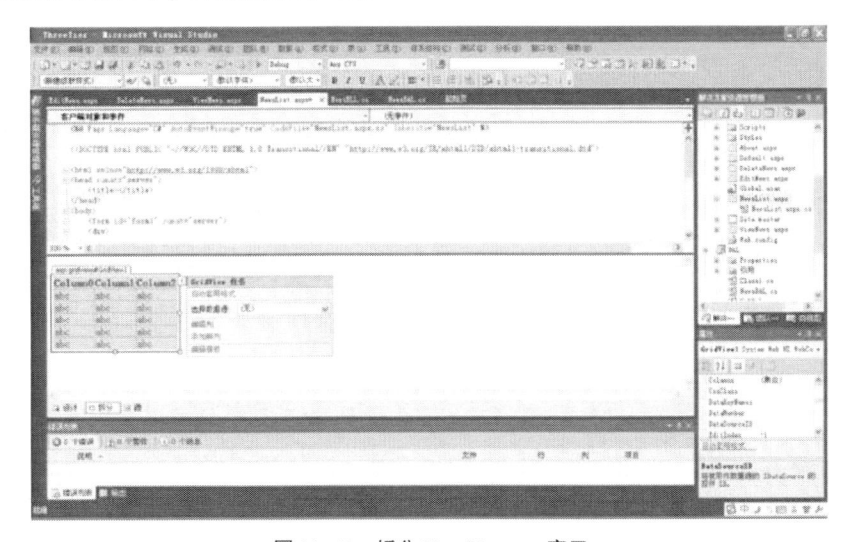

圖 11-19　拆分 NewsList.aspx 窗口

（2）右鍵打開解決方案管理器中的 NewsList.aspx.cs。在 NewsList.aspx.cs 中添加命名空間。代碼如下：

```
using DataModel;
using BLL;
```

（3）在 WEB 層中，實現記錄列表顯示的具體代碼，代碼如下：

```
protected void Page_Load(object sender, EventArgs e)
{
    if (!IsPostBack)
    { ListData(); }
}
private void ListData()
{
    GridView1.DataSource = (new NewsBLL()).News_Select();
    GridView1.DataBind();
}
```

（4）查看結果。右鍵 NewsList.aspx，選擇在瀏覽器中查看。界面見圖 11-20。

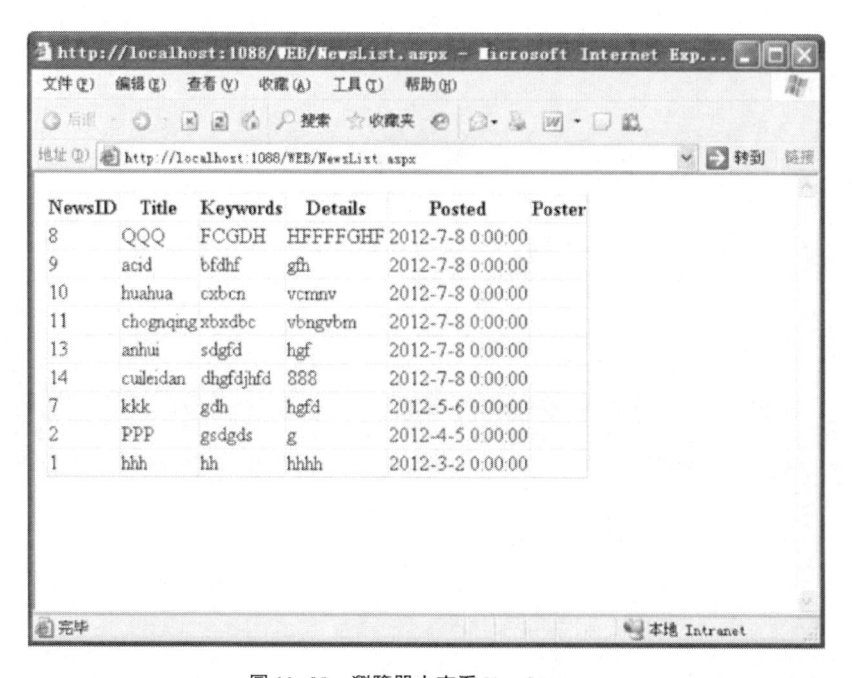

圖 11-20　瀏覽器中查看 NewsList.aspx

步驟三：實現 News 表記錄的詳細信息顯示。

（1）在 ViewNews.aspx 窗口中，點擊拆分。然後把工具箱中的 DetailsView 控件拖拽到拆分窗口中。界面見圖 11-21。

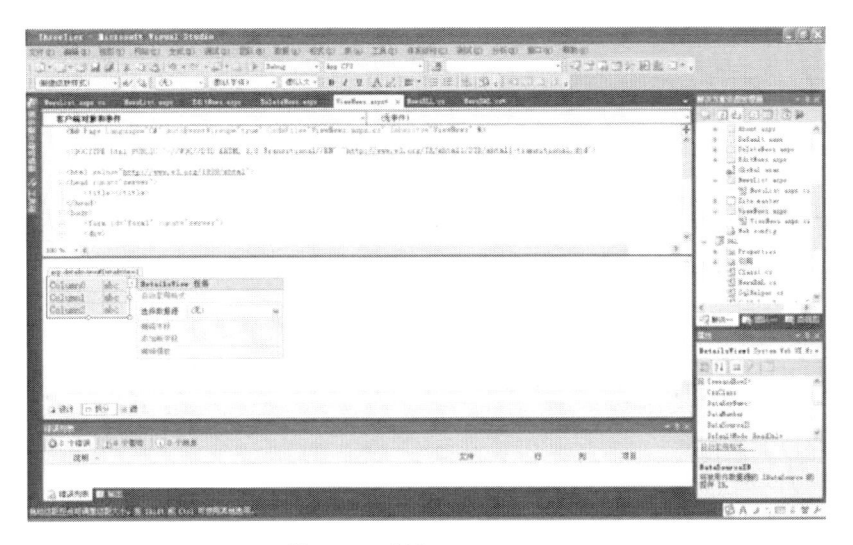

图 11-21 拆分 ViewNews.aspx

（2）查看记录详细显示函数。

```
using System;
using System.Collections.Generic;
using System.Linq;
using System.Web;
using System.Web.UI;
using System.Web.UI.WebControls;
using DataModel;
using BLL;
public partial class ViewNews : System.Web.UI.Page
{
    protected void Page_Load(object sender, EventArgs e)
    {
        if (!IsPostBack)
        {
            if (Request["NewsID"] != null)
            {
                int NewsID = int.Parse(Request["NewsID"].ToString());
                ListDetail(NewsID);
            }
        }
    }
    private void ListDetail(int NewsID)
    {
        DetailsView1.DataSource = (new NewsBLL()).News_GetByID(NewsID);
        DetailsView1.DataBind();
    }
}
```

（3）查看结果。右键 ViewNews.aspx，选择在浏览器中查看。在地址栏中添加？NewsID＝2，enter。则显示 NewsID 为 2 的消息的详细信息。界面见图 11-22。

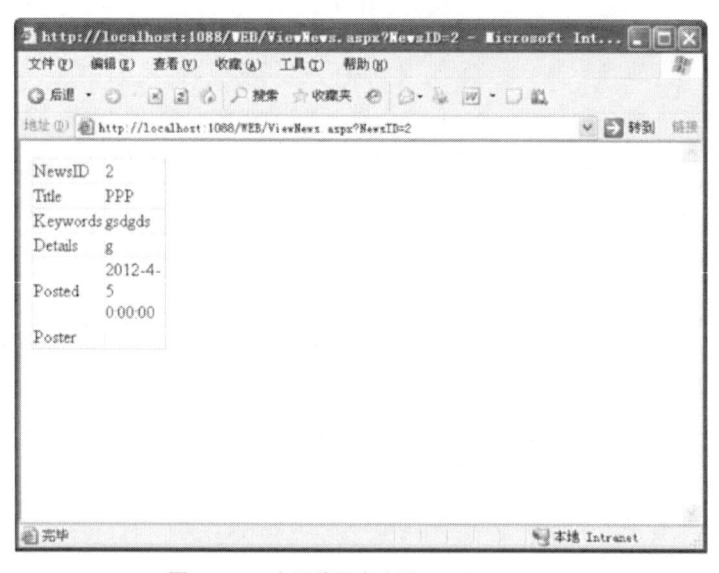

圖 11-22　在瀏覽器中查看 ViewNews.aspx

（4）添加 NewsList 表與 ViewNews 表的跳轉連接。方法同 ADO.NET 數據庫操作實訓中給出的操作方法。查看跳轉連接結果。右鍵 NewsList，選擇在瀏覽器中查看。界面見圖 11-23。

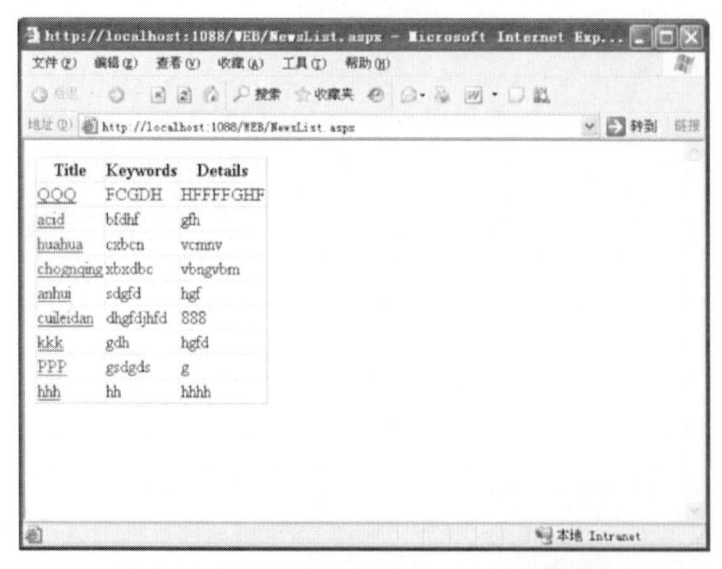

圖 11-23　添加 NewsList 表與 ViewNews 表的跳轉連接

點擊 Title 為 hhh 的新聞，自動跳轉到其詳細信息。界面見圖 11-24。

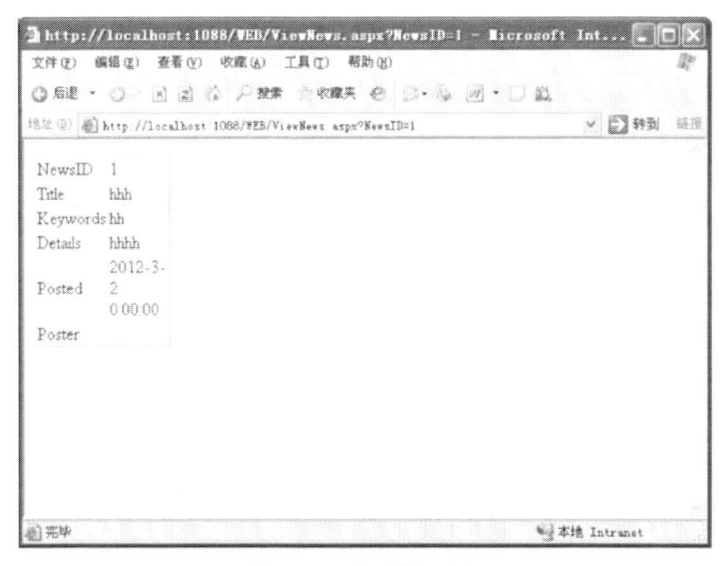

圖 11-24　新聞詳細信息

步驟四：創建記錄刪除頁面。

（1）打開 DeleteNews.aspx.cs 編輯刪除數據的代碼。代碼如下：

```csharp
using System;
using System.Collections.Generic;
using System.Linq;
using System.Web;
using System.Web.UI;
using System.Web.UI.WebControls;
using DataModel;
using BLL;

public partial class DeleteNews : System.Web.UI.Page
{
    protected void Page_Load(object sender, EventArgs e)
    {
        if (Request["NewsID"] != null)
        {
            int id = int.Parse(Request["NewsID"].ToString());
            DeleteData(id);
        }
    }
    private void DeleteData(int id)
    {
        (new NewsBLL()).News_DeleteByID(id);
        Response.Redirect("NewsList.aspx");
    }
}
```

（2）查看表數據詳細信息。右鍵 DeleteNews.aspx，選擇在瀏覽器中查看，查看數據表。在地址欄中添加？NewsID=1，enter。則 NewsID 為 1 的新聞的信息從數據表中刪除。界面見圖 11-25。

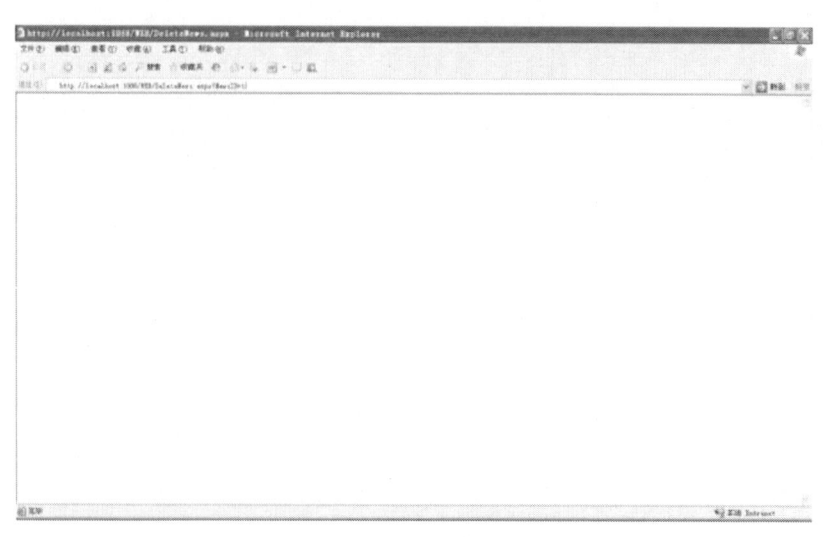

圖 11-25　查看表數據詳細信息

結果可在 NewsList 中查看。界面見圖 11-26。

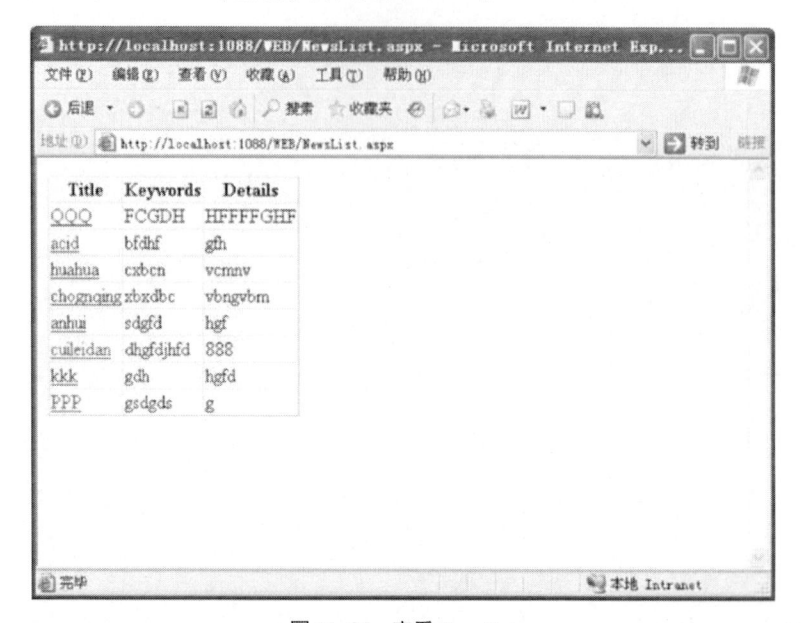

圖 11-26　查看 NewsList

NewsID 為 1 的新聞信息從數據表中刪除了。

（3）添加 DeleteNews 表與 ViewNews 表的跳轉連接。其方式與 ADO.NEET 數據庫操作實訓中相同，此處略。在 ViewNews.aspx.cs 中添加的 HiperLinlk 代碼如下：

```
HyperLink1.NavigateUrl = "DeleteNews.aspx?NewsID=" + NewsID.ToString();
```

部分代碼如下：

```
protected void Page_Load(object sender, EventArgs e)
{
    if (!IsPostBack)
    {
        if (Request["NewsID"] != null)
        {
            int NewsID = int.Parse(Request["NewsID"].ToString());
            ListDetail(NewsID);
            HyperLink1.NavigateUrl = "DeleteNews.aspx?NewsID=" + NewsID.ToString();
        }
    }
}
private void ListDetail(int NewsID)
{
    DetailsView1.DataSource = (new NewsBLL()).News_GetByID(NewsID);
    DetailsView1.DataBind();
}
```

（4）查看跳轉結果。右鍵 NewsList.aspx，選擇在瀏覽器中查看。點擊 Title 為 kkk 的新聞，自動跳轉到其詳細信息。界面見圖 11-27。

圖 11-27　查看跳轉結果 1

點擊刪除數據，則 kkk 新聞的信息從數據表中刪除，並跳轉回 NewsList 表。界面見圖 11-28。

图 11-28　查看跳轉結果 2

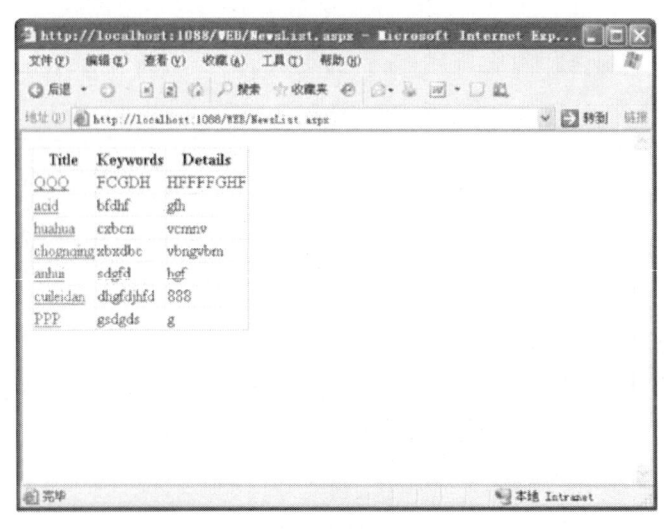

步驟五：創建記錄編輯頁面，包含記錄的修改和添加。

（1）在 EditDNews.aspx 拆分窗口中插入一個 4 行 2 列 400 像素的表。方法與 ADO.NET 數據庫操作實訓中相同。界面見圖 11-29。

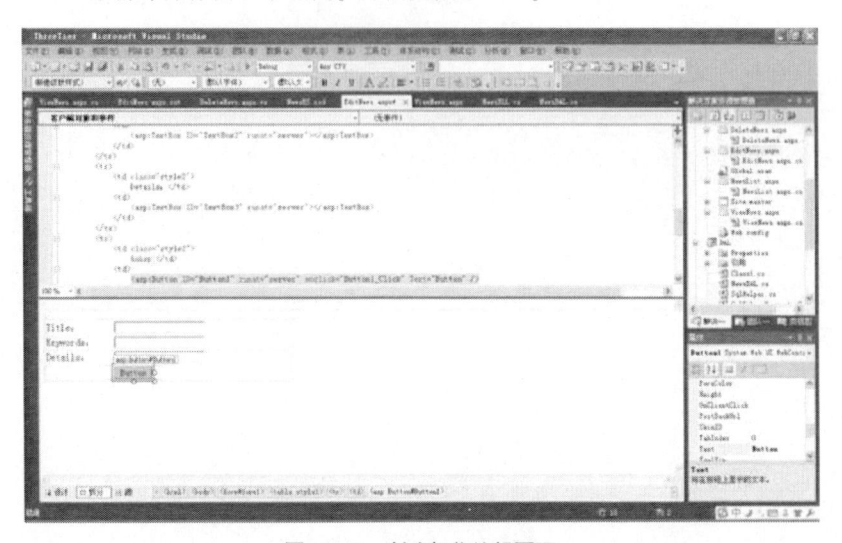

图 11-29　創建記錄編輯頁面

（2）雙擊 Button 控件，進入編輯代碼。

Botton 編輯按鈕的控製函數的代碼如下：

```csharp
protected void Button1_Click(object sender, EventArgs e)
{
    if (ViewState["NewsID"] != null)
    {
        UpdateData((int)ViewState["NewsID"]);
    }
    else
    {
        InsertData();
    }
}
```

增加數據的代碼如下:

```csharp
private void UpdateData(int NewsID)
{
    NewsDS ds = new NewsDS();
    NewsDS.NewsRow row = ds.News.NewNewsRow();
    row["Title"] = TextBox1.Text;
    row["Keywords"] = TextBox2.Text;
    row["Details"] = TextBox3.Text;
    row["NewsID"] = NewsID;
    ds.News.Rows.Add(row);
    (new NewsBLL()).News_Update(ds);
    Response.Redirect("NewsList.aspx");
}
```

更新數據的代碼如下:

```csharp
private void InsertData()
{
    NewsDS ds = new NewsDS();
    NewsDS.NewsRow row = ds.News.NewNewsRow();
    row["Title"] = TextBox1.Text;
    row["Keywords"] = TextBox2.Text;
    row["Details"] = TextBox3.Text;
    ds.News.Rows.Add(row);
    (new NewsBLL()).News_Insert(ds);
    Response.Redirect("NewsList.aspx");
}
```

程序的全部代碼如下:

```csharp
using System;
using System.Collections.Generic;
using System.Linq;
using System.Web;
using System.Web.UI;
using System.Web.UI.WebControls;
using System.Data;
using DataModel;
using BLL;
public partial class EditNews : System.Web.UI.Page
{
    protected void Page_Load(object sender, EventArgs e)
    {
        if (!IsPostBack)
        {
            if (Request["NewsID"] != null)
            {
                int NewsID = int.Parse(Request["NewsID"].ToString());
                ViewState["NewsID"] = NewsID;
                ListDetail(NewsID);
            }
        }
    }
    protected void Button1_Click(object sender, EventArgs e)
    {
        if (ViewState["NewsID"] != null)
        {
            UpdateData((int)ViewState["NewsID"]);
        }
        else
        {
            InsertData();
        }
    }
    private void ListDetail(int NewsID)
    {
        NewsDS ds = (new NewsBLL()).News_GetByID(NewsID);
        DataRow dr = ds.News.Rows[0];
        TextBox1.Text = dr["Title"].ToString();
        TextBox2.Text = dr["Keywords"].ToString();
        TextBox3.Text = dr["Details"].ToString();
    }
    private void UpdateData(int NewsID)
    {
        NewsDS ds = new NewsDS();
        NewsDS.NewsRow row = ds.News.NewNewsRow();
        row["Title"] = TextBox1.Text;
```

```
        row["Keywords"] = TextBox2.Text;
        row["Details"] = TextBox3.Text;
        row["NewsID"] = NewsID;
        ds.News.Rows.Add(row);
        (new NewsBLL()).News_Update(ds);
        Response.Redirect("NewsList.aspx");
    }
    private void InsertData()
    {
        NewsDS ds = new NewsDS();
        NewsDS.NewsRow row = ds.News.NewNewsRow();
        row["Title"] = TextBox1.Text;
        row["Keywords"] = TextBox2.Text;
        row["Details"] = TextBox3.Text;
        ds.News.Rows.Add(row);
        (new NewsBLL()).News_Insert(ds);
        Response.Redirect("NewsList.aspx");
    }
}
```

（3）查看 EditNews。查看 News 表數據的添加，右鍵 EditNews.aspx，選擇在瀏覽器中查看。在彈出的瀏覽器窗口中輸入 News 信息。界面見圖 11-30。

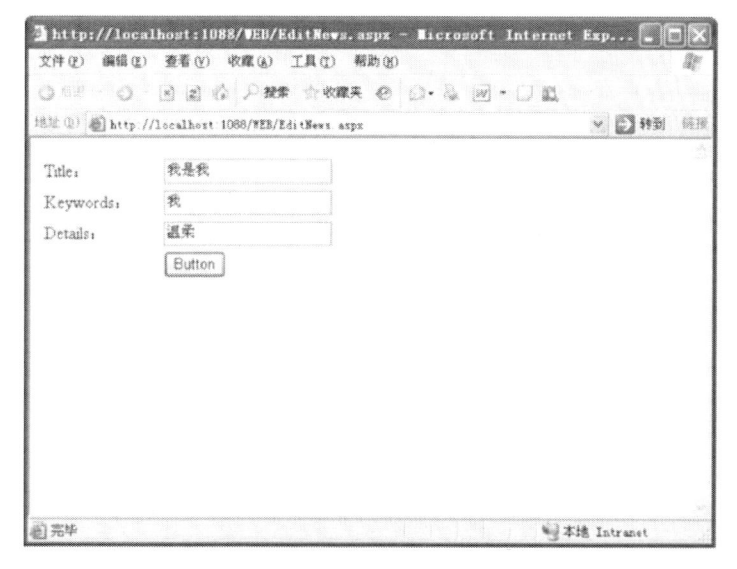

圖 11-30　查看 EditNews

單擊 Button 按鈕，則可以查看加入的信息。界面見圖 11-31。

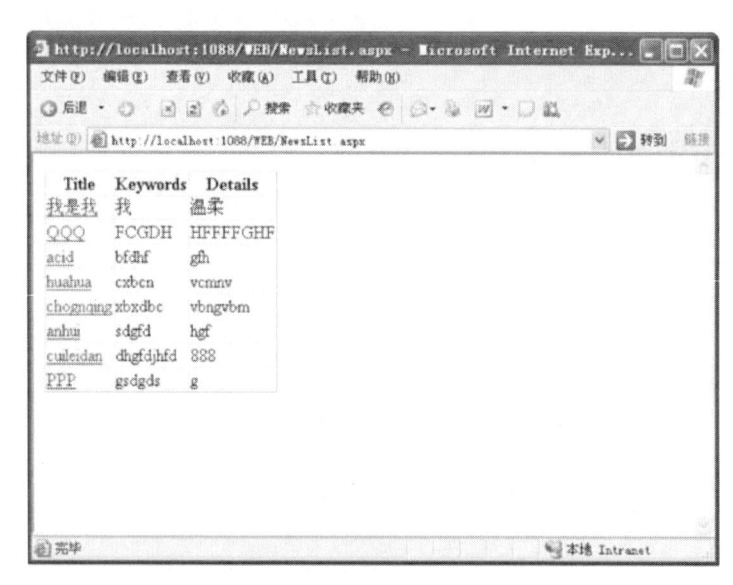

圖 11-31　查看加入的信息

將 Title 為「我是我」的信息加入到 News 表中。

（4）查看 News 表數據的修改操作。右鍵 EditNews.aspx，選擇在瀏覽器中查看。在地址欄中添加？NewsID＝8，在調出的表中修改 News 信息。界面見圖 11-32。

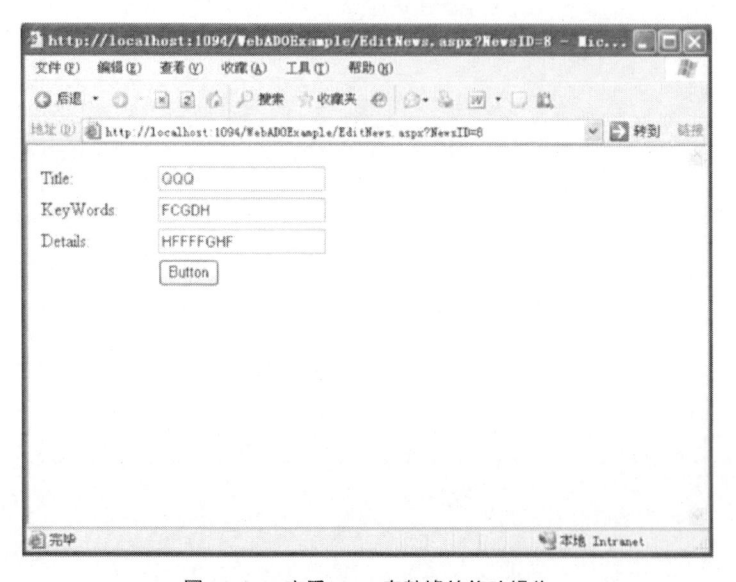

圖 11-32　查看 News 表數據的修改操作

將 Title 改為 PPP。

單擊 Button 按鈕，則可以查看修改後的 News 表。界面見圖 11-33。

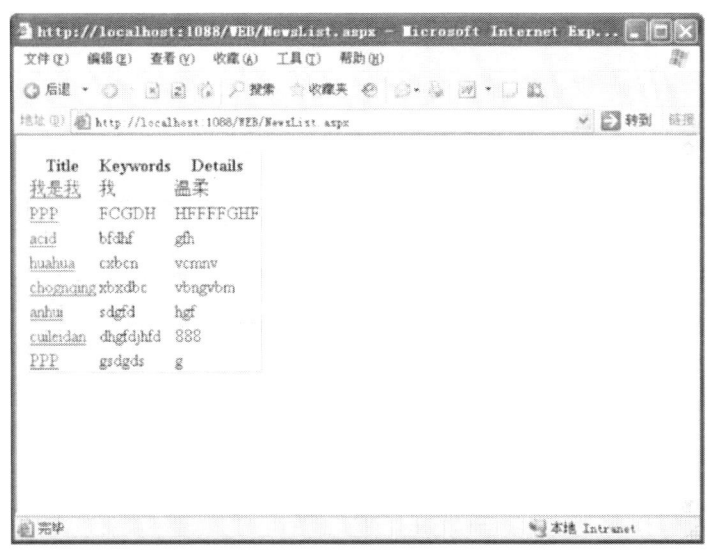

圖 11-33　查看修改後的 News 表

（5）添加 EditNews 表與 ViewsNews 表的跳轉連接。其方法與 ADO.NET 數據庫操作實訓中添加 HiperLink 控件實現相同。

HiperLinlk 代碼如下：

```
HyperLink2.NavigateUrl = "EditNews.aspx?NewsID=" + NewsID.ToString();
```

NewsList.aspx 中部分代碼如下：

```
if (!IsPostBack)
{
    if (Request["NewsID"] != null)
    {
        int NewsID = int.Parse(Request["NewsID"].ToString());
        ListDetail(NewsID);
        HyperLink1.NavigateUrl = "DeleteNews.aspx?NewsID=" + NewsID.ToString();
        HyperLink2.NavigateUrl = "EditNews.aspx?NewsID=" + NewsID.ToString();
    }
}
```

（6）查看跳轉連接結果。右鍵 NewsList.aspx，選擇在瀏覽器中查看。界面見圖 11-34。

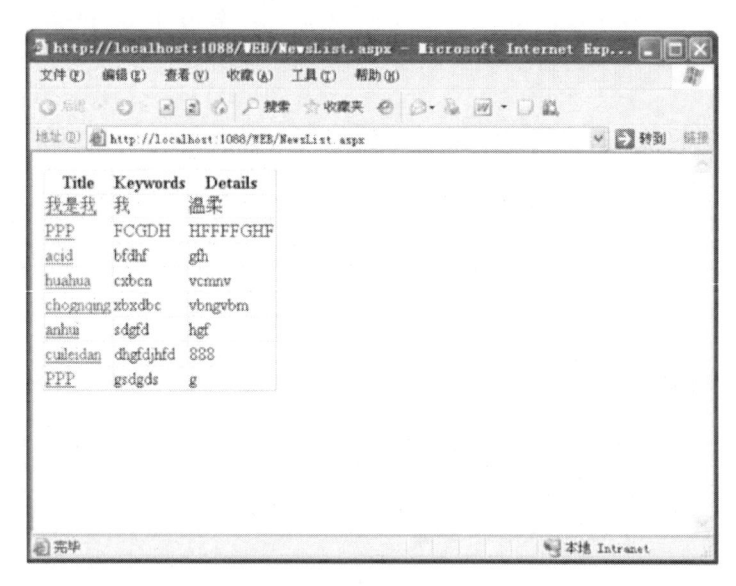

圖 11-34　查看跳轉連接結果

　　點擊 Title 為「我是我」的 News，自動跳轉到該消息的詳細信息。界面見圖 11-35。

圖 11-35　消息的詳細信息

　　點擊編輯數據，則進入消息「我是我」的修改頁面。界面見圖 11-36。

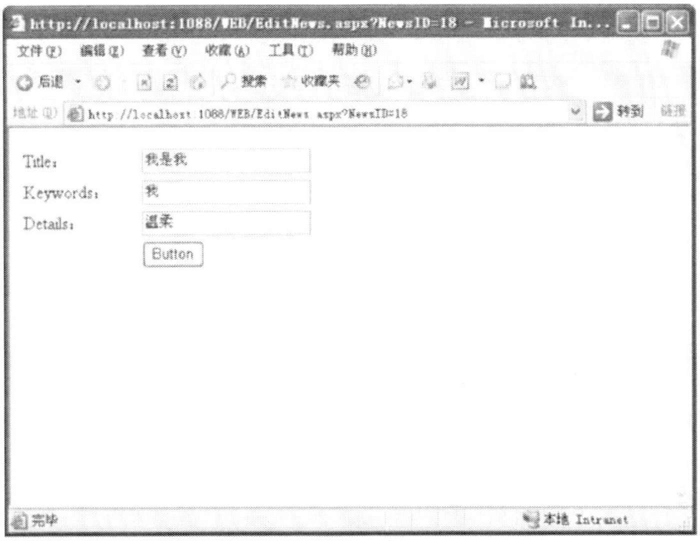

圖 11-36　消息的修改頁面

12 數據模型層構建操作實訓（一）

12.1 實驗基本要求

12.1.1 實訓目標

在 DataModel 中導入數據集。

12.1.2 實訓任務

（1）BidBulletinDS.xsd。

（2）BidsDS.xsd。

（3）EpDS.xsd。

（4）EventsDS.xsd。

（5）ExpertCommentDS.xsd。

（6）NewsDS.xsd。

（7）PublicationsDS.xsd。

（8）RFPsDS.xsd。

（9）SysUserDS.xsd。

（10）VirtualTeamDS.xsd。

（11）WebSiteCommentDS.xsd。

12.2 實驗步驟

12.2.1 實訓任務一：BidBulletinDS.xsd

序列號	數據集名	數據集中的表	說明
1	BidBLlletinDS.xsd	BidBLlletin	招標公告

12.2.2 實訓任務二：BidsDS.xsd

序列號	數據集名	數據集中的表	說明
2	BidsDS.xsd	Bids	招標
		BidResponse	招標響應

12.2.3 實訓任務三：EpDS.xsd

序列號	數據集名	數據集中的表	說明
3	EpDS.xsd	Expert	專家

12.2.4 實訓任務四：EventsDS.xsd

序列號	數據集名	數據集中的表	說明
4	EventsDS.xsd	Events	活動

12.2.5 實訓任務五：ExpertCommentDS.xsd

序列號	數據集名	數據集中的表	說明
5	ExpertCommentDS.xsd	ExpertComment	專家評論

12.2.6 實訓任務六：NewsDS.xsd

序列號	數據集名	數據集中的表	說明
6	NewsDS.xsd	News	新聞

12.2.7 實訓任務七：PublicationsDS.xsd

序列號	數據集名	數據集中的表	說明
7	PublicationsDS.xsd	Publications	出版物

12.2.8 實訓任務八：RFPsDS.xsd

序列號	數據集名	數據集中的表	說明
8	RFPsDS.xsd	RFPs	RFPs
		RFPResponse	RFPs 回覆

12.2.9 實訓任務九：SysUserDS.xsd

序列號	數據集名	數據集中的表	說明
9	SysUserDS.xsd	Aspnet_users	用戶
		Aspnet_Membership	會員
		Expert	專家
		Enterprise	企業

12.2.10 實訓任務十：VirtualTeamDS.xsd

序列號	數據集名	數據集中的表	說明
10	VirtualTeamDS.xsd	VirtualTeam	虛擬團隊
		TeamMember	團隊成員

12.2.11 實訓任務十一：WebSiteCommentDS.xsd

序列號	數據集名	數據集中的表	說明
11	WebSiteCommentDS.xsd	WebSiteComment	網站評論

13 數據模型層構建操作實訓（二）

13.1 實驗基本要求

13.1.1 實訓目標

在 DAL 中實現從數據庫中存取對象的功能。

13.1.2 實訓任務

在 DAL 中實現下列方法：
（1） BidsDAL.cs。
（2） EpDAL.cs。
（3） EventsDAL.cs。
（4） ExpertCommentDAL.cs。
（5） NewsDAL.cs。
（6） PublicationsDAL.cs。
（7） RFPsDAL.cs。
（8） SysUserDAL.cs。
（9） VirtualTeamDAL.cs。
（10） WebSiteCommentDAL.cs。

13.2 實驗步驟

13.2.1 實訓任務一：BidsDAL.cs

序列號	類名		類中的方法	說明
1	BidsDAL.cs	BidsDAL	Public BidsDS BidsDaaTable Getbids()	獲取表 bids 中所有的信息
			Public BdsDS. GetBidyBidsID(int bidsID)	根據 bidid 獲取特定信息記錄
			Public BidsDS GetBids(int bidsID, Guid biddder)	根據 bidid 和 bidder 獲取特點信息記錄
			Public void AddBid(BidsDS. Bids Datatable table)	增加新的 bid
			Public void AddBidResponse(BidsDS. BidResponesDataTable table)	增加新的 bidresponse
		BidBulletinDAL	Public BidBulletinDS GetBidBulletins()	獲取所有 BidBulletin
			Public void AddBidBulletin(BidBulletinDS, bidBulletinDS)	增加新的 BidBulletin

13.2.2 實訓任務二：EpDAL.cs

序列號	類名		類中的方法	說明
2	EpDAL.cs	EpDAL	Public EpDS ExpertDataTable GetAll()	獲取表 Expert 中所有的信息

13.2.3 實訓任務三：EventsDAL.cs

序列號	類名		類中的方法	說明
3	EventsDAL.cs	EventsDAL	Public EventsDS Get Events()	獲取表 events 中所有信息
			Public EventsDS GetEventByEventID(int EventID)	獲取特定 eventID 的信息記錄
			Public void AddNewEvent(EventsDS. Events)	獲取特定 eventID 的增加記錄
			Public void UpdateNewEvent(EventsDS. Events)	獲取特定 eventID 的更新記錄
			Public void DeleteEvent(int EventID, Guid poster)	刪除特定 eventID 和 poster 的記錄
			Public void DeleteEvent(int EventID)	刪除特定 eventID 的記錄

序列號	類名		類中的方法	說明
3	Events DAL.cs	Events DAL	Public void AddHits（int EventID）	增加特定 eventID 的 hit 記錄
			Public EventsDS GetTopByHits（int topNum）	獲取最高點擊率的活動
			Public EventsDS GetLatestEvents（int topNum）	獲取最新的活動

13.2.4 實訓任務四：ExpertCommentDAL.cs

序列號	類名		類中的方法	說明
4	Expert Comment DAL.cs	Expert Comment DAL	Public ExpertCommentDS Get ExpertComment（）	獲取所有 ExpertComment 信息
			Public ExpertCommentDS GetComment（Guid expertID）	獲取特定 ExpertID 的信息記錄
			Public void AddComment（ExpertCommentDS. ExpertCommentDS）	增加新的 ExpertComment 信息

13.2.5 實訓任務五：NewsDAL.cs

序列號	類名		類中的方法	說明
5	News DAL.cs	NewsDAL	Public NewsDS Get News（）	獲取所有 News 信息
			Public NewsDS GetNewsByNewsID（int EventID）	獲取特定 NewsID 的信息記錄
			Public void AddNews（NewsDS. NewsDS）	增加新的 NewsID 的信息
			Public void UpdateNews（NewsDS. NewsDS）	更新特定 News 信息
			Public void DeleteNews（int NewsID, Guid poster）	刪除特定 NewsID 和 poster 的記錄
			Public void DeleteNewsByID（int32 NewsID）	刪除特定 NewsID 的 news 信息
			Public NewsDS GetLatestNews（int topNum）	獲取最新 news 信息

13.2.6 實訓任務六：PublicationsDAL.cs

序列號	類名		類中的方法	說明
6	PublicationsDAL.cs	PublicationsDAL	Public PublicationsDS GetPublications ()	獲取所有 Publications 信息
			Public PublicationsDS GetPublicationsByPublicationsID (int PublicationsID)	獲取特定 PublicationsID 的信息記錄
			Public void AddPublications (PublicationsDS. PublicationsDS)	增加新的 Publications 信息
			Public void UpdatePublications (PublicationsDS. PublicationsDS)	更新特定 Publications 信息
			Public void DeletePublications (int PublicationsID, Guid poster)	刪除特定 PublicationsID 和 poster 的記錄
			Public void DeletePublications (int PublicationsID)	刪除特定 PublicationsID 的 news 信息
			Public void AddHits (int PublicationsID)	增加特定 PublicationsID 的 hit 記錄
			Public PublicationsDS GetTopByHits (int topNum)	獲取最高點擊率的活動
			Public PublicationsDS GetLatestPublications (int topNum)	獲取最新 Publications 信息

13.2.7 實訓任務七：RFPsDAL.cs

序列號	類名		類中的方法	說明
7	RFPsDAL.cs	RFPsDAL	Public RFPsDS. RFPsDataTable GetRFPs ()	獲取所有 RFP 信息
			Public RFPsDS GetRFPsByRFPsID (int rRFPID)	獲取特定 RFPsID 的信息記錄
			Public RFPsDS GetRFPsByRFPsID (int rRFPID)	獲取特定 RFPsID 的信息記錄
			Public void AddRFP (RFPsDS. RFPsDataTable table)	增加新的 RFPResponse 的信息
			Public void UpdateRFP (RFPsDS. RFPsDataTable table)	更新特定 RFP 信息
			Public void UpdateRFPResponse (RFPsDS. RFPResponseDataTable table)	更新特定 RFPResponse 信息
			Public void DeleteRFP (int rRFPID)	刪除特定 RFP 的記錄
			Public void DeleteRFPResponse (int rsPID)	刪除特定 RFPResponse 的記錄

13.2.8 實訓任務八：SysUserDAL.cs

序列號	類名		類中的方法	說明
8	SysUserDAL.cs	SysUserDAL	Public void RegisterEnterprise（SysUserDS, EnterpriseRowEnter priseRow, string UserName）	向 Enterprise 表中增加信息
			Public void UpdateEnterprise（SysUserDS, user）	修改 Enterprise 表中信息
			Public void RegisterExpert（SysUserDS, xpertRowExpertRow, string UserName）	向 Expert 表中增加信息
			Public void UpdateExpert（SysUserDS, user）	修改 Expert 表中信息
			Public SysUserDS GetUserByUserName（string userName）	從數據庫中獲取用戶信息
			Public void GetExpertByExpertID（Guid ExpertID, SysUserDS SysUserDS）	通過 Expert 從數據庫中獲取信息
			Public void GetEnterpriseByEn terpriseID（Guid Enterprise ID, SysUserDS SysUserDS）	通過 Enterprise 從數據庫中獲取信息
			Public SysUserDS.Enterprise DataTable GetEnterprise（）	獲取所有 Enterprise 信息
			Public SysUserDS.ExpertData Table GetExpert（）	獲取所有 Expert 信息
			Public SysUserDS.Aspnet_membership-DataTable GetNotAuditUsers（）	獲取所有非審計用戶信息
			Public void AuditUsers（string userIDs）	將用戶變為審計用戶
			Public SysUserDS.ExpertDataTable GetTopExpertByHits（int topNum）	獲取最高點擊率 Expert 的活動
			Public void AddExpertHits（Guid ExpertID）	增加特定 Expert 點擊率
			Public SysUserDS.ExpertDataTable FindExpertByName（string name）	通過姓或名尋找 Expert 信息
			Public atatic void Authenticate User（string name）	驗證用戶

13.2.9 實訓任務九：VirtualTeamDAL.cs

序列號	類名		類中的方法	說明
9	Virtual Team DAL.cs	Virtual Team DAL	Public VirtualTeamDS. VirtualTeamDataTable GetVirtualTeamBy Creator（Guid creatot）	通過 creator 獲取 VirtualTeam 信息
			Public VirtualTeamDS. VirtualTeamDataTable GetVirtualTeamBy RFPID（int rFPID）	通過 RFPID 獲取 VirtualTeam 信息
			Public VirtualTeamDS. GetVirtualTeamByTeamID（int TeamID）	通過 TeamID 獲取 VirtualTeam 信息
			Private void AddVirtualTeam（VirtualTeamDS. VirtualTeamDataTable table）	增加新的 VirtualTeam 信息記錄
			Private void AddVirtualTeam（VirtualTeamDS. VirtualTeamDataTable table）	增加新的 VirtualTeam 信息記錄
			Private void AddVirtualTeam（VirtualTeamDS. VTeamDS）	增加新的 VirtualTeam 及其成員信息記錄
			Public void UpdateVirtualTeam（VirtualTeamDS. VTeamDS）	更新特定的 VirtualTeam 信息記錄
			Private void AddVirtualTeam（VirtualTeamDS. VirtualTeamDataTable table, SqlTransaction tran）	增加新的 VirtualTeam 及其事物信息記錄
			Private void AddTeamMember（VirtualTeamDS. TeamMemberDataTable table, SqlTransaction tran）	增加新的團隊成員
			Private void DeleteTeamMember（int teamID, SqlTransaction tran）	刪除特定的團隊成員
			Private void UpdateVirtualTeam（VirtualTeamDS. VirtualTeamDataTable table, SqlTransaction tran）	修改特定 VirtualTeam 信息
			Private void DeteleVirtualTeam（int teamID）	刪除特定 VirtualTeam 信息
			Private void DeleteTeamMember（int teamID, Guid member）	刪除特定的團隊成員

13.2.10 實訓任務十：WebSiteCommentDAL.cs

序列號	類名		類中的方法	說明
10	WebSite Comment DAL.cs	WebSite Comment DAL	Public WebSiteCommentDS Getcomments（）	獲取所有 comments 信息
			Public WebSiteCommentDS Getcomments（int cID）	獲取特定 ID 的 comments 信息
			Public void Addcomment（WebSiteCommentDS WebSiteCommentDS）	增加新的 comments 信息記錄
			Public WebSiteCommentDS GetLatestComments（int topNum）	獲取最新 comments 信息記錄

14 業務邏輯層架構

14.1 實驗基本要求

14.1.1 實訓目標

在 BLL 中實現下列方法。

14.1.2 實訓任務

在 BLL 中實現下列方法：

（1） Bids.cs。
（2） Ep.cs。
（3） Events.cs。
（4） ExpertComment.cs。
（5） News.cs。
（6） Publications.cs。
（7） RFPs.cs。
（8） SysUser.cs。
（9） VirtualTeam.cs。
（10） WebSiteComment.cs。

14.2 實驗步驟

14.2.1 實訓任務一：Bids.cs

序列號	類名		類中的方法	說明
1	Bids.cs	BidsDAL	Public BidsDS. BidsDataTable Getbids（）	獲取表 bids 中所有的信息
			Public BidsDS. GetBidyBidsID（int bidID）	根據 bidid 獲取特定信息記錄

序列號	類名		類中的方法	說明
1	Bids.cs	BidsDAL	Public BidsDS GetBids（int bidsID，Guid biddder）	根據 bidid 和 bidder 獲取特定信息記錄
			Public void AddBid（BidsDS. Bids Datatable table）	增加新的 bid
			Public void AddBidResponse（BidsDS. BidResponesDataTable table）	增加新的 bidresponse
		BidBulletin DAL	Public BidBulletinDS GetBidBulletins（）	獲取所有 BidBulletin
			Public void AddBidBulletin（BidBulletinDS，bidBulletinDS）	增加新的 BidBulletin

14.2.2 實訓任務二：Ep.cs

序列號	類名		類中的方法	說明
2	Ep.cs	EpDAL	Public EpDS ExpertDataTable GetAll（）	獲取表 Expert 中所有的信息

14.2.3 實訓任務三：Events.cs

序列號	類名		類中的方法	說明
3	Events.cs	Events DAL	Public EventsDS Get Events（）	獲取表 events 中所有信息
			Public EventsDS GetEventByEventID（int EventID）	獲取特定 eventID 的信息記錄
			Public void AddNewEvent（EventsDS. EventsDS）	獲取特定 eventID 的增加記錄
			Public void UpdateEvent（EventsDS. Events）	獲取特定 eventID 的更新記錄
			Public void DeleteEvent（int EventID，Guid poster）	刪除特定 eventID 和 poster 的記錄
			Public void DeleteEvent（int EventID）	刪除特定 eventID 的記錄
			Public void AddHits（int EventID）	增加特定 eventID 的 hit 記錄
			Public EventsDS GetTopByHits（int topNum）	獲取最高點擊率的活動
			Public EventsDS GetLatestEvents（int topNum）	獲取最新的活動

14.2.4 實訓任務四：ExpertComment.cs

序列號	類名		類中的方法	說明
4	Expert Comment.cs	Expert Comment DAL	Public ExpertCommentDS Get Comment ()	獲取所有 ExpertComment 信息
			Public ExpertCommentDS GetComment（Guid expertID）	獲取特定 ExpertID 的信息記錄
			Public void AddComment（Expert CommentDS．ExpertCommentDS）	增加新的 ExpertComment 信息

14.2.5 實訓任務五：News.cs

序列號	類名		類中的方法	說明
5	News.cs	News DAL	Public NewsDS Get News ()	獲取所有 News 信息
			Public NewsDS GetNewsByNewsID（int EventID）	獲取特定 NewsID 的信息記錄
			Public void AddNews（NewsDS．NewsDS）	增加新的 NewsID 的信息
			Public void UpdateNews（NewsDS．NewsDS）	更新特定 News 信息
			Public void DeleteNews（int NewsID, Guid poster）	刪除特定 NewsID 和 poster 的記錄
			Public void DeleteNewsByID（int32 NewsID）	刪除特定 NewsID 的 news 信息
			Public NewsDS GetLatestNews（int topNum）	獲取最新 news 信息

14.2.6 實訓任務六：Publications.cs

序列號	類名		類中的方法	說明
6	Publications.cs	Publications DAL	Public PublicationsDS Get Publications ()	獲取所有 Publications 信息
			Public PublicationsDS GetPublicationsByPublicationsID（int PublicationsID）	獲取特定 PublicationsID 的信息記錄
			Public void AddNewPublications（PublicationsDS．PublicationsDS）	增加新的 Publications 信息

序列號	類名		類中的方法	說明
6	Publications.cs	PublicationsDAL	Public void UpdatePublications（PublicationsDS. PublicationsDS）	更新特定 Publications 信息
			Public void DeletePublications（int PublicationsID，Guid poster）	刪除特定 PublicationsID 和 poster 的記錄
			Public void DeletePublications（int PublicationsID）	刪除特定 PublicationsID 的 news 信息
			Public void AddHits（int PublicationsID）	增加特定 PublicationsID 的 hit 記錄
			Public PublicationsDS GetTopByHits（int topNum）	獲取最高點擊率的活動
			Public PublicationsDS GetLatestPublications（int topNum）	獲取最新 Publications 信息

14.2.7 實訓任務七：RFPs.cs

序列號	類名		類中的方法	說明
7	RFPsL.cs	RFPsDAL	Public RFPsDS. RFPsDataTable Get RFPs（）	獲取所有 RFP 信息
			Public RFPsDS GetRFPsByRFPsID（int rRFPID）	獲取特定 RFPsID 的信息記錄
			Public void AddRFP（RFPsDS. RFPsDataTable table）	增加新的 RFPResponse 的信息
			Public void AddRFPResponse（RFPsDS. RFPsResponseDataTable table）	增加新的 RFP 的信息
			Public void UpdateRFP（RFPsDS. RFPsDataTable table）	更新特定 RFP 信息
			Public void UpdateRFPResponse（RFPsDS. RFPResponseDataTable table）	更新特定 RFPResponse 信息
			Public void DeleteRFP（int rRFPID）	刪除特定 RFP 的記錄
			Public void DeleteRFPResponse（int rsPID）	刪除特定 RFPResponse 的記錄

14.2.8　實訓任務八：SysUser.cs

序列號	類名		類中的方法	說明
8	SysUser.cs	SysUser DAL	Public void RegisterEnterprise（SysUserDS，EnterpriseRowEnterpriseRow，string UserName）	向 Enterprise 表中增加信息
			Public void UpdateEnterprise（SysUserDS, user）	修改 Enterprise 表中信息
			Public void RegisterExpert（SysUserDS，xpertRowExpertRow，string UserName）	向 Expert 表中增加信息
			Public void UpdateExpert（SysUserDS, user）	修改 Expert 表中信息
			Public SysUserDS GetUserBy UserName（string userName）	從數據庫中獲取用戶信息
			Public void GetExpertByExpertID（Guid ExpertID, SysUserDS SysUserDS）	通過 Expert 從數據庫中獲取信息
			Public void GetEnterpriseBy EnterpriseID（Guid Enterprise ID, SysUserDS SysUserDS）	通過 Enterprise 從數據庫中獲取信息
			Public SysUserDS. Enterprise DataTable GetEnterprise（）	獲取所有 Enterprise 信息
			Public SysUserDS. Expert DataTable GetExpert（）	獲取所有 Expert 信息
			Public SysUserDS. Aspnet_ membership-DataTable GetNotAuditUsers（）	獲取所有非審計用戶信息
			Public void AuditUsers（string userIDs）	將用戶變為審計用戶
			Public SysUserDS. ExpertDataTable GetTopExpertByHits（int topNum）	獲取最高點擊率 Expert 的活動
			Public void AddExpertHits（Guid ExpertID）	增加特定 Expert 點擊率
			Public SysUserDS. ExpertDataTable FindExpertByName（string name）	通過姓或名尋找 Expert 信息
			Public atatic void AuthenticateUser（string name）	驗證用戶

14.2.9　實訓任務九：VirtualTeam.cs

序列號	類名		類中的方法	說明
9	Virtual Team.cs	VirtualTeam DAL	Public VirtualTeamDS. VirtualTeamDataTable GetVirtualTeamByCreator（Guid creatot）	通過 creator 獲取 VirtualTeam 信息
			Public VirtualTeamDS. VirtualTeamDataTable GetVirtualTeamByRFPID（int rFPID）	通過 RFPID 獲取 VirtualTeam 信息
			Public VirtualTeamDS. GetVirtualTeamByTeamID（int TeamID）	通過 TeamID 獲取 VirtualTeam 信息
			Private void AddVirtualTeam （VirtualTeamDS. VirtualTeamDataTable table）	增加新的 VirtualTeam 信息記錄
			Private void AddVirtualTeam （VirtualTeamDS. VirtualTeamDataTable table）	增加新的 VirtualTeam 信息記錄
			Private void AddVirtualTeam （VirtualTeamDS. VTeamDS）	增加新的 VirtualTeam 及其成員信息記錄
			Public void UpdateVirtualTeam （VirtualTeamDS. VTeamDS）	更新特定的 VirtualTeam 信息記錄
			Private void AddVirtualTeam （VirtualTeamDS. VirtualTeamData Table table, SqlTransaction tran）	增加新的 VirtualTeam 及其事物信息記錄
			Private void AddTeamMember （VirtualTeamDS. TeamMemberData Table table, SqlTransaction tran）	增加新的團隊成員
			Private void DeleteTeamMember （int teamID, SqlTransaction tran）	刪除特定的團隊成員
			Private void UpdateVirtualTeam （VirtualTeamDS. VirtualTeamData Table table, SqlTransaction tran）	修改特定 VirtualTeam 信息
			Private void DeteleVirtualTeam （int teamID）	刪除特定 VirtualTeam 信息
			Private void DeleteTeamMember （int teamID, Guid member）	刪除特定的團隊成員

14.2.10 實訓任務十：WebSiteComment.cs

序列號	類名		類中的方法	說明
10	WebSite Comment.cs	WebSite Comment DAL	Public WebSiteCommentDS Getcomments（）	獲取所有 comments 信息
			Public WebSiteCommentDS Getcomments（int cID）	獲取特定 ID 的 comments 信息
			Public void Addcomment（WebSite Com-mentDS WebSiteCommentDS）	增加新的 comments 信息記錄
			Public WebSiteCommentDS GetLatestComments（int topNum）	獲取最新 comments 信息記錄

15 母版頁製作操作實訓

15.1 實驗基本要求

15.1.1 實訓目標

掌握頁面導航及登錄入口的製作；製作 QuickKnowledge 母版頁。

15.1.2 實訓任務

(1) 添加配置文件。
(2) 實現目錄導航。
(3) 實現菜單導航。
(4) 添加登錄入口。
(5) 製作母版頁 MasterPage。

15.2 實驗步驟

15.2.1 實訓任務一：添加配置文件

步驟一：建立.net 應用程序。首先建立一個空白解決方案 MasterPage，在解決方案中右鍵添加→新建項目，選擇 ASP.NET web 應用程序，並命名為 MasterPage。界面見圖 15-1。

圖 15-1 建立.net 應用程序

步驟二：將已給的完成前文件夾的內容添加到應用程序中。刪除應用程序中的 Web.config、Site.Master、Web.config 和 Global.asax。右鍵 MasterPage 項目，選擇在 Windows 資源管理器中打開文件夾，將教師所給的完成前文檔中的文件複製到 MasterPage 中。完成效果見圖 15-2。

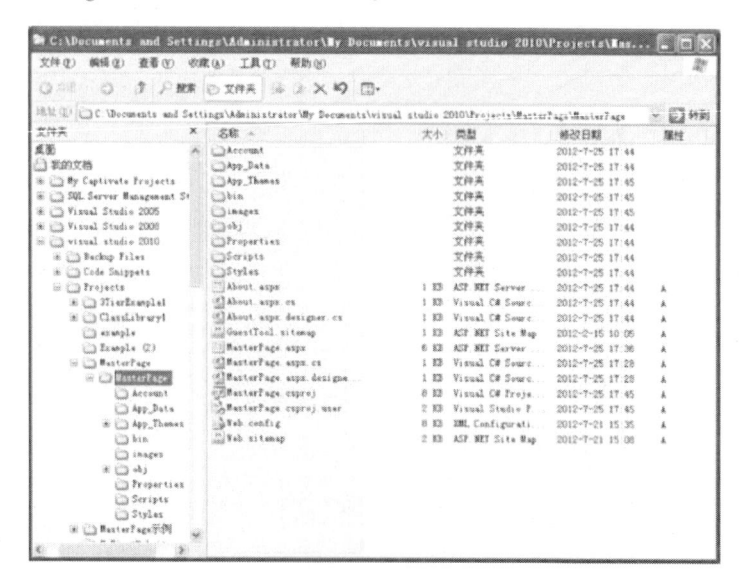

圖 15-2　將已給的完成前文件夾的內容添加到應用程序中

步驟三：選中項目，在菜單欄中選擇項目→顯示所有項，在解決方案管理器中把所要添加的項包括在項目中。界面見圖 15-3。

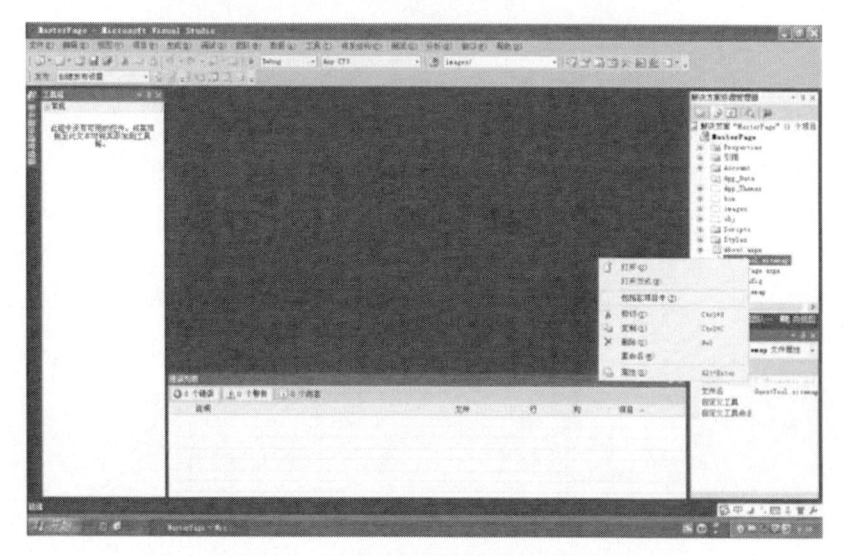

圖 15-3　把所要添加的項包括在項目中

右鍵 MasterPage.aspx，選擇在瀏覽器中查看，可以查看頁面。界面見圖 15-4。

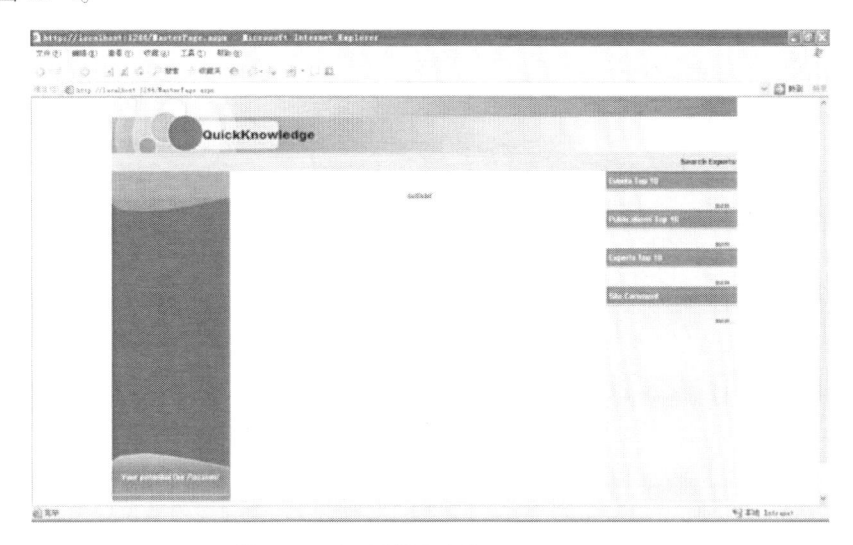

圖 15-4　在瀏覽器中查看 MasterPage.aspx

15.2.2　實訓任務二：使用 SiteMapDatasource 和 TriewView 控件實現目錄導航

步驟一：打開 MasterPage.aspx 的設計窗口。界面見圖 15-5。

圖 15-5　打開 MasterPage.aspx 的設計窗口

可直接將控件拖拽到窗口中。

步驟二：選中 leftmiddle 框，將工具箱中的 SiteMapDataSource 控件與導航選項中的 TreeView 控件都拖拽到其中。界面見圖 15-6。

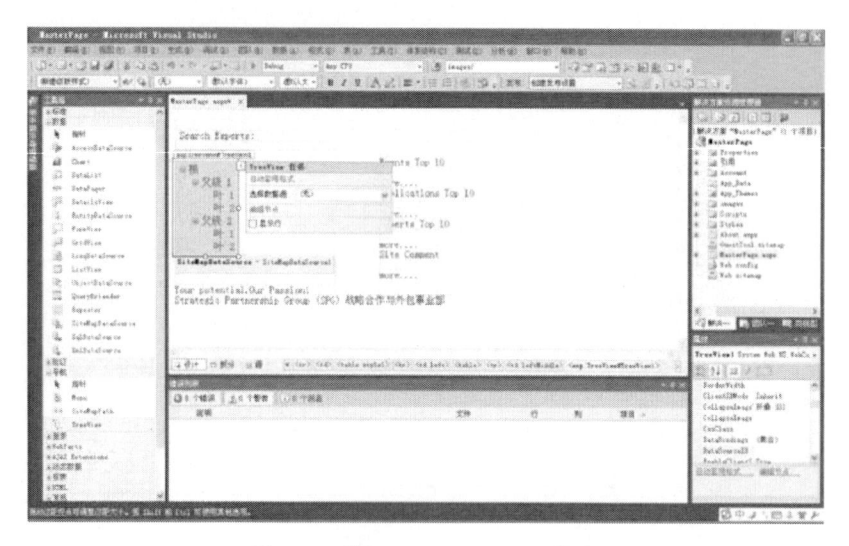

圖 15-6　添加 SiteMapDataSource 控件

步驟三：設置目錄導航數據源屬性。在 SiteMapDataSource 屬性中做如下設置，將 SiteMapprovider 設為 dfault，ShowStartingNode 設為 Faulse。界面見圖 15-7。

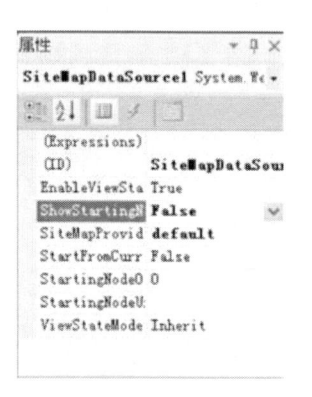

圖 15-7　設置目錄導航數據源屬性

步驟四：設置目錄導航 TreeView 控件屬性。

（1）點擊 TreeView 控件的按鈕，數據源設置為默認的 SiteMapDataSource1。界面見圖 15-8。

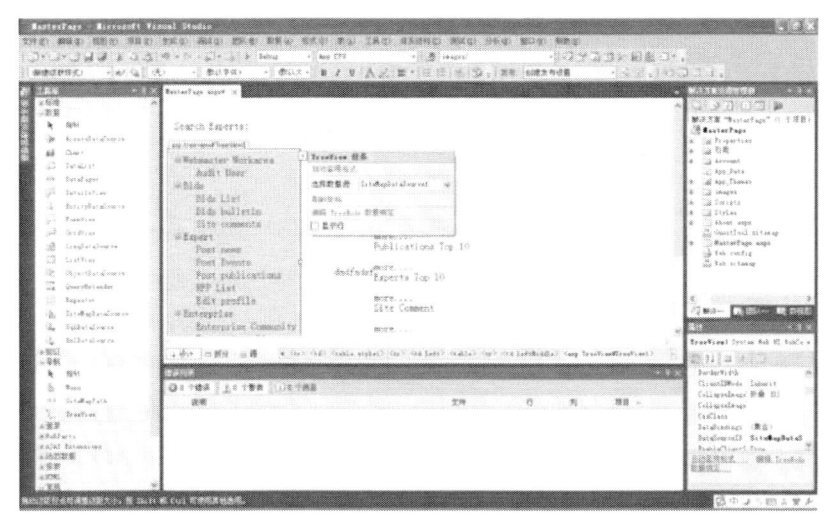

圖 15-8　設置數據源

（2）設置 TreeView 控件屬性。其屬性設置截面見圖 15-9。

圖 15-9　設置 TreeView 控件屬性

在瀏覽器中查看 MasterPage.aspx，其界面見圖 15-10。

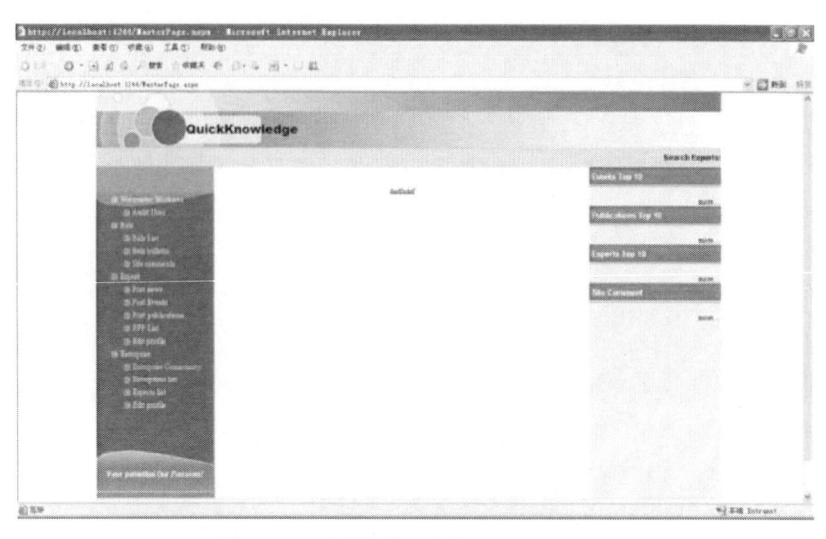

图 15-10　在瀏覽器中查看 MasterPage.aspx

15.2.3　實訓任務三：使用 SiteMapDatasource 和 Menu 控件實現菜單導航

步驟一：選中 MenuBarLeft 框，將工具箱中的 SiteMapDataSource 控件與導航選項中的 Menu 控件都拖拽到其中。界面見圖 15-11。

圖 15-11　添加 SiteMapDataSource 控件

步驟二：設置目錄導航數據源屬性。在 SiteMapDataSource 屬性中做如下設置，將 SiteMapprovider 設為 menu，ShowStartingNode 設為 Faulse。界面見圖 15-12。

圖 15-12　設置目錄導航數據源屬性

步驟三：設置目錄導航 Menu 控件屬性。

（1）點擊 Menu 控件的按鈕，數據源設置為 SiteMapDataSource2。界面見圖 15-13。

圖 15-13　為 SiteMapDataSource2 設置數據源

（2）設置 Menu 控件屬性。將 Orientation 改為 Horizontal，StaticTopSeperato-rimageUrl 的圖片是 images 文件夾中的 spBlack.jpg，將 RenderignMode 改為 Table。其屬性設置截面見圖 15-14。

圖 15-14　設置 Menu 控件屬性

最後在瀏覽器中查看 MasterPage.aspx。

步驟四：添加 ExpertFinder 搜索入口。

(1) 將工具箱中的 TextBox 控件和 Button 控件拖拽到 ExpertFinder 框中。界面見圖 15-15。

圖 15-15　添加 TextBox 控件和 Button 控件

（2）配置 TextBox 屬性。界面見圖 15-16。

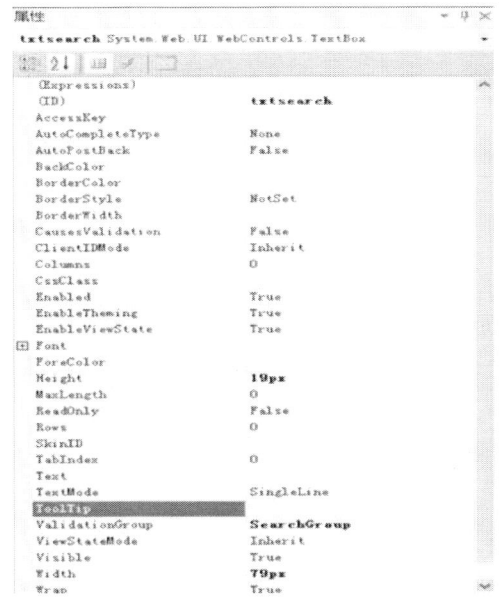

圖 15-16　配置 TextBox 屬性

（3）配置 Button 屬性。界面見圖 15-17。

圖 15-17　配置 Button 屬性

在瀏覽器中可查看結果。界面見圖 15-18。

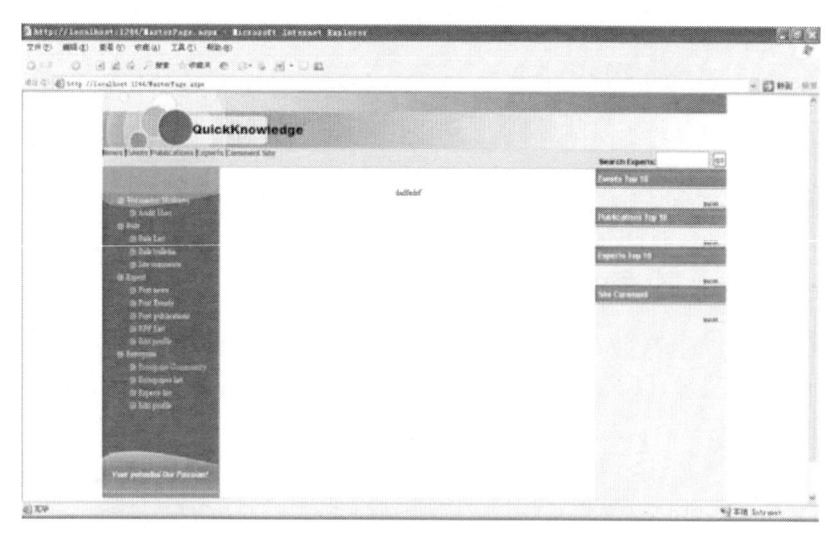

圖 15-18　在瀏覽器中可查看結果

15.2.4　實訓任務四：添加登錄入口

步驟一：將工具箱中登錄選項中的 LoginView 控件拖拽到 leftoptlogin 框中，然後將 Login 控件拖拽到 Loginview 控件中。界面見圖 15-19。

圖 15-19　添加 LoginView 控件

步驟二：選中 LoginView，右鍵轉換為模板，就可以對控件進行編輯。界面見圖 15-20。

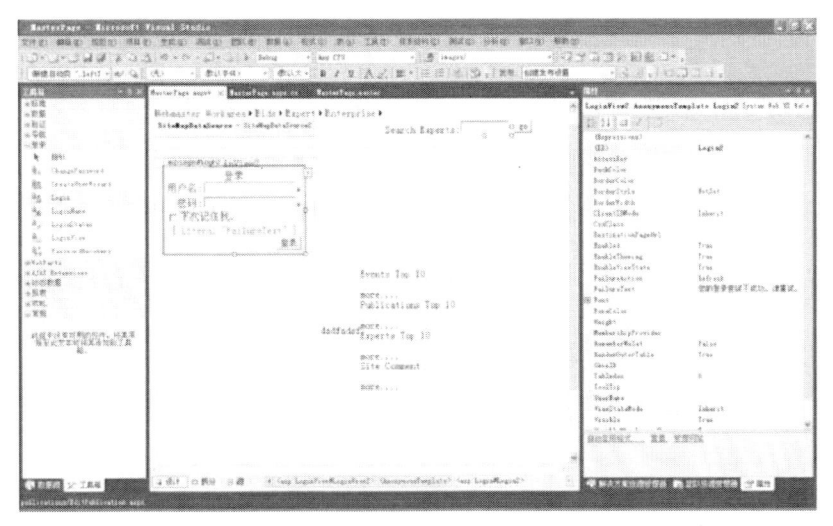

圖 15-20　編輯 LoginView 控件

步驟三：選中 LoginViewView1 在屬性中 FailureText 設置為 Login fail，Please try again！界面見圖 15-21。

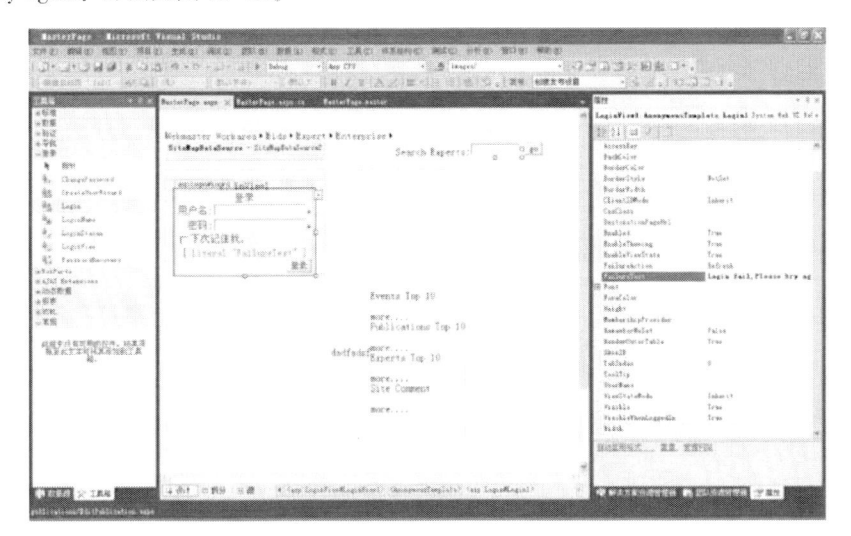

圖 15-21　設置 FailureText 屬性

步驟四：登錄標籤設置。代碼如下：

```
<td align="center" colspan="2" style="color: white; background-color: #256593"
    class="style2">
    Login Form</td>
```

步驟五：用戶名標籤設置。代碼如下：

```
<td align="right" style="height: 30px">
    <asp:Label ID="lblName" runat="server" AssociatedControlID="UserName" Font-Bold="False"
        Font-Size="10pt" ForeColor="White">UserName:</asp:Label></td>
```

步驟六：密碼標籤設置。代碼如下：

```
<td align="right" style="height: 30px">
    <asp:Label ID="lblPwd" runat="server" AssociatedControlID="Password" Font-Bold="False"
        Font-Size="10pt" ForeColor="White">Password :</asp:Label></td>
```

步驟七：UserNameTextBox 設置。代碼如下：

```
<asp:TextBox ID="UserName" runat="server" Width="80px" ValidationGroup="MasertPageValidationGroup"></asp:TextBox>
```

步驟八：PasswordTextBox 標籤設置。代碼如下：

```
<asp:TextBox ID="Password" runat="server" TextMode="Password" Width="80px" ValidationGroup="MasertPageValidationGroup"></asp:TextBox>
```

步驟九：Button 按鈕設置。代碼如下：

```
<asp:Button ID="LoginButton" runat="server" CommandName="Login" Text="Login" ValidationGroup="MasertPageValidationGroup" />
```

步驟十：將 HiperLink 控件拖拽到登錄控件中。界面見圖 15-22。

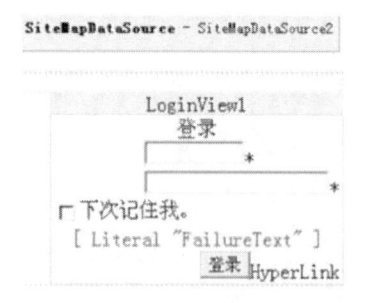

圖 15-22　將 HiperLink 控件拖拽到登錄控件中

HiperLin 控件設置。代碼如下：

```
<asp:HyperLink ID="hlkLink" runat="server" NavigateUrl="">Register</asp:HyperLink>
```

則完成效果見圖 15-23。

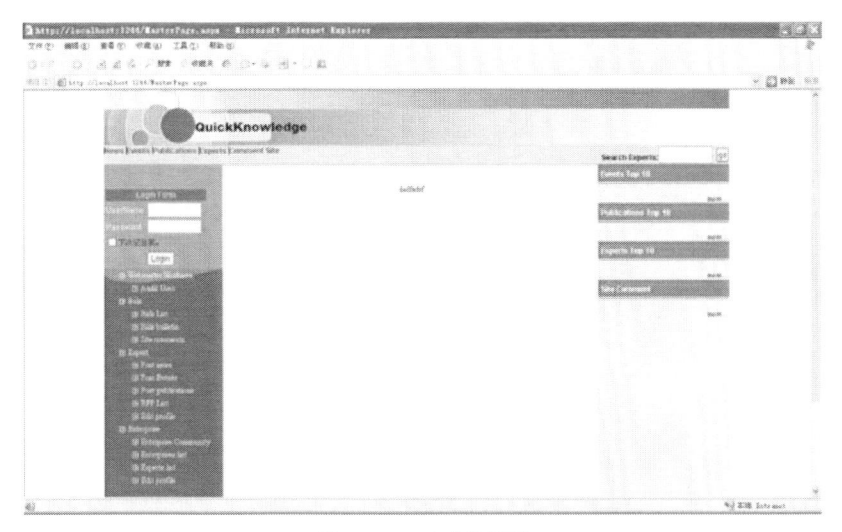

圖 15-23　完成效果圖

學生可根據自己的需要編輯各個控件的屬性，得到不同風格的頁面。

15.2.5　實訓任務五：製作母版頁 MasterPage

步驟一：右鍵應用程序，選擇添加→新建項，在圖 15-24 中選擇母版頁，並命名為 MasterPage。

圖 15-24　新建母版頁

步驟二：將<form id="form1" runat="server"></form>間代碼刪除，並將MasterPaage.aspx 中<form id="form1" runat="server"></form>間代碼拷貝到其中。刪除代碼界面見圖 15-25。

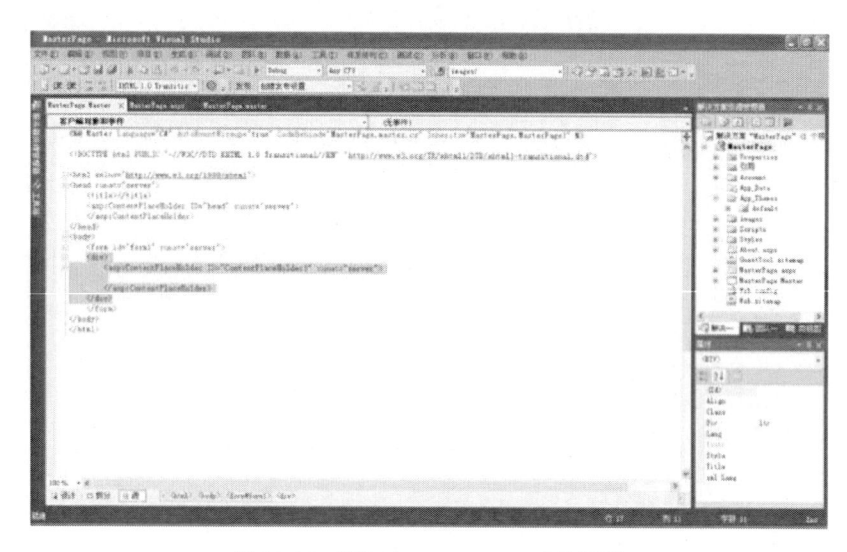

圖 15-25　修改 MasterPaage.aspx 中的代碼

步驟三：打開母版頁的設計窗口。將工具箱中 ContentPlaceHolder 控件拖拽到 Middle 欄中。界面見圖 15-26。

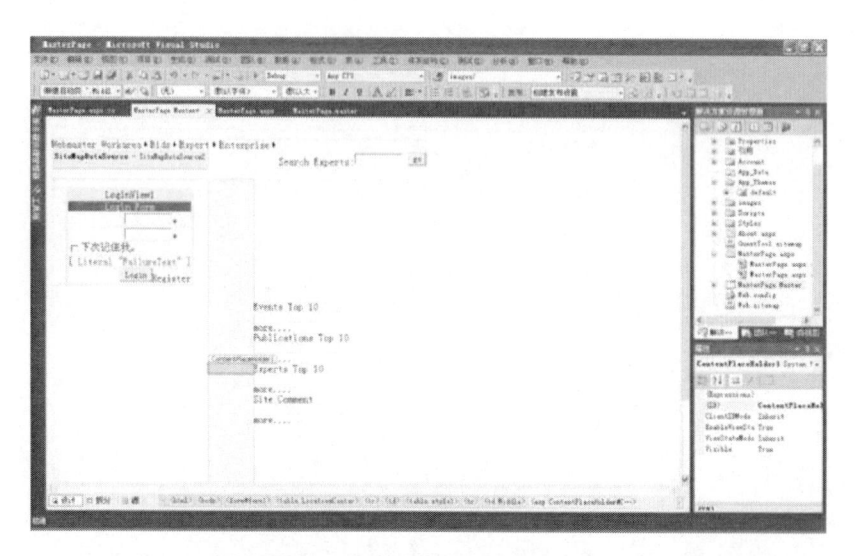

圖 15-26　打開母版頁的設計窗口

步驟四：使用母版頁。右鍵應用程序選擇添加→新建項。選擇使用母版頁的 Web 窗體。界面見圖 15-27。

圖 15-27　使用母版頁

確定後選擇要使用的母版頁為 MasterPage。界面見圖 15-28。

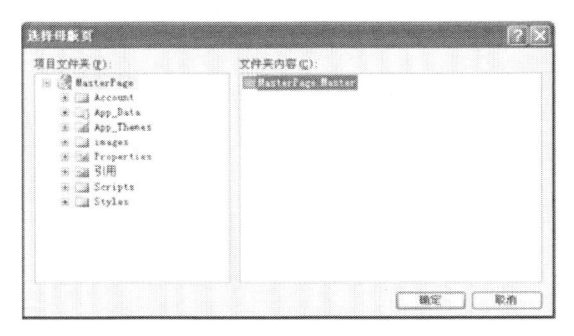

圖 15-28　設置母版頁為 MasterPage

打開 WebForm1.aspx 的設計窗口，我們只可以在預先存在的 ContentPlaceHolder 中設計界面。界面見圖 15-29。

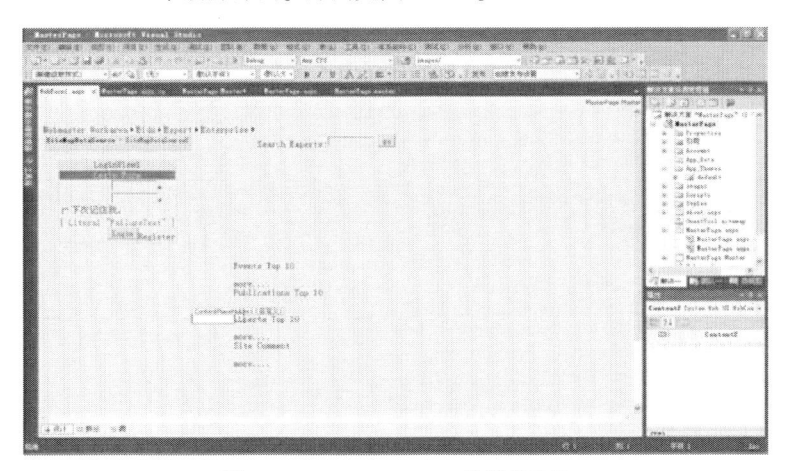

圖 15-29　WebForm1.aspx 的設計窗口

如 NewsList 中 GridView 控件只可拖入 ContentPlaceHolder 中，其他的操作與之前一樣。

201

16 Web 實現

16.1 實驗基本要求

16.1.1 實訓目標

實現 QuickKnowledge 網站各個頁面的功能。

16.1.2 實訓任務

(1) 完成 Default.aspx 首頁功能。
(2) 完成 Bids 模塊功能。
(3) 完成 Enterprise 模塊功能。
(4) 完成 Events 模塊功能。
(5) 完成 Expert 模塊功能。
(6) 完成 News 模塊功能。
(7) 完成 Publications 模塊功能。
(8) 完成 Sysuser 模塊功能。

16.2 實驗步驟

16.2.1 實訓任務一：完成 Default.aspx 首頁功能

完成效果圖。界面見圖 16-1。

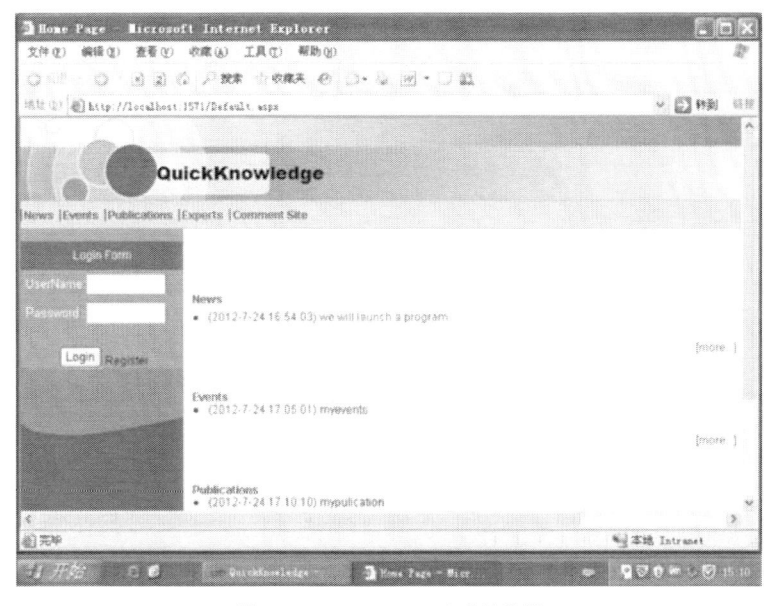

圖 16-1　Default.aspx 完成效果圖

16.2.2　實訓任務二：完成 Bids 模塊功能

步驟一：bidbulletinlist.aspx 完成效果見圖 16-2。

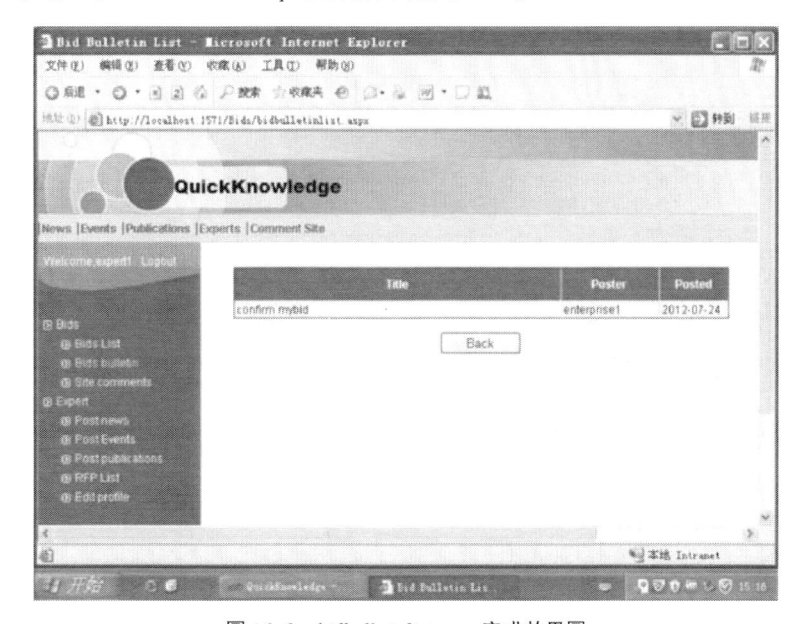

圖 16-2　bidbulletinlist.aspx 完成效果圖

步骤二：bidslist.aspx 完成效果见图 16-3。

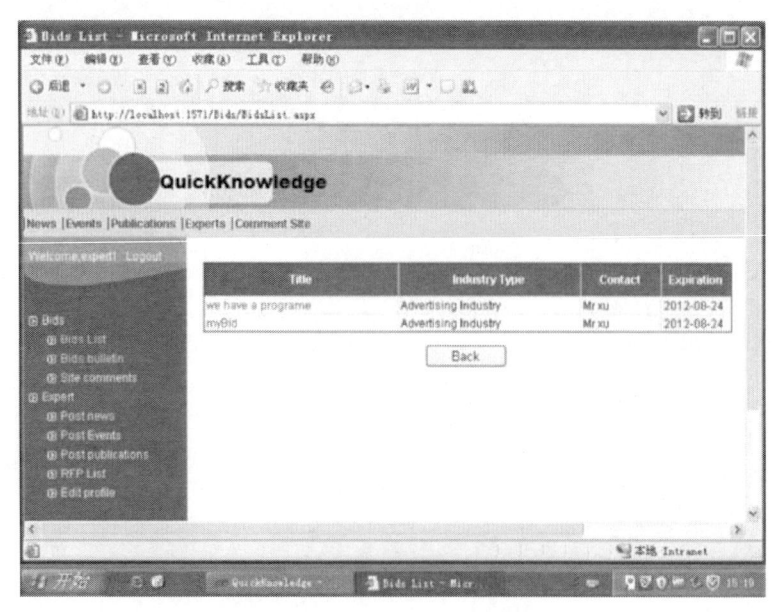

图 16-3　bidslist.aspx 完成效果图

步骤三：callbid.aspx 完成效果见图 16-4。

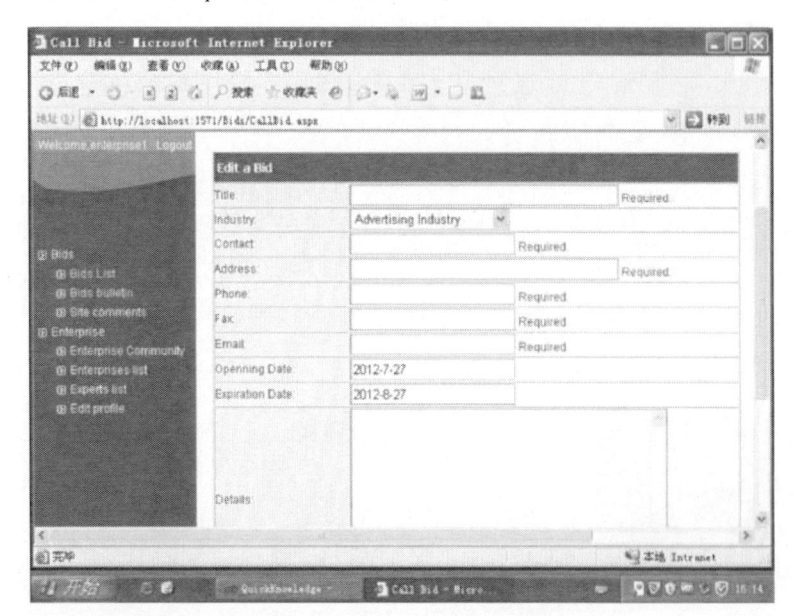

图 16-4　callbid.aspx 完成效果图

步驟四：confirmbid.aspx 完成效果見圖 16-5。

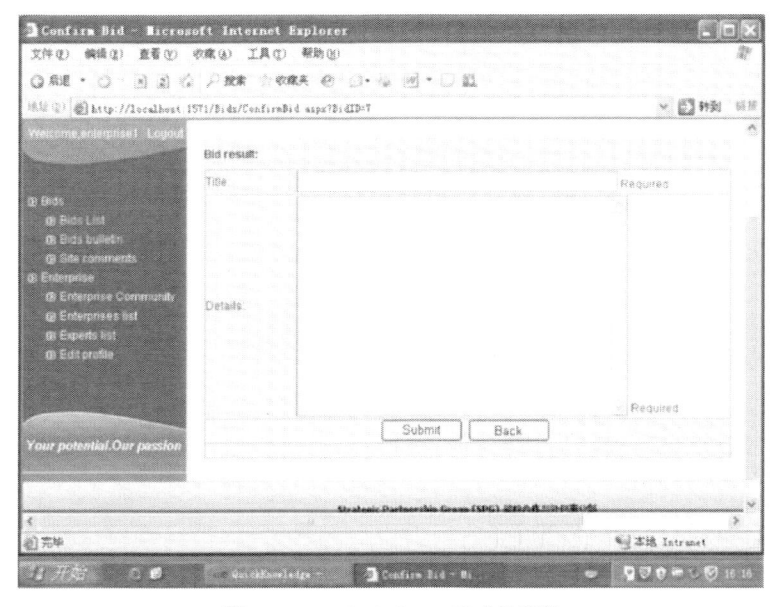

圖 16-5　confirmbid.aspx **完成效果圖**

步驟五：respondbid.aspx 完成效果見圖 16-6。

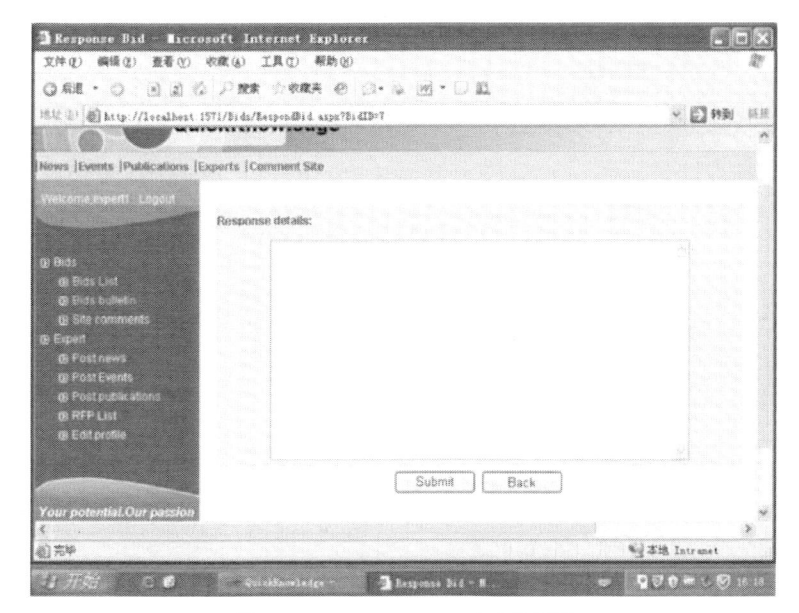

圖 16-6　respondbid.aspx **完成效果圖**

步驟六：viewbid.aspx 完成效果見圖 16-7。

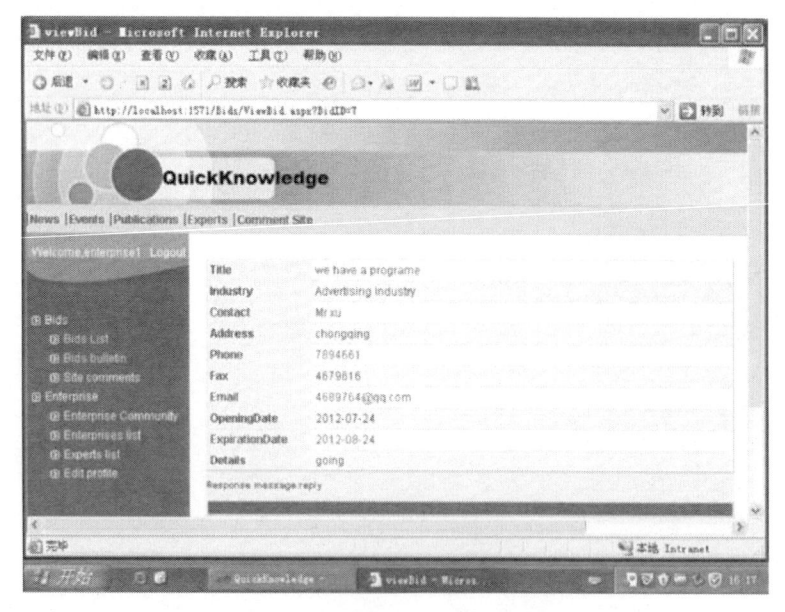

圖 16-7　viewbid.aspx 完成效果圖

16.2.3　實訓任務三：完成 Enterprise 模塊功能

步驟一：Commentwebsite.aspx 完成效果見圖 16-8。

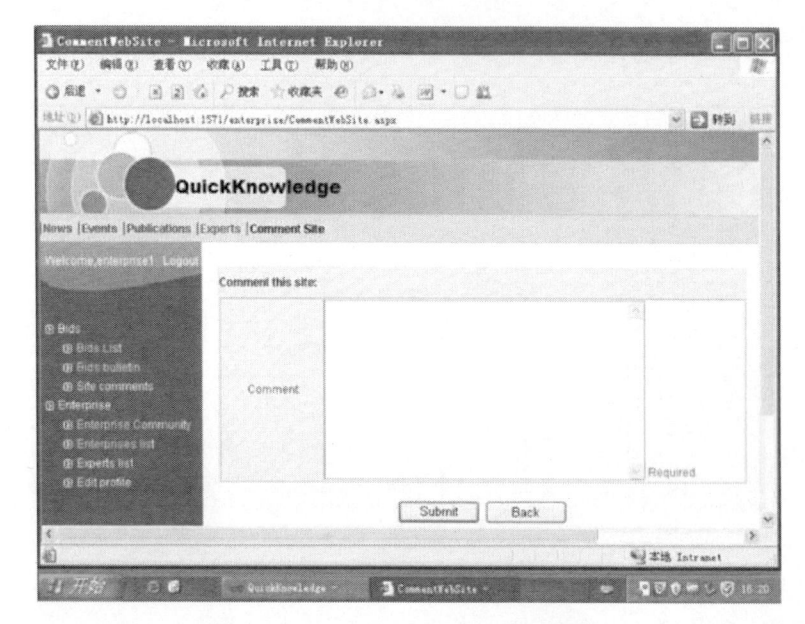

圖 16-8　Commentwebsite.aspx 完成效果圖

步驟二：Editpersonalinfo.aspx 完成效果見圖 16-9。

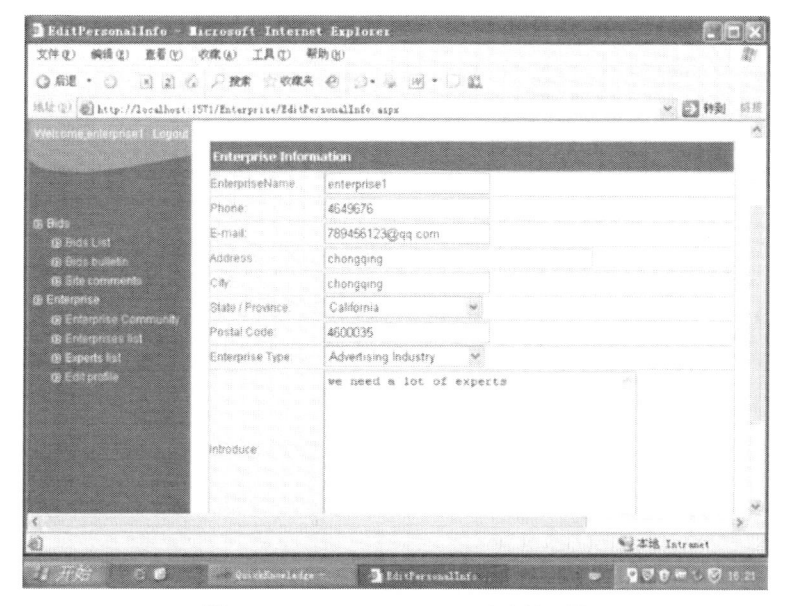

圖 16-9　Editpersonalinfo.aspx 完成效果圖

步驟三：enterpriselist.aspx 完成效果見圖 16-10。

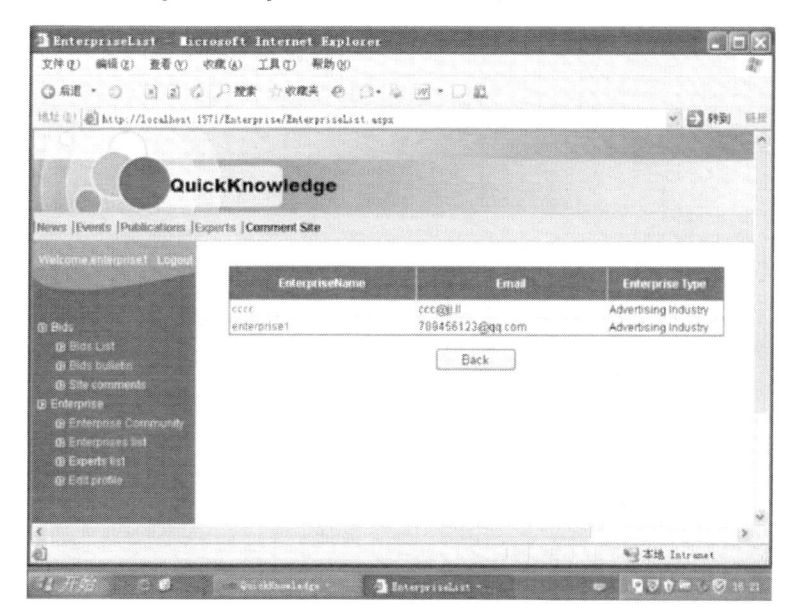

圖 16-10　enterpriselist.aspx 完成效果圖

步驟四：evaluateexpert.aspx 完成效果見圖 16-11。

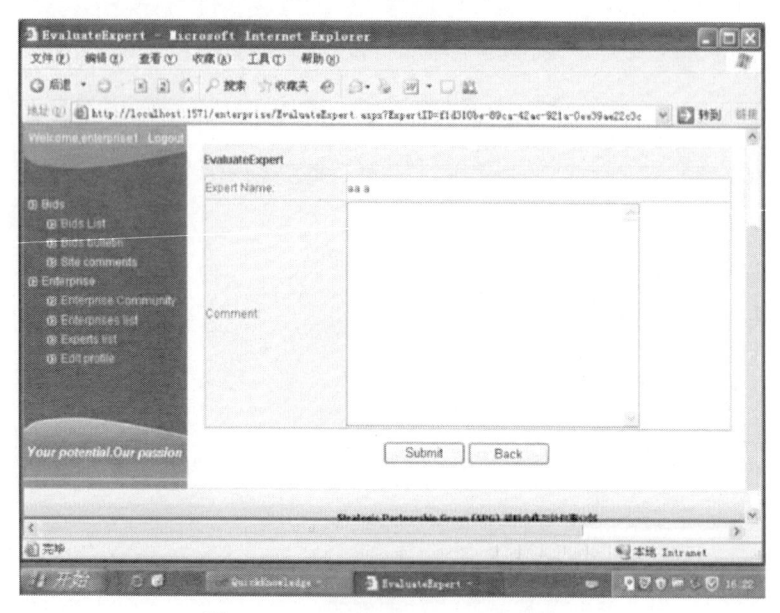

圖 16-11　evaluateexpert.aspx 完成效果圖

步驟五：sitecommentlist.aspx 完成效果見圖 16-12。

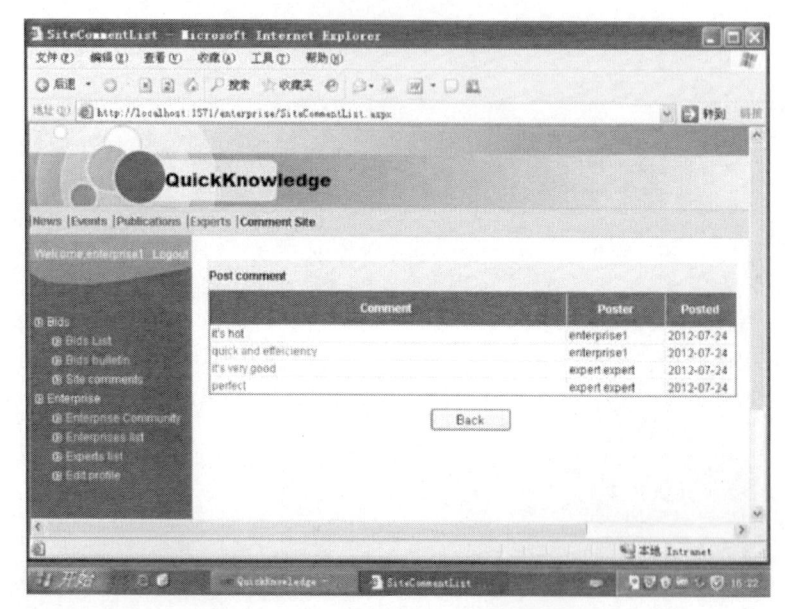

圖 16-12　sitecommentlist.aspx 完成效果圖

步驟六：viewenterprise.aspx 完成效果見圖 16-13。

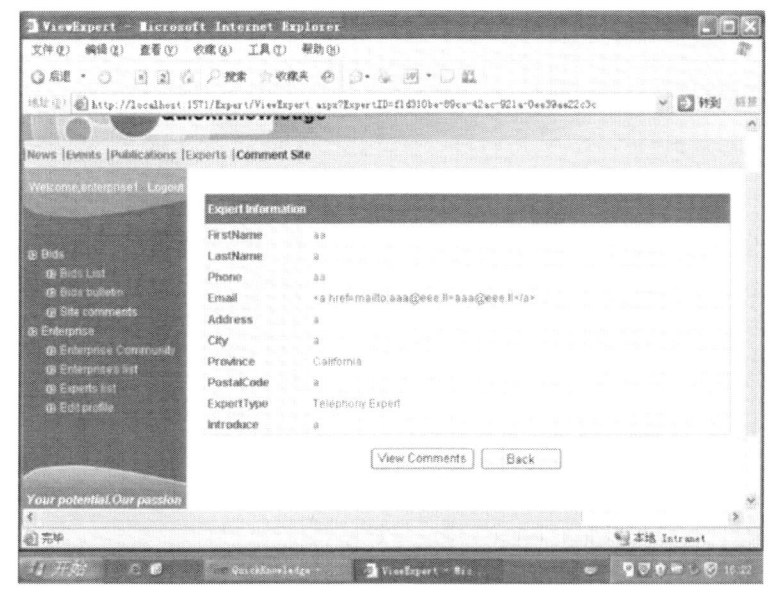

圖 16-13　viewenterprise.aspx 完成效果圖

步驟七：viewsitecomment.aspx 完成效果見圖 16-14。

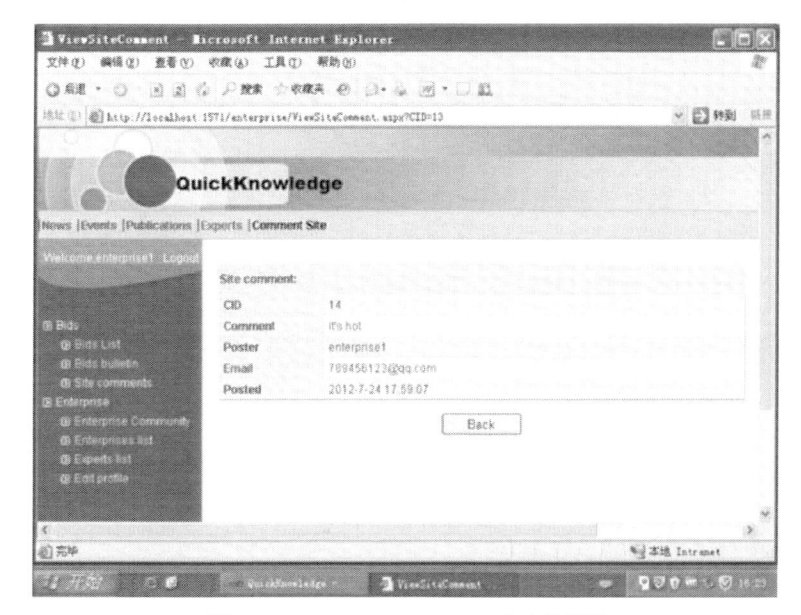

圖 16-14　viewsitecomment.aspx 完成效果圖

16.2.4 實訓任務四：完成 Events 模塊功能

步驟一：EditEvent.aspx 完成效果見圖 16-15。

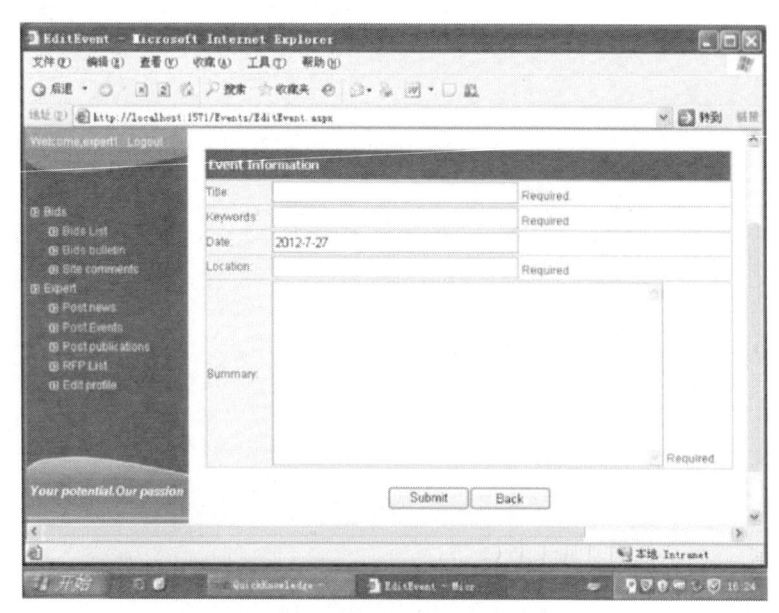

圖 16-15　EditEvent.aspx 完成效果圖

步驟二：EventsList.aspx 完成效果見圖 16-16。

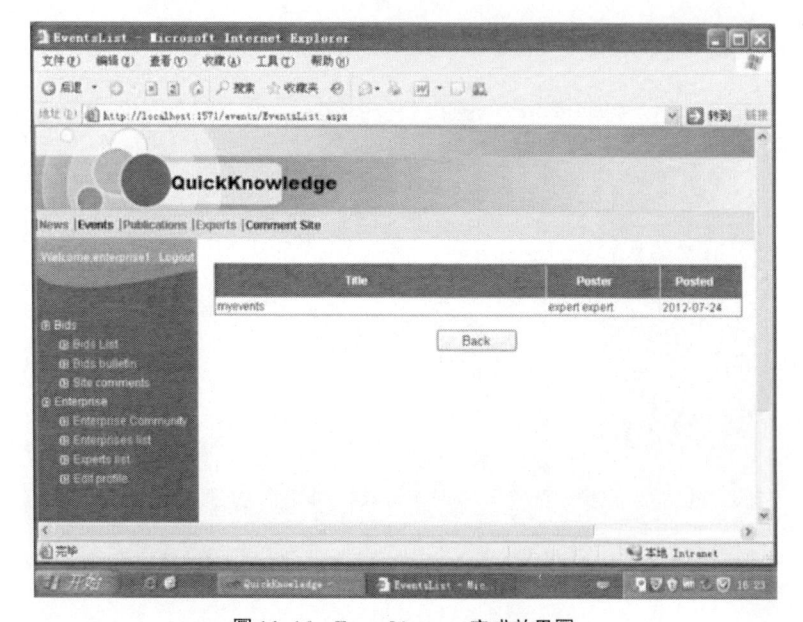

圖 16-16　EventsList.aspx 完成效果圖

步驟三：ViewEvent.aspx 完成效果見圖 16-17。

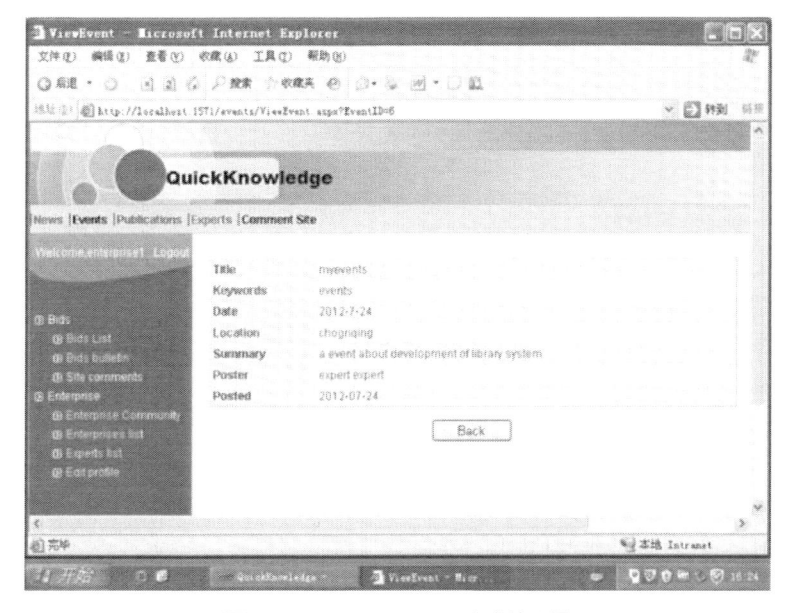

圖 16-17　ViewEvent.aspx 完成效果圖

16.2.5　實訓任務五：完成 Expert 模塊功能

步驟一：EditExpertInfo.aspx 完成效果見圖 16-18。

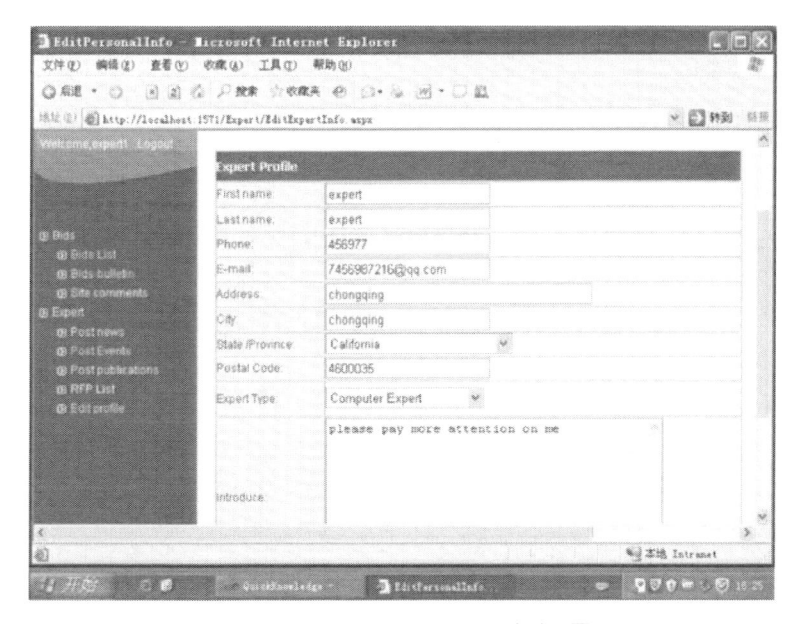

圖 16-18　EditExpertInfo.aspx 完成效果圖

步驟二：EditRFP.aspx 完成效果見圖 16-19。

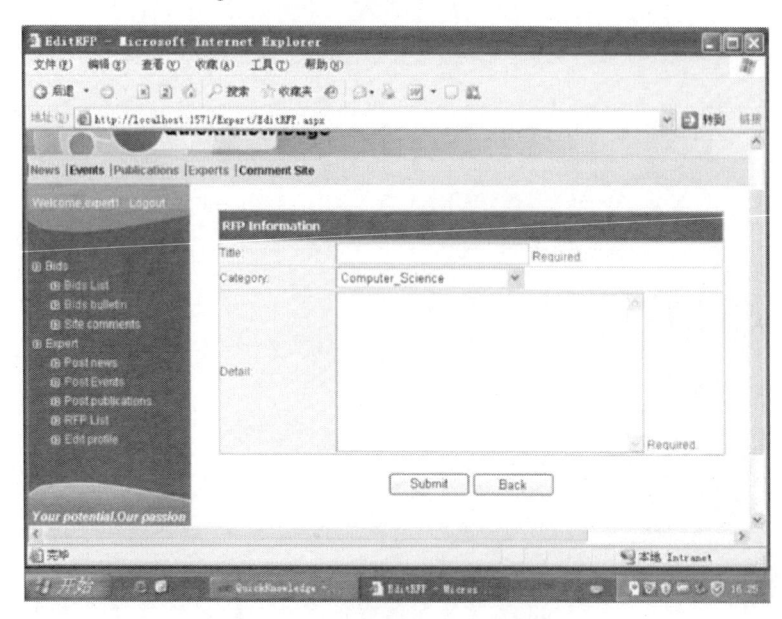

圖 16-19　EditRFP.aspx 完成效果圖

步驟三：EditVirtualTeam.aspx 完成效果見圖 16-20。

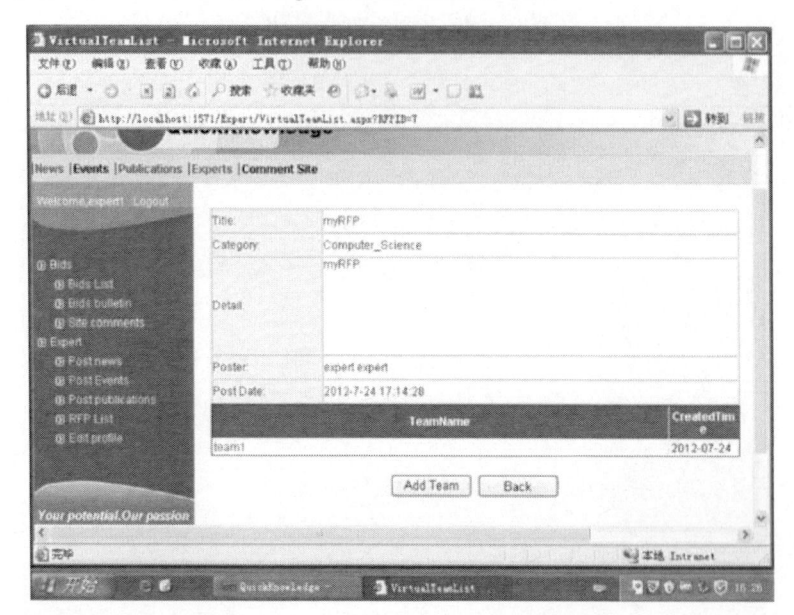

圖 16-20　EditVirtualTeam.aspx 完成效果圖

步驟四：ExpertsList.aspx 完成效果見圖 16-21。

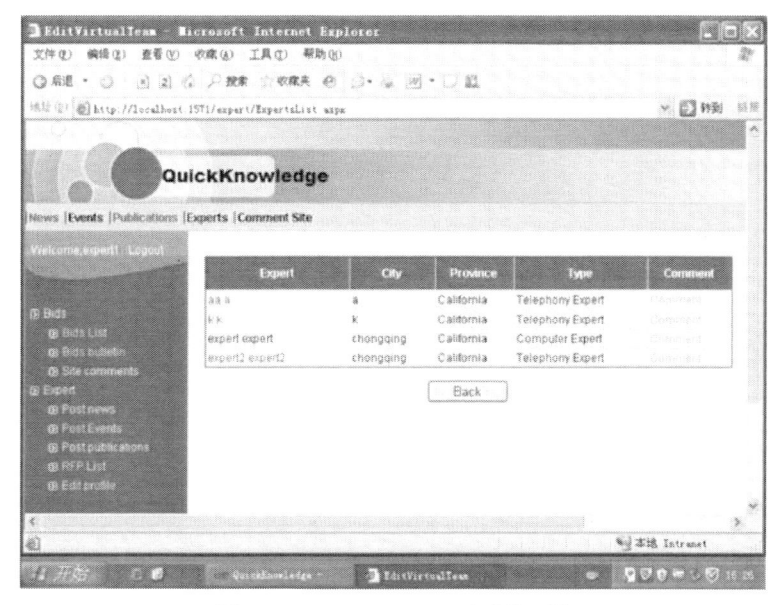

圖 16-21　ExpertsList.aspx 完成效果圖

步驟五：RFPsList.aspx 完成效果見圖 16-22。

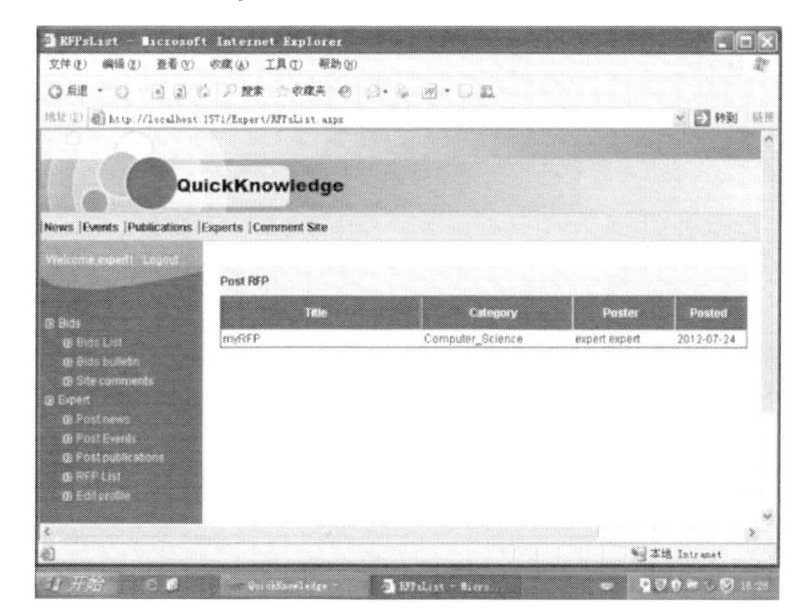

圖 16-22　RFPsList.aspx 完成效果圖

步驟六：SearchExpert.aspx 完成效果見圖 16-23。

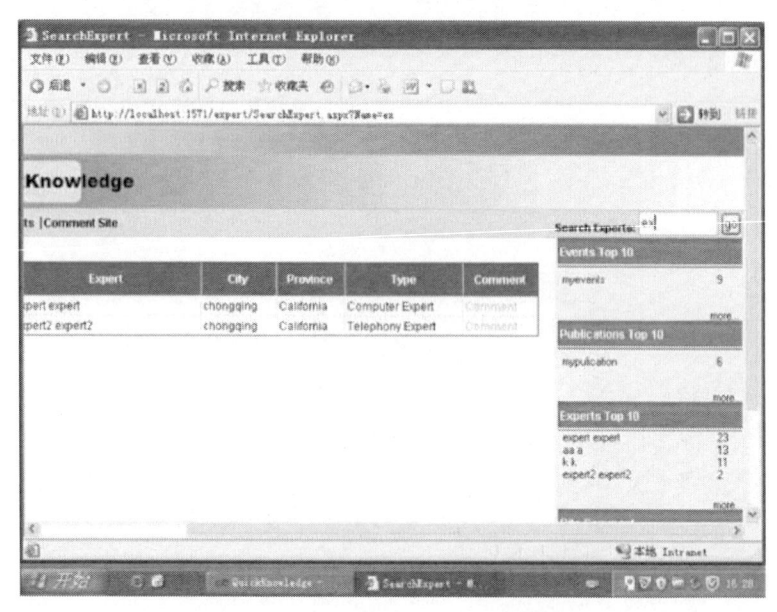

圖 16-23　SearchExpert.aspx 完成效果圖

步驟七：ViewExpert.aspx 完成效果見圖 16-24。

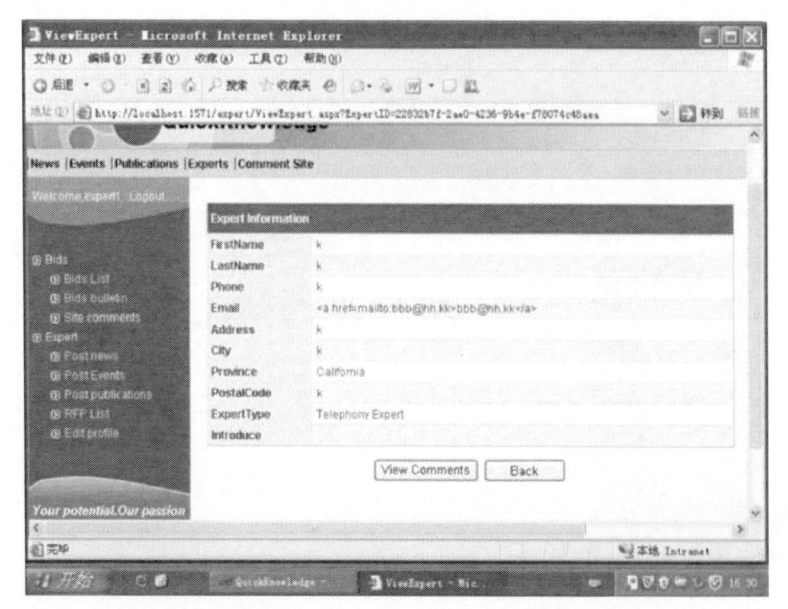

圖 16-24　ViewExpert.aspx 完成效果圖

步驟八：viewexpertcomments.aspx 完成效果見圖 16-25。

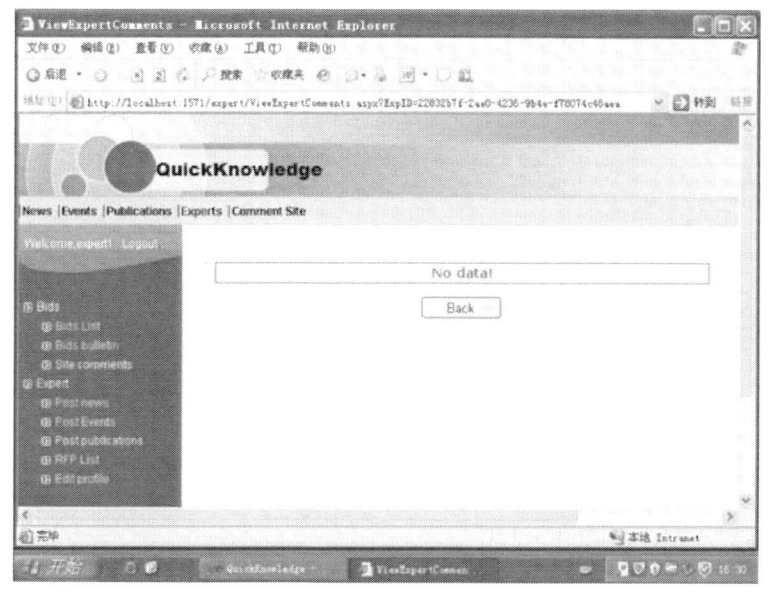

圖 16-25　viewexpertcomments.aspx 完成效果圖

步驟九：ViewRFP.aspx 完成效果見圖 16-26。

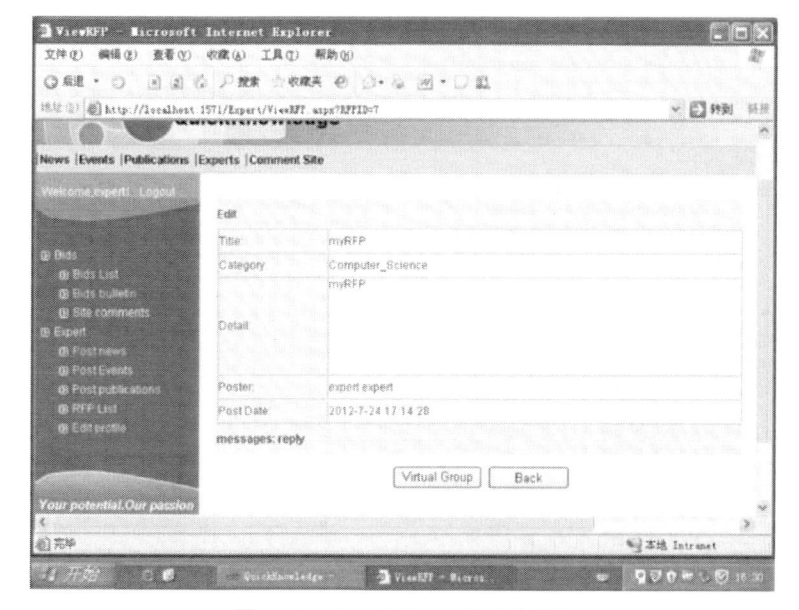

圖 16-26　ViewRFP.aspx 完成效果圖

步驟十：VirtualTeamList.aspx 完成效果見圖 16-27。

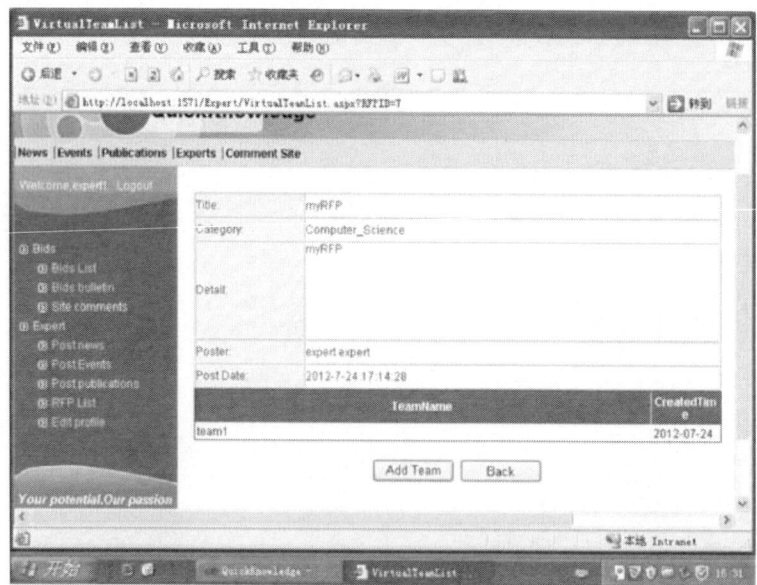

圖 16-27　VirtualTeamList.aspx 完成效果圖

16.2.6　實訓任務六：完成 News 模塊功能

步驟一：EditNews.aspx 完成效果見圖 16-28。

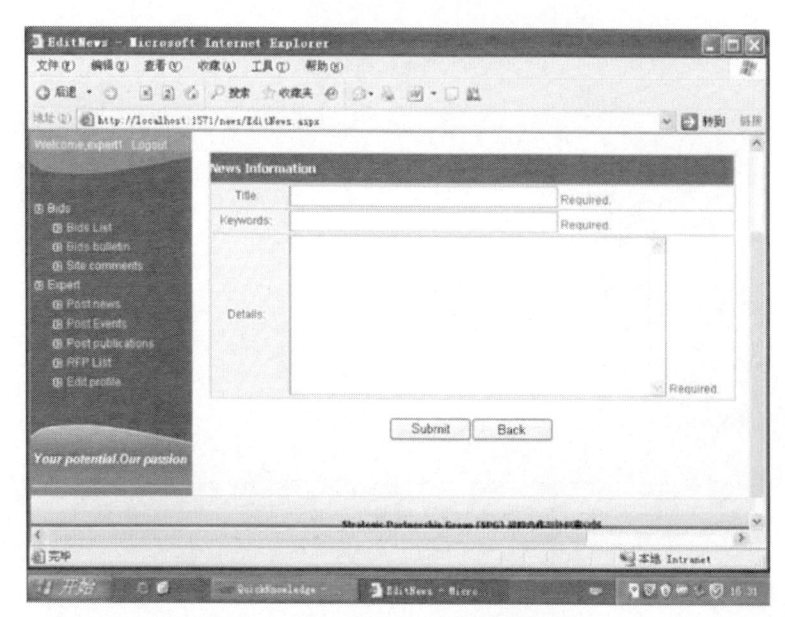

圖 16-28　EditNews.aspx 完成效果圖

步驟二：newslist.aspx 完成效果見圖 16-29。

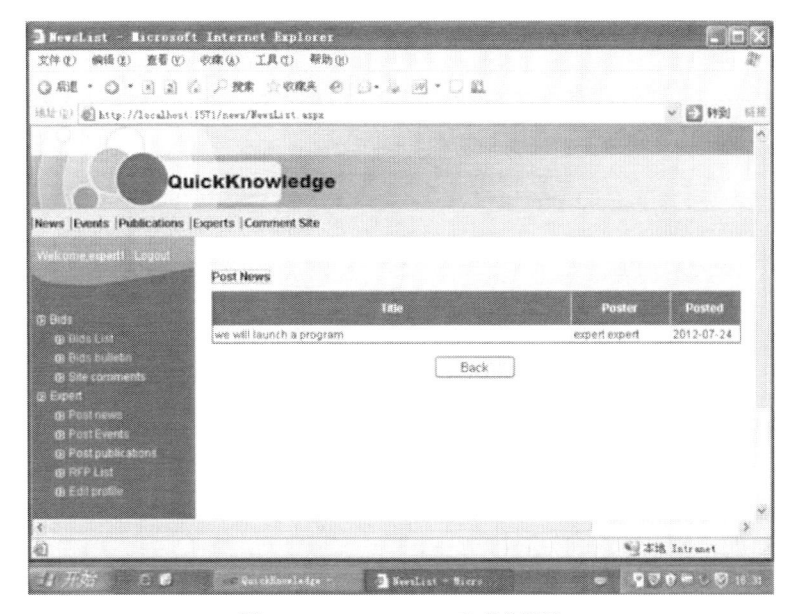

圖 16-29　newslist.aspx 完成效果圖

步驟三：ViewNews.aspx 完成效果見圖 16-30。

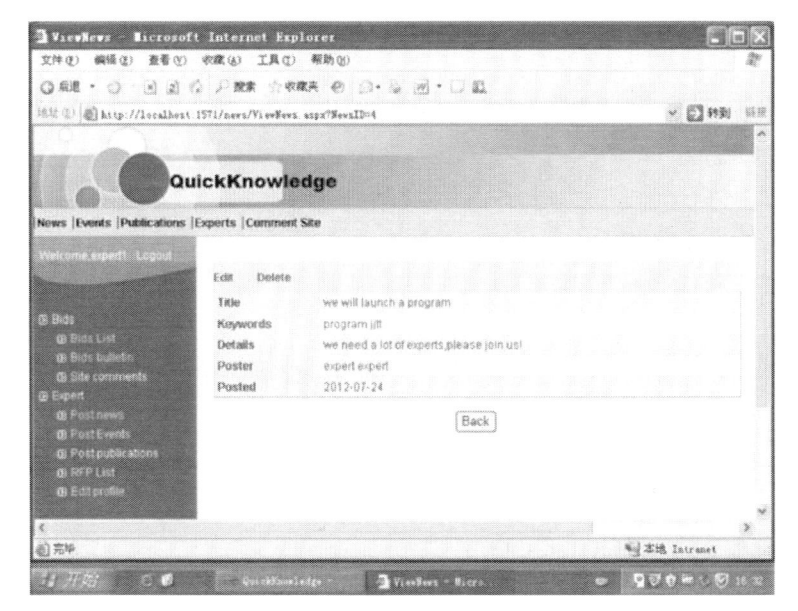

圖 16-30　ViewNews.aspx 完成效果圖

16.2.7 實訓任務七：完成 Publications 模塊功能

步驟一：EditPublication.aspx 完成效果見圖 16-31。

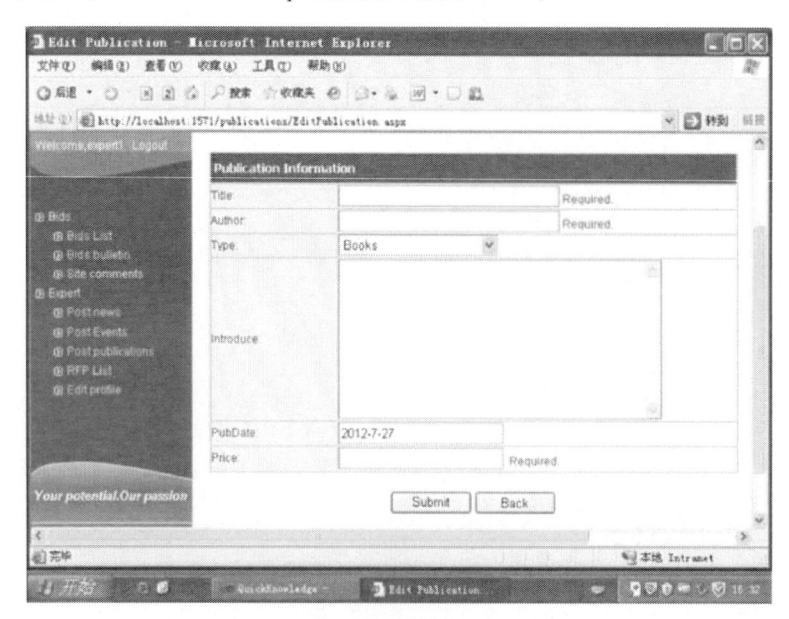

圖 16-31　EditPublication.aspx 完成效果圖

步驟二：PublicationsList.aspx 完成效果見圖 16-32。

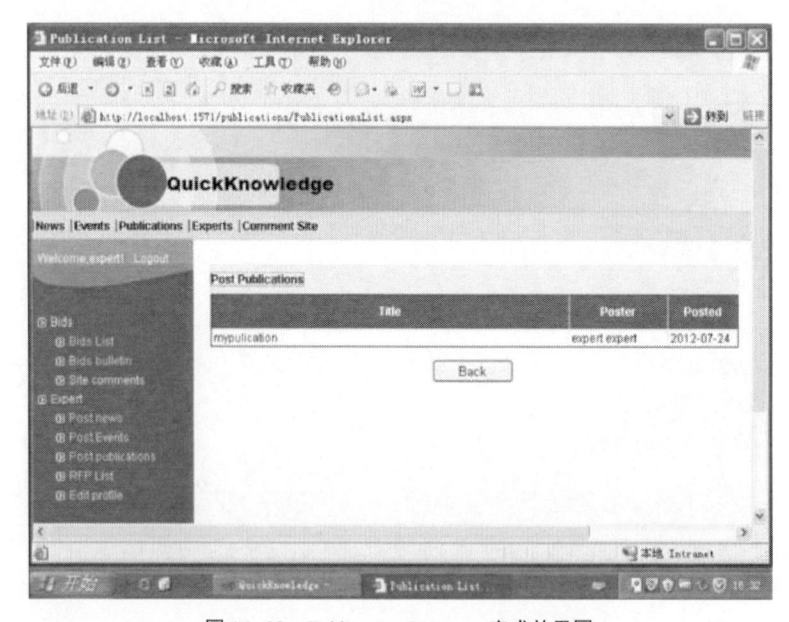

圖 16-32　PublicationsList.aspx 完成效果圖

步驟三：ViewPublication.aspx 完成效果見圖 16-33。

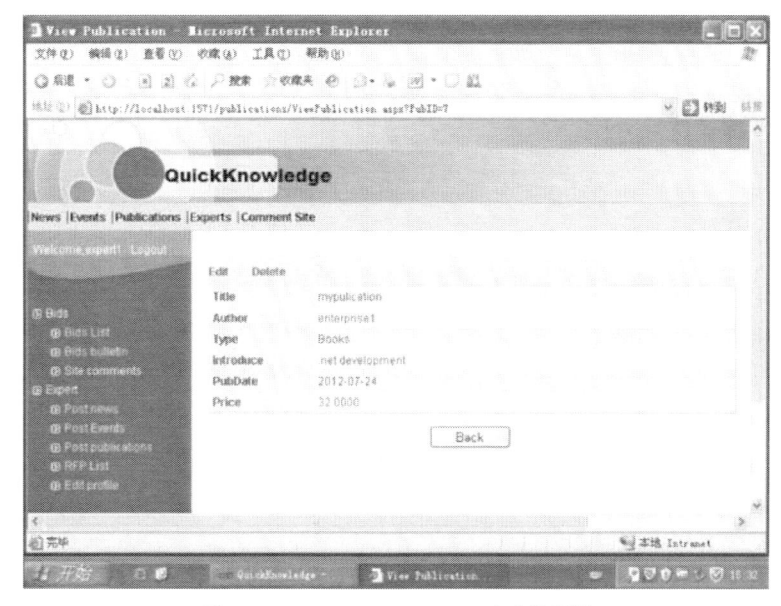

圖 16-33　ViewPublication.aspx 完成效果圖

16.2.8　實訓任務八：完成 Sysuser 模塊功能

NewSysUser.aspx 完成效果見圖 16-34。

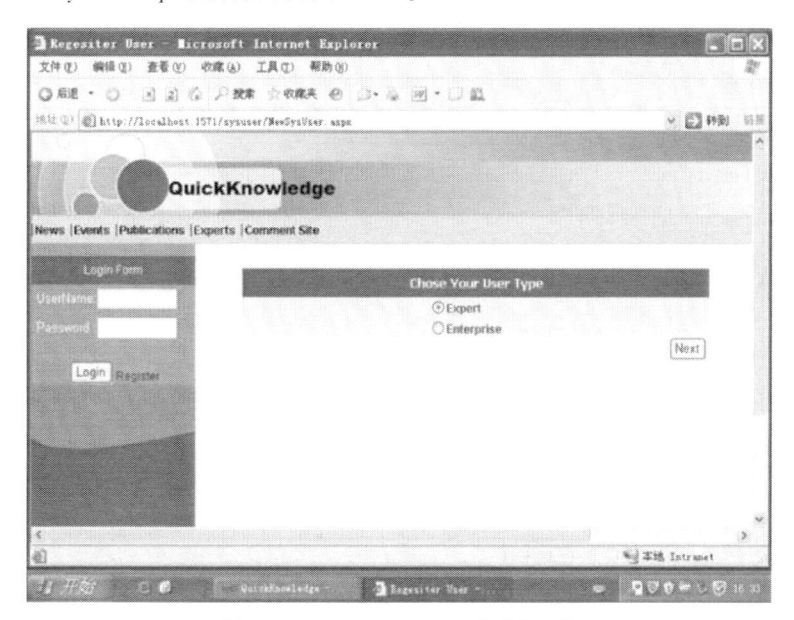

圖 16-34　NewSysUser.aspx 完成效果圖

17 .NET 網站部署和安裝

17.1 實驗基本要求

17.1.1 實訓目標

實現.NET 網站部署和安裝。

17.1.2 實訓任務

（1）建立 Web 安裝項目。
（2）設置安裝項目屬性。
（3）添加項目安裝程序類。
（4）改寫 Install 方法。
（5）安裝項目安裝包。
（6）查看否安裝結果。

17.2 實驗步驟

17.2.1 實訓任務一：建立 Web 安裝項目

步驟一：在測試 QuickKnowledge 項目中新建一個 Web 安裝項目，命名為 WebSetup。界面見圖 17-1。

图 17-1 新 Web 安装项目

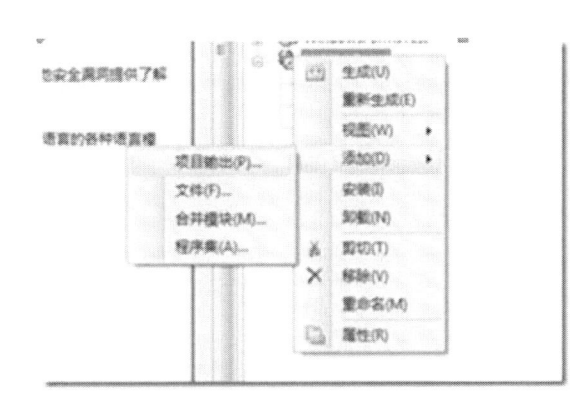

步骤二：添加 Web 项目输出文件。在新建的安装项目 WebSetup，右键项目界面见图 17-2。

图 17-2 添加 Web 项目输出文件

选择项目输出，选择要输出的项目 Web 网站，界面见图 17-3。

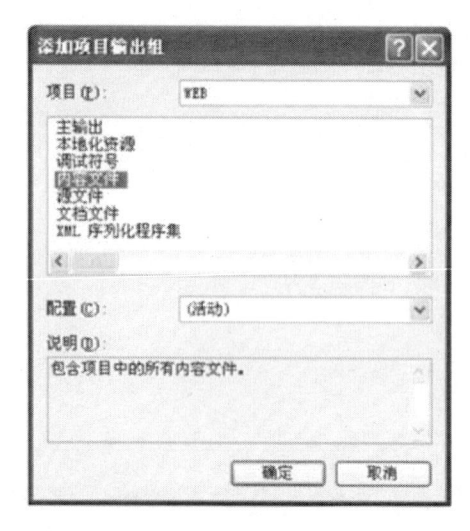

圖 17-3　選擇項目輸出

選擇 Web 網站，則只有內容輸出選項，選中內容文件選擇確定。

步驟三：配置 WebSetup 項目屬性。右鍵項目點擊屬性，則出現界面見圖 17-4。

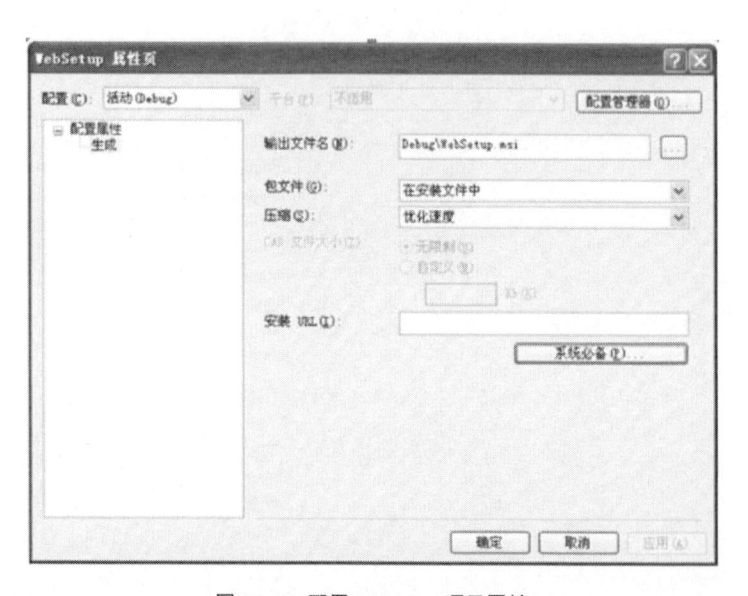

圖 17-4　配置 WebSetup 項目屬性

再點擊系統必備。界面見圖 17-5。

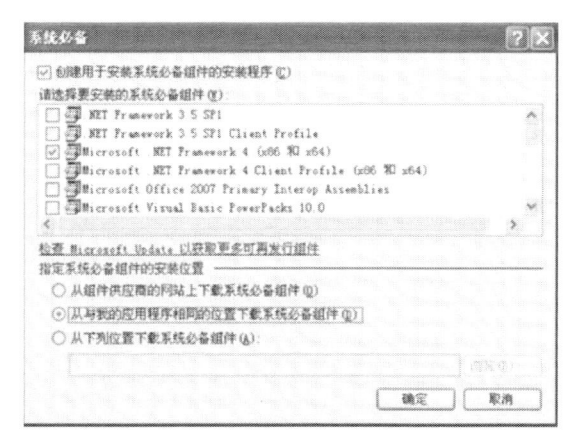

圖 17-5　系統必備

選擇我們需要的.Net Framework 組件打包進來。將.Net Framework 4（X86 和 X64）打鈎，並且在下面指定系統必備組件的安裝位置選擇第二項，這樣打鈎的組件就會跟進安裝包了。

17.2.2　實訓任務二：設置安裝項目屬性

步驟一：設置啓動條件。右鍵項目，選擇啓動條件。界面見圖 17-6。

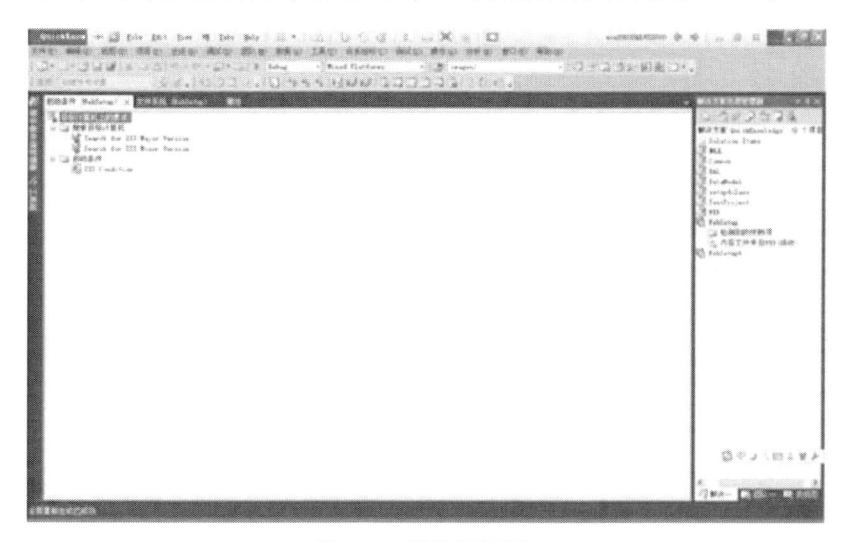

圖 17-6　設置啓動條件

在啓動條件中，我們可以看到 IIS 條件，右鍵 IIS 條件，查看屬性窗口，界面見圖 17-7。

圖 17-7　IIS 條件

這裡可以看到設置條件，IISVERSION >= " #5" 表示 IIS 版本需要 5.0 以上，如果需要 6.0 以上則是 IISVERSION >= " #6"。

步驟二：設置安裝界面。右鍵項目，選擇用戶界面。界面見圖 17-8。

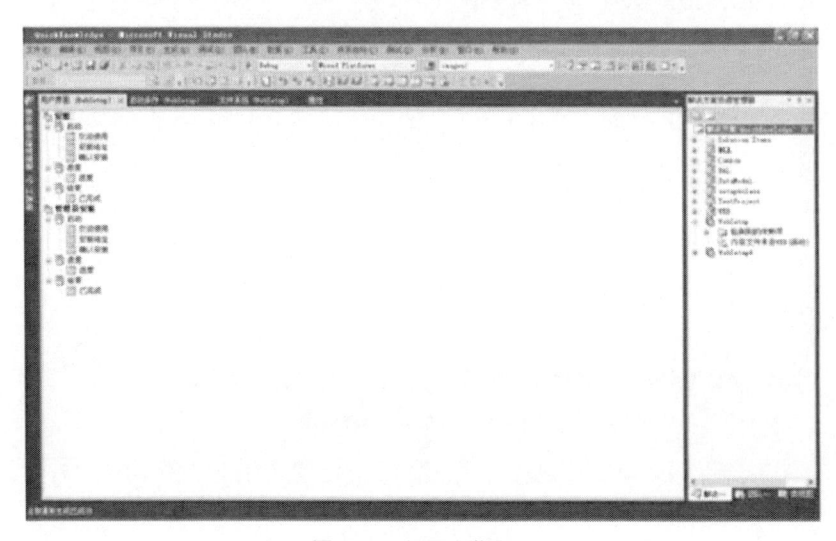

圖 17-8　設置安裝界面

右鍵啓動，點擊添加對話框，依次添加許可協議、客戶信息、文本框（A）、文本框（B）。界面見圖 17-9。

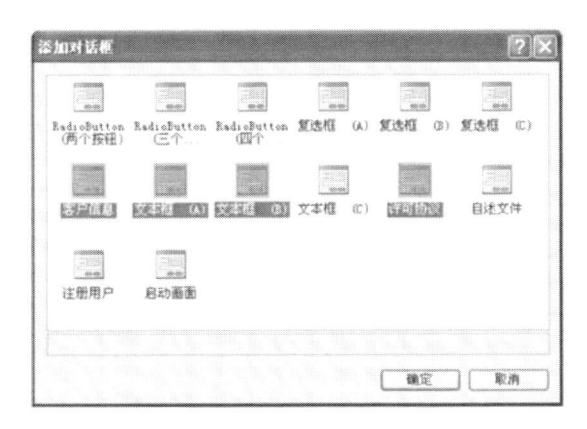

圖 17-9　添加許可協議、客戶信息、文本框（A）、文本框（B）

步驟三：配置安裝界面屬性。
（1）配置許可協議屬性。右鍵許可協議，選擇查看屬性。界面見圖 17-10。

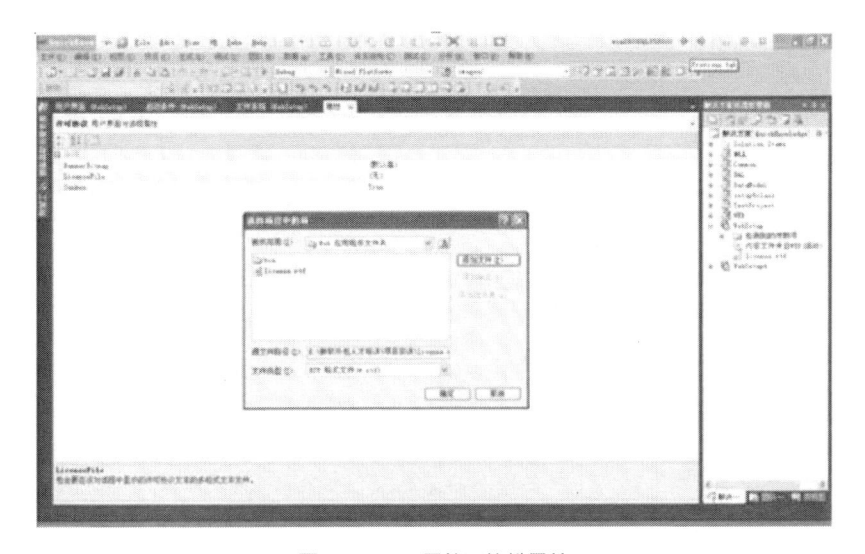

圖 17-10　配置許可協議屬性

在許可協議屬性窗口，LicenseFile 中選擇瀏覽。然後添加一個 license.rtf 文件到安裝項目，選中這個文件，單擊確定。
（2）配置文本框（A）屬性。右鍵文本框（A），選擇屬性窗口。界面見圖 17-11。

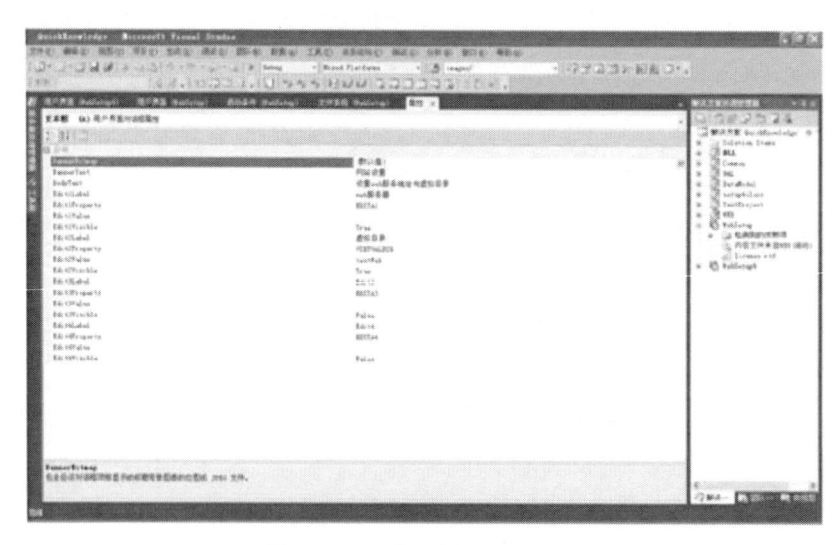

图 17-11　配置文本框（A）属性

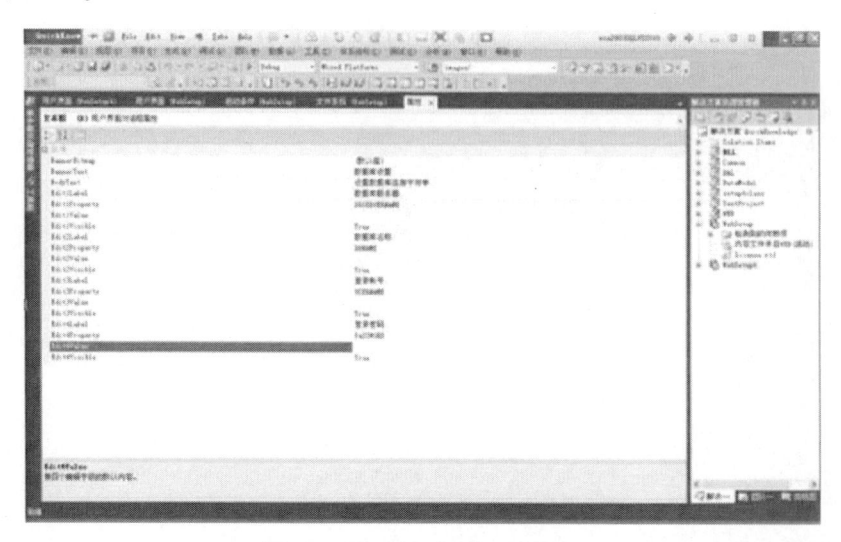

文本框（A）是设置服务器属性。

（3）配置文本框（B）属性。右键文本框（B），选择属性窗口。界面见图 17-12。

图 17-12　配置文本框（B）属性

其中，EDITA1、EDITA2、EDITA3 和 EDITA4 的值可由安装时用户自己输入。

17.2.3　实训任务三：添加项目安装程序类

步骤一：右键 QuickKnowledge 项目，选择新建一个类库项目，命名为 Web-SetupClass。在类库项目中添加一个安装类。界面见图 17-13。

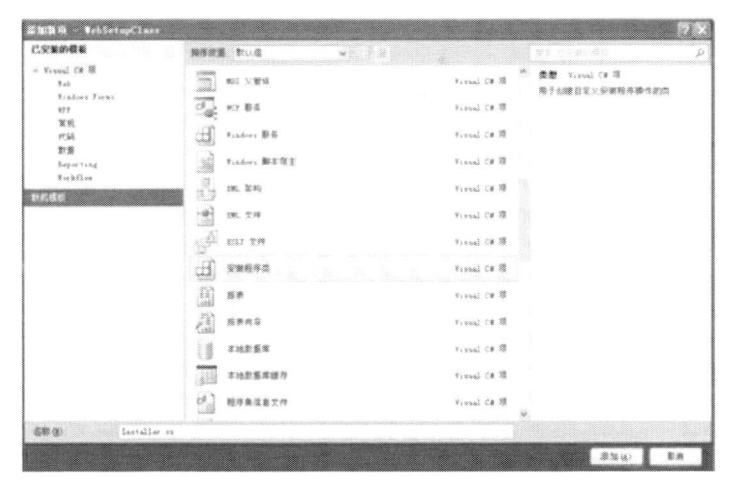

圖 17-13　添加安裝類

步驟二：改寫 Install 方法：public override void Install（IDictionary stateSaver），此處需要寫配置數據庫信息。

步驟三：在安裝項目中添加安裝類。右鍵安裝項目選擇項目輸出。界面見圖 17-14。

圖 17-14　在安裝項目中添加安裝類 1

選擇我們建立的安裝項目，選中主輸出，單擊確定。

步驟四：在安裝項目中添加安裝類。右鍵安裝項目選擇自定義操作。在安裝的操作中添加剛才新建的項目，右鍵安裝，添加自定義操作。界面見圖 17-15。

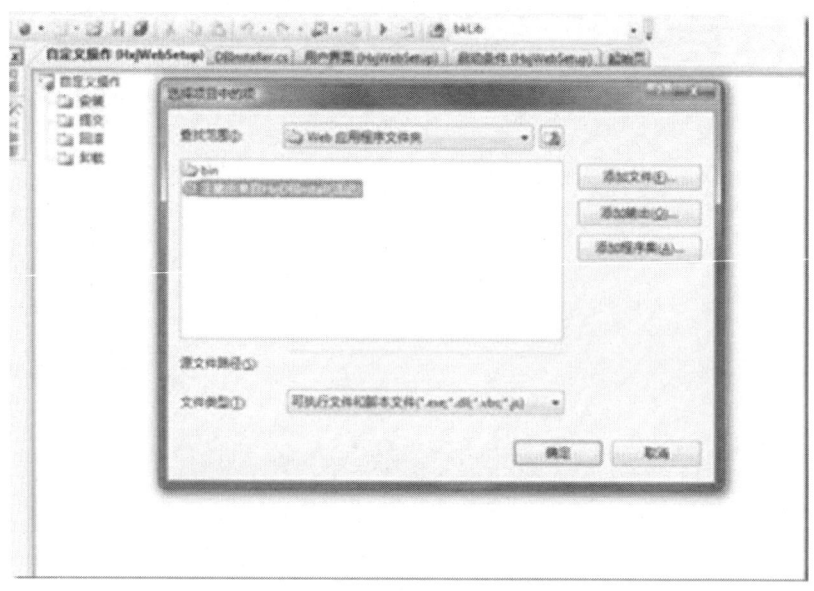

圖 17-15　在安裝項目中添加安裝類 2

右鍵安裝下面的剛添加的主輸出，選擇屬性窗口，設置 CustomActionData 值為/dbname＝［DBNAME］/dbserver＝［DBSERVERNAME］/user＝［USERNAME］/pwd＝［PASSWORD］/targetdir＝"［TARGETDIR］\"。界面見圖 17-16。

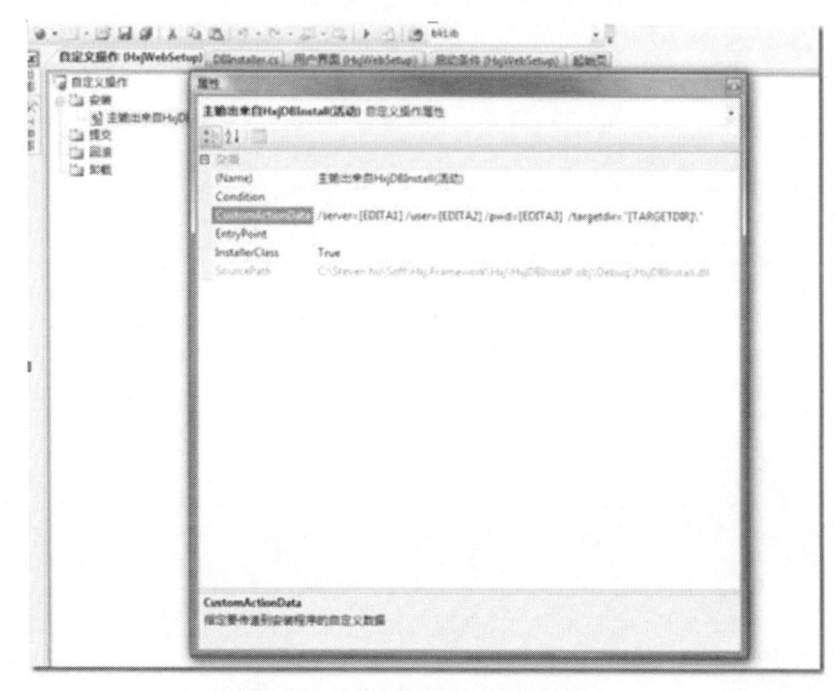

圖 17-16　在安裝項目中添加安裝類 3

屬性框中的 CustomActionData 就是指定要傳遞到安裝程序的自定義數據。

17.2.4 實訓任務四：改寫 Install 方法

代碼如下：

```csharp
public override void Install(IDictionary stateSaver)
{
    base.Install(stateSaver);
    physicaldir = this.Context.Parameters["targetdir"].ToString();
    dbname = this.Context.Parameters["dbname"].ToString();
    dbserver = this.Context.Parameters["dbserver"].ToString();
    user = this.Context.Parameters["user"].ToString();
    pwd = this.Context.Parameters["pwd"].ToString();
    // 修改web.config
    WriteWebConfig();
}
```

修改 Web.config. 代碼如下：

```csharp
public override void Install(IDictionary stateSaver)
{
    base.Install(stateSaver);
    physicaldir = this.Context.Parameters["targetdir"].ToString();
    dbname = this.Context.Parameters["dbname"].ToString();
    dbserver = this.Context.Parameters["dbserver"].ToString();
    user = this.Context.Parameters["user"].ToString();
    pwd = this.Context.Parameters["pwd"].ToString();
    // 修改web.config
    WriteWebConfig();
}
```

全部代碼如下：

```csharp
private void WriteWebConfig()
{
    //加載配置文件
    System.IO.FileInfo FileInfo = new System.IO.FileInfo(this.Context.Parameters["targetdir"] + "/Web.config");
    if (!FileInfo.Exists)
    {
        throw new InstallException("缺少配置文件：" + this.Context.Parameters["targetdir"] + "/Web.config");
    }
    System.Xml.XmlDocument xmlDocument = new System.Xml.XmlDocument();
    xmlDocument.Load(FileInfo.FullName);
    //修改連接字符串
    foreach (System.Xml.XmlNode Node in xmlDocument["configuration"]["connectionStrings"])
    {
        if (Node.Name == "add")
        {
            if (Node.Attributes.GetNamedItem("name").Value == "DBConnectionString")
            {
                Node.Attributes.GetNamedItem("connectionString").Value =
                    String.Format("Data Source={0};Initial Catalog={1};User ID={2};Pwd={3};", dbserver, dbname, user, pwd);
            }
        }
    }
    xmlDocument.Save(FileInfo.FullName);
}
```

```csharp
using System;
using System.Collections.Generic;
using System.ComponentModel;
using System.IO;
using System.Reflection;
using System.Data;
using System.Data.SqlClient;
using System.Configuration.Install;
using System.Management;
using System.Collections;
using Microsoft.Win32;
using System.Collections.Specialized;
using System.Threading;
namespace SetupClassLibrary
{
    [RunInstaller(true)]
    public partial class MyInstaller : Installer
    {
        //先设置私有成员，对应安装程序里接收到的用户输入
        private string dbname;
        private string dbserver;
        private string user;
        private string pwd;
        private string physicaldir;
        public MyInstaller()
        {
            InitializeComponent();
        }
        private void WriteWebConfig()
        {
            //加载配置文件
            System.IO.FileInfo FileInfo = new System.IO.FileInfo(this.Context.Parameters["targetdir"] + "/Web.config");
            if (!FileInfo.Exists)
            {
                throw new InstallException("缺少配置文件：" + this.Context.Parameters["targetdir"] + "/Web.config");
            }

        System.Xml.XmlDocument xmlDocument = new System.Xml.XmlDocument();
        xmlDocument.Load(FileInfo.FullName);
        //修改连接字符串
foreach (System.Xml.XmlNode Node in xmlDocument["configuration"]["connectionStrings"])
 {
   if (Node.Name == "add")
    {
      if (Node.Attributes.GetNamedItem("name").Value == "DBConnectionString")
       {
    Node.Attributes.GetNamedItem("connectionString").Value =
        String.Format("Data Source={0};Initial Catalog={1};User ID={2};Pwd={3};", dbserver, dbname, user, pwd);
       }
    }
 }
    xmlDocument.Save(FileInfo.FullName);
}
public override void Install(IDictionary stateSaver)
{
    base.Install(stateSaver);
    physicaldir = this.Context.Parameters["targetdir"].ToString();
    dbname = this.Context.Parameters["dbname"].ToString();
    dbserver = this.Context.Parameters["dbserver"].ToString();
    user = this.Context.Parameters["user"].ToString();
    pwd = this.Context.Parameters["pwd"].ToString();
    // 修改web.config
    WriteWebConfig();
}
public override void Uninstall(IDictionary savedState)
{
    //添加自定义的卸载代码
    if (savedState == null)
    {
```

```
        {
            throw new ApplicationException("未能卸载！");
        }
        else
        {
            base.Uninstall(savedState);
        }
    }
}
```

17.2.5 實訓任務五：安裝項目安裝包

（1）雙擊打開安裝包文件，打開效果見圖 17-17。

圖 17-17　安裝向導

（2）選擇「下一步」後，在許可協議界面選擇「同意」選項，再單擊「下一步」。見圖 17-18。

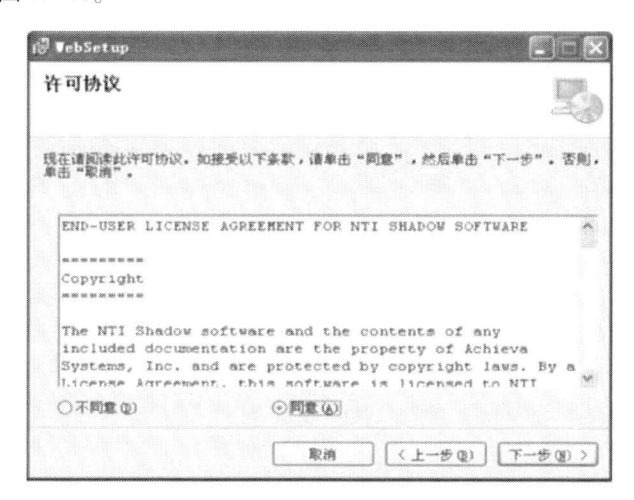

圖 17-18　許可協議

（3）在客戶信息界面，填入姓名和單位信息，然後單擊「下一步」。見圖 17-19。

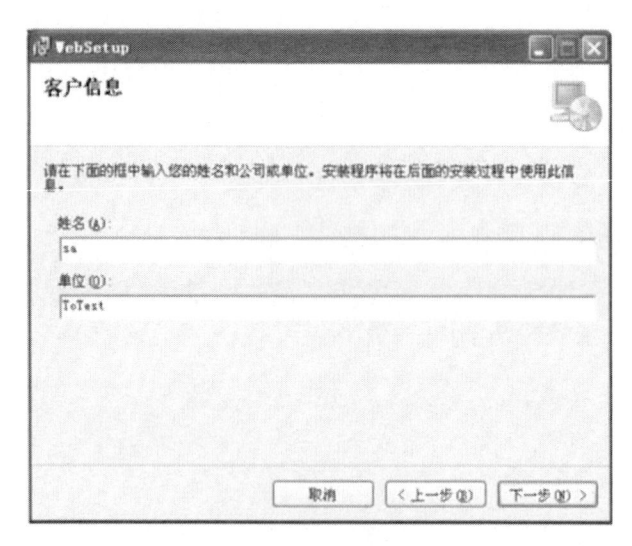

圖 17-19　客戶信息

（4）在網站設置界面中，填入 Web 服務器和虛擬目錄。見圖 17-20。

圖 17-20　網站設置

（5）在「數據庫設置」界面，按如圖 17-21 所示填入數據庫相關信息。

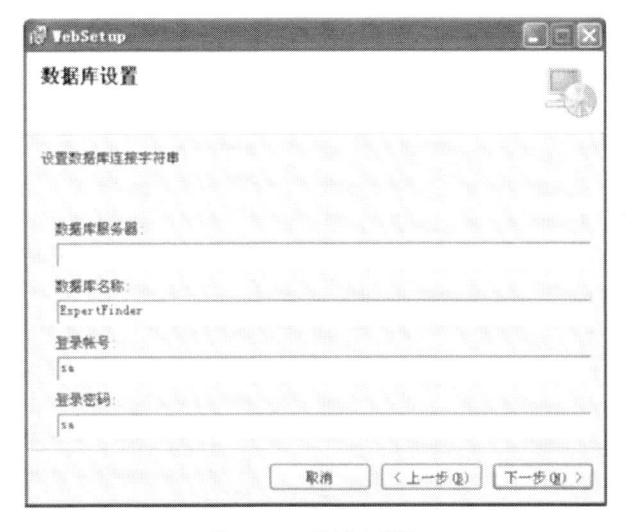

圖 17-21　數據庫設置

（6）在「選擇安裝地址」界面，按如圖 17-22 所示填寫信息。

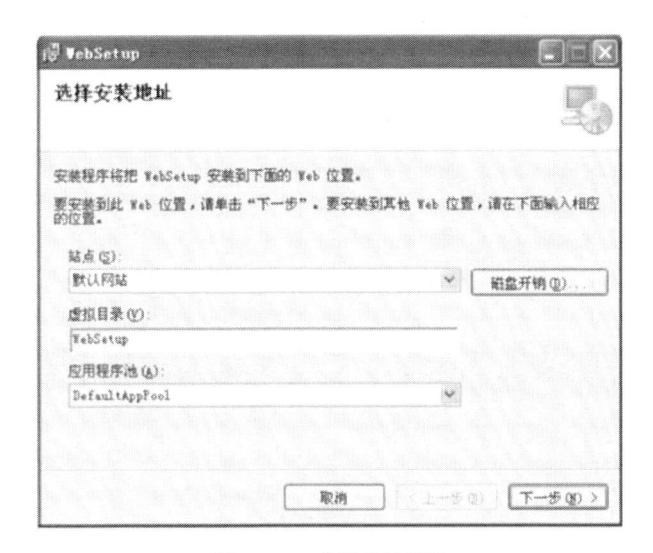

圖 17-22　安裝地址選擇

(7) 選擇「下一步」以確認安裝。見圖 17-23。

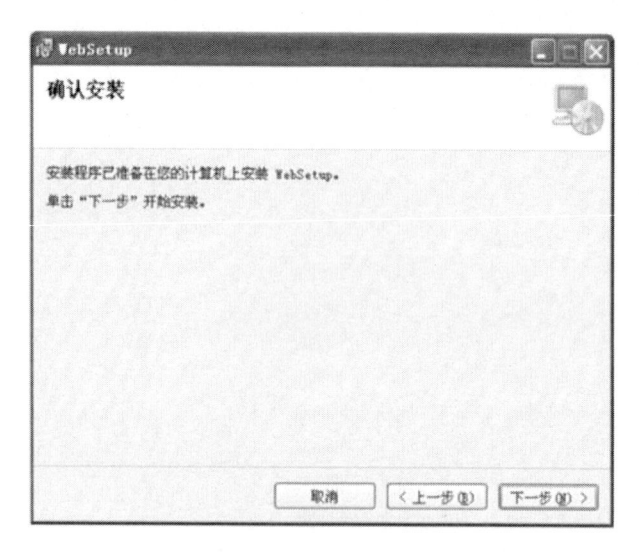

圖 17-23　確認安裝

(8) 開始安裝。見圖 17-24。

圖 17-24　正在安裝

（9）完成安裝，選擇「關閉」。見圖 17-25。

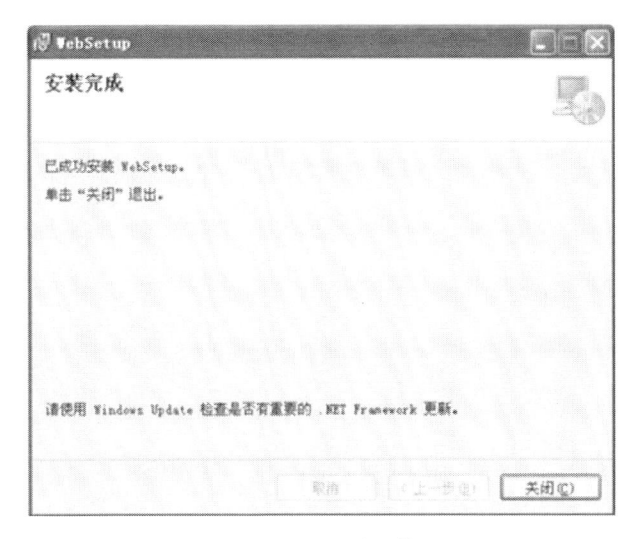

圖 17-25　完成安裝

17.2.6　實訓任務六：查看否安裝結果

步驟一：打開虛擬目錄下的安裝文件。界面見圖 17-26。

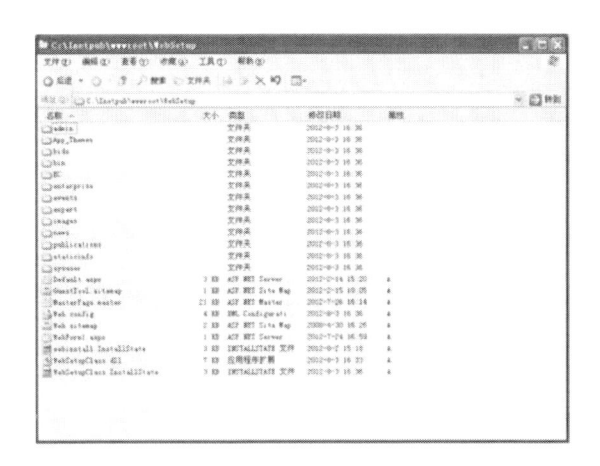

圖 17-26　打開虛擬目錄下的安裝文件

說明 Web 網站已經成功被安裝到虛擬目錄下了。

步驟二：打開 Default.aspx，在瀏覽器中查看，就可以使用網站了。界面見圖 17-27。

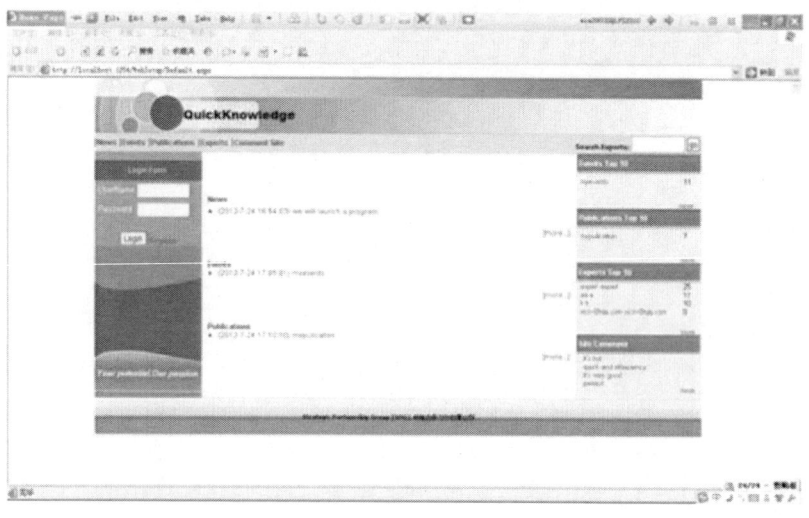

圖 17-27　打開 Default.aspx

第三部分
實驗報告
——以校園快遞信息系統設計與實現為例

注意：
（1）本案例是「一般快遞信息系統」的實例，在參考的過程中，要考慮其他類型網站的特殊性要求。
（2）僅供借鑑，設計的內容按模板中的內容完成。

18 緒論

隨著電子商務的發展，快遞也得以迅速發展。年輕態、人口密度大的校園作為電子商務用戶密集的地區，形成了潛力巨大的快遞市場，促使校園周邊快遞行業發展迅猛，在近兩年產生了數量龐大的校園快遞點。但這些快遞點相對獨立，缺少統一的組織和管理，給用戶的使用帶來不便。例如，用戶在使用快遞業務時，靈活多變的快遞點使用戶取件地點不一，在初次使用一家快遞點時往往需尋找地點。用戶獲取信息的形式相對單一，一般通過接受短信或語音電話，若用戶停機或通話信號較弱，可能影響信息接收。

為了提高校園快遞業務的服務質量，將設計一個校園快遞信息系統，形成快遞信息平臺，用以實現校園快遞業務的在線處理，快遞點可以在系統內發布快遞信息，用戶在網路支持的情況下可以方便地查詢快遞信息。本校園快遞信息系統屬於辦公自動化系統。

辦公自動化系統是利用技術的手段提高辦公的效率，進而實現辦公自動化處理的系統。它採用 Internet/Intranet 技術，基於工作流的概念，使企業內部人員方便快捷地共享信息，高效地協同工作；改變過去複雜、低效的手工辦公方式，實現迅速、全方位的信息採集、信息處理，為企業的管理和決策提供科學的依據，深受眾多企業的青睞。

在本系統中，通過系統分析與設計，形成信息平臺，通過平臺處理和查詢校園快遞業務，解決校園快遞業務服務質量不高，信息化程度較社會快遞業務相對低的問題，提高外服質量，同時減輕工作人員工作量。

本章將介紹系統的開發背景、開發目標和系統規劃。

18.1 系統開發背景

近年來，隨著電子商務的快速發展，快遞行業也進入了飛速發展的時期。國內快遞行業形成了目前相對健全的行業發展模式。

隨著行業的發展和不斷健全，以及互聯網和電子商務推動發展的行業被動發展模式，快遞業的信息化程度也得到了提升。各大物流公司均有對應的運單信息查詢系統，同時出現了第三方物流信息平臺，使快遞查詢更方便快捷。

校園由於自身人口密度大、信息化程度高等特點，帶來了數量龐大的快遞業務需求。基於該特點帶來的商機，校園周邊的快遞業務也迅速發展，在數量上有了迅猛的增長，跟數量相較，校園快遞業務的服務質量還有待提高。

校園快遞點數量繁多，但這些快遞點大多以獨立的形式存在，各快遞點的管理手段不一，部分快遞點已經引入自己的信息管理系統，可以在一定程度上減少工作量，但這些系統僅僅是為了快遞點的日常工作而設計，缺少針對用戶信息需求的設計。部分快遞點尚且處於人工管理階段，快遞點收到快遞後，對快遞進行人工分類和整理，再通過手機短信或者電話的形式一個個通知用戶，工作人員工作量巨大，效率低，使快遞到達用戶的時間延長。由於管理方式的不同，快遞點與客戶之間的快遞信息傳輸形式亦大相徑庭，客戶接收不同快遞點信息的方式和信息量均有差別。地點信息的不明確往往導致初次使用該快遞點的用戶在校園周邊地區尋找快遞點，給用戶帶來不便。總之，缺少組織和整合的校園快遞點是導致校園快遞業務的服務質量不高的一個重要原因。

本設計的任務即針對這一情況，設計一個校園快遞信息系統，與實際應用相結合，提高校園快遞的信息化程度和服務質量。

18.2 系統開發目標

本系統將針對校園快遞業務的特點，設計和實現校園快遞信息系統，實現校園快遞業務的在線處理。在寄件業務模塊，實現快遞信息的發布和查詢，實現系統用戶的管理和公告管理。提供人性化的系統界面，提高用戶體驗，最終達到提高校園快遞業務服務質量的目的。本系統將從行業整合、快遞點和用戶幾個方面進行設計。

18.2.1 針對校園快遞行業的系統目標

在目前的校園快遞業務體系中，各大快遞點獨立運作，沒有相對統一的信息形式。通過系統開發，將對校園快遞業進行整合，形成統一的信息形式和管理手段。各個快遞點在系統中進行註冊，完成基本信息的補充，在系統中形成一個快遞點實體。在系統中，每個快遞點實體的處理形式都將信息化、系統化，並採用統一的快遞信息格式在系統中進行處理。

18.2.2 針對快遞點的系統目標

通過使用該系統，快遞點可以方便地發布快遞信息，處理寄件單，並在系統中通過公告等形式將本快遞點的信息傳遞給用戶。快遞點在添加快遞時，可以通過輸入較少的信息來添加快遞信息，而不必發短信或者打電話通知用戶。

18.2.3 針對校園普通用戶的系統目標

為提高用戶體驗，普通用戶將能方便地查詢與自己相關的快遞信息，並能查詢到領取快遞需要的其他信息，如取件的準確地點。在目前的運作模式中，用戶寄件需要到快遞點填寫快遞單信息，校園用戶由於時間較統一，往往需要在快遞點排隊進行業務處理。為減少用戶排隊時間，用戶將能在系統中先行填寫寄件信息，到快遞點補充價格、物品信息即可，從根本上減少單用戶排隊時間。

18.3　系統環境介紹

本節將對系統開發的環境進行介紹，包括硬件設備、軟件環境、軟件工具三個方面。

18.3.1　硬件設備

經查閱資料得知，開發、運行 JSP 應用程序的相關軟件對系統硬件的最低要求是：處理器 Intel Pentium III、500MHz；內存 512MB；磁盤空間 1GB。

18.3.2　軟件環境

開發和運行 JSP 應用程序可以在 Windows 9x 及以上 Windows 版本的操作系統、UNIX、Linux 等操作系統中進行。此處採用 Windows 7 操作系統。

18.3.3　軟件工具

Java 語言的軟件開發工具包：JDK 6.0。
建模工具：visio。
軟件開發工具：myeclipse 10。
數據庫工具：Navicat for MySQL 8。
服務器：Tomcat 6.0。

18.4　本章小結

本章研究了校園快遞信息系統開發的背景和目標，同時規劃了本系統開發的軟硬件環境。

19 系統相關技術介紹

19.1 系統開發技術

系統開發使用的動態網頁技術是運行在服務器端的 Web 應用程序，根據用戶請求，在服務器端進行動態處理後，把處理的結果以 HTML 文件格式返回給客戶端。當前主流的三大動態 Web 開發技術是 PHP、ASP、JSP。

19.1.1 PHP

PHP（Personal Home Page Tools）是一個基於服務器端來創建動態網站的腳本語言，可以用 PHP 和 HTML 生成網站主頁。當一個訪問者打開主頁時，服務器端便執行 PHP 的命令並將執行結果發送至訪問者的瀏覽器中，類似於 ASP、JSP。PHP 是開放源碼和跨越平臺的，且消耗的資源較少。但 PHP 有以下不足：

（1）數據庫支持的變化極大。
（2）不適合應用於大型電子商務站點。
（3）安裝複雜。
（4）缺少正規的商業支持。
（5）無法實現商品化應用的開發。

19.1.2 ASP、ASP.NET

ASP（Active Server Page）是一種允許用戶將 HTML 或 XML 標記與 VBScript 代碼或者 JavaScript 代碼相結合生成動態頁面的技術，用來創建服務器端功能強大的 Web 應用程序。當一個頁面被訪問時，VBScript/JavaScript 代碼首先被服務器處理，然後將處理後得到的 HTML 代碼發送給瀏覽器。

ASP 的缺點為：

（1）ASP 只能建立在 Windows 的 IIS Web 服務器上。
（2）數據庫的連接複雜。

作為 ASP 的下一個版本，ASP.NET 是 Microsoft.net 的一部分，它提供了一個統一的 Web 開發模型，其中包括開發人員生成企業級 Web 應用程序所需的各種服務。ASP.NET 的語法在很大程度上與 ASP 兼容，同時它還提供一種新的編程模型和結構，可生成伸縮性和穩定性更好的應用程序，並提供更好的安全保護。

可以通過在現有 ASP 應用程序中逐漸添加 ASP.NET 功能，隨時增強 ASP 應用程序的功能。ASP.NET 是一個已編譯的、基於 .NET 的環境，可以用任何與 .NET 兼容的語言（包括 Visual Basic .NET、C# 和 JScript .NET.）創作應用程序。另外，任何 ASP.NET 應用程序都可以使用整個 .NET Framework。開發人員可以方便地獲得這些技術的優點，其中包括託管的公共語言運行庫環境、類型安全、繼承等。ASP.NET 可以無縫地與 WYSIWYG HTML 編輯器和其他編程工具（包括 Microsoft Visual Studio .NET）一起工作。這不僅使得 Web 開發更加方便，而且還能提供這些工具的所有優點，包括開發人員可以用來將服務器控件拖放到 Web 頁的 GUI 和完全集成的調試支持。微軟為 ASP. net 設計了這樣一些策略：易於寫出結構清晰的代碼、代碼易於重用和共享、可用編譯類語言編寫等。目的是讓程序員更容易開發出 Web 應用，滿足計算向 Web 轉移的戰略需要。

但 ASP.NET 數據庫連接依然較複雜。

19.1.3 JSP

JSP（Java Server Page）是由 Sun 公司倡導、許多公司參與一起建立的一種動態技術標準。在傳統的網頁 HTML 文件（＊.htm，＊.html）中加入 Java 程序片段（Scriptlet）和 JSP 標籤，就構成了 JSP 網頁。Java 程序片段可以操縱數據庫、重新定向網頁以及發送 E-mail 等，實現建立動態網站所需要的功能。所有程序操作都在服務器端執行，網路上傳送給客戶端的僅是得到的結果，降低了對客戶瀏覽器的要求，即使客戶瀏覽器端不支持 Java，也可以訪問 JSP 網頁。與 PHP、ASP 相比，JSP 具有以下優點：

（1）一處編寫隨處運行。
（2）系統的多臺平支持。
（3）強大的的可伸縮性。
（4）多樣化和功能強大的開發工具支持。

PHP、ASP、JSP 三者的性能指標見表 19-1 所示。

表 19-1　　　　　　　PHP、ASP、JSP 性能比較

性能指標	PHP	ASP	JSP
操作系統	均可	Win32	均可
Web 服務器	多種	IIS	多種
性能指標	PHP	ASP	JSP
執行效率	快	快	極快
穩定性	佳	中等	佳
函數支持	多	較多	多
系統安全	好	差	好
升級速度	快	慢	中等

基於以上比較分析，本系統採用 JSP 技術進行開發。

19.2　系統開發運行環境

開發和運行 Java Web 應用程序需要多種工具和技術，如開發 JSP 應用程序可以使用 NetBeans、Eclipse、MyEclipse 等集成開發平臺。數據庫可以選擇 MySQL、MS SQL Server、Oracle 等。JSP 應用程序可以部署在 Tomcat、JBoss、Webligic 以及 IBM 公司的 WebSphere Application Server 和 Sun 公司的 Sun Java System Application Server 等服務器上。此處主要介紹開發和部署 JSP 應用程序所需的常用軟件和技術。

19.2.1　開發環境

（1）NetBeans

NetBeans 是一個全功能的開放源碼 Java IDE，可以幫助開發人員編寫、編譯、調試和部署 Java 應用，並將版本控制和 XML 編輯融入其眾多功能之中。NetBeans 可支持 Java 2 平臺標準版（J2SE）應用的創建、採用 JSP 和 Servlet 的 2 層 Web 應用的創建，以及用於 2 層 Web 應用的 API 及軟件的核心組的創建。此外，NetBeans 最新版還預裝了兩個 Web 服務器，即 Tomcat 和 GlassFish，從而免除了繁瑣的配置和安裝過程。所有這些都為 Java 開發人員創造了一個可擴展的開放源多平臺的 Java IDE，以支持他們在各自所選擇的環境中從事開發工作。使用純 Java 開發，總體的資源占用不多，速度也比較快。

其不足在於窗體設計器不支持 SWT 庫的界面設計，對於代碼重構支持不夠。IDE 沒有採用本地界面，讓人多少有些不大習慣。其選項配置略微繁雜，菜單設置不夠合理，尚待改進。而本地文檔的缺少對於無法上網或是窄帶上網者來說，是一個很嚴重的問題。

（2）Eclipse

Eclipse 是著名的跨平臺的自由集成開發環境（IDE）。最初主要用來開發 Java 語言，通過安裝不同的插件 Eclipse 可以支持不同的計算機語言，比如 C++和 Python 等開發工具。Eclipse 本身只是一個框架平臺，但是對眾多插件的支持使得 Eclipse 擁有其他功能相對固定的 IDE 軟件很難具有的靈活性。許多軟件開發商以 Eclipse 為框架開發自己的 IDE。

Eclipse 最初由 OTI 和 IBM 兩家公司的 IDE 產品開發組創建，起始於 1999 年 4 月。IBM 提供了最初的 Eclipse 代碼基礎，包括 Platform、JDT 和 PDE。Eclipse 項目由 IBM 發起，圍繞著 Eclipse 項目已經發展成了一個龐大的 Eclipse 聯盟，有 150 多家軟件公司參與到 Eclipse 項目中，其中包括 Borland、Rational Software、Red Hat 及 Sybase 等。Eclipse 是一個開放源碼項目，它其實是 Visual Age for Java 的替代品，其界面跟先前的 Visual Age for Java 差不多，但由於其開放源碼，任何人都可以免費得到，並可以在此基礎上開發各自的插件，因此越來越受到人們關注。隨後還有包括 Oracle 在內的許多大公司也紛紛加入了該項目，Eclipse 的目標是成為可進行任何語言開發的 IDE 集成者，使用者只需下載各種語言的插件即可。

（3）MyEclipse

MyEclipse（MyEclipseEnterprise Workbench）企業級工作平臺是對 Eclipse IDE 的擴展，利用它我們可以在數據庫和 JavaEE 的開發、發布以及應用程序服務器的整合方面極大地提高工作效率。它是功能豐富的 JavaEE 集成開發環境，包括了完備的編碼、調試、測試和發布功能，完整支持 HTML、Struts、JSP、CSS、Javascript、Spring、SQL、Hibernate 等技術。MyEclipse 可以簡化 Web 應用開發，並對 Struts、Hibernate、Spring 等開發框架的廣泛應用起到了非常好的促進作用。

MyEclipse 是一個專門為 Eclipse 設計的商業插件和開源插件的集合。MyEclipse 為 Eclipse 提供了一個大量私有和開源的 Java 工具的集合，很大程度上解決了各種開源工具的不一致和缺點問題，並大大提高了 Java 和 JSP 應用開發的效率。

基於以上分析，本系統使用 MyEclipse 進行開發。

19.2.2　數據庫

在數據庫方面，可以使用 MS SQL Server、Oracle Database、MySQL 等。

（1）MS SQL Server

MS SQL Server 是由微軟開發的數據庫管理系統，是 Web 上最流行的用於存儲數據的數據庫，它已廣泛用於電子商務、銀行、保險、電力等與數據庫有關的行業。由於其易操作性及其友好的操作界面，深受廣大用戶的喜愛。目前最新版本是 SQL Server 2005，它只能在 Windows 上運行，操作系統的系統穩定性對數據庫十分重要。其並行實施和共存模型並不成熟，很難處理日益增多的用戶數和數據卷，伸縮性有限。

（2）Oracle Database

Oracle Database 是美國 ORACLE 公司（甲骨文）提供的以分布式數據庫為核心的關係數據庫管理系統，是目前最流行的客戶/服務器（CLIENT/SERVER）或 B/S 體系結構的數據庫之一。ORACLE 數據庫是目前世界上使用最為廣泛的數據庫管理系統。作為一個通用的數據庫系統，它具有完整的數據管理功能；作為一個關係數據庫，它是一個完備關係的產品；作為分布式數據庫，它實現了分布式處理功能。其在可用性、可擴展性、數據安全性、穩定性方面都有不錯的實現。Oracle 適用於較大型系統，其價格遠遠高於其他數據庫，用以學習和研究相對不實用。

（3）MySQL

MySQL 是一個關係型數據庫管理系統，由瑞典 MySQL AB 公司開發，目前屬於 Oracle 公司。MySQL 是最流行的關係型數據庫管理系統，在 Web 應用方面 MySQL 是最好的關係數據庫管理系統應用軟件之一。MySQL 是一種關聯數據庫管理系統，關聯數據庫將數據保存在不同的表中，而不是將所有數據放在一個大倉庫內，這樣就增加了速度並提高了靈活性。MySQL 所使用的 SQL 語言是用於訪問數據庫的最常用標準化語言。MySQL 軟件採用了雙授權政策，它分為社區版和商業版，由於其體積小、速度快、總體擁有成本低，尤其是開放源碼這一特點，一般中小型網站的開發都選擇 MySQL 作為網站數據庫。由於其社區版的性能卓越，搭配 PHP 和 Apache 可組成良好的開發環境。

與其他數據庫管理系統相比，MySQL 具有以下優勢：

（1）MySQL 是一個關係數據庫管理系統。

（2）MySQL 是開源的。

（3）MySQL 服務器是一個快速的、可靠的和易於使用的數據庫服務器。

（4）MySQL 服務器工作在客戶/服務器或嵌入系統中。

（5）有大量的 MySQL 軟件可以使用，數據庫的連結採用 JDBC–ODBC 橋實現。

在實際運用中，Oracle Database 由於其穩定強大的性能，在大型企業運用較多，MS SQL Server 則多用於中小型企業，MySQL 由於其關係數據庫性質和分布式處理的優越性，在互聯網和電子商務企業運用較多，例如雅虎公司。綜合考慮數據庫性能、價格、應用等因素，本系統採用 MySQL 數據庫。

19.2.3 服務器

Tomcat 服務器是一個免費的開放源代碼的 Web 應用服務器，屬於輕量級應用服務器，在中小型系統和並發訪問用戶不是很多的場合下被普遍使用，是開發和調試 JSP 程序的首選。當在一臺機器上配置好 Apache 服務器，可利用它響應對 HTML 頁面的訪問請求。實際上 Tomcat 部分是 Apache 服務器的擴展，但它是獨立運行的，所以當你運行 Tomcat 時，它實際上是作為一個與 Apache 獨立的進程單獨運行的。

當配置正確時，Apache 為 HTML 頁面服務，而 Tomcat 實際上運行 JSP 頁面和 Servlet。另外，Tomcat 和 IIS 等 Web 服務器一樣，具有處理 HTML 頁面的功能，另外它還是一個 Servlet 和 JSP 容器，獨立的 Servlet 容器是 Tomcat 的默認模式。不過，Tomcat 處理靜態 HTML 的能力不如 Apache 服務器。目前 Tomcat 最新版本為 8.0.0-RC1（alpha）Released。

Tomcat 它運行時占用的系統資源小，擴展性好，支持負載平衡與郵件服務等開發應用系統常用的功能。故本系統採用 Tomcat 服務器。

19.3 體系結構

目前主流的系統架構有 C/S（Client/Server）客戶機和服務器結構和 B/S（Browser/Server）結構。

在 C/S（Client/Server）結構中，服務器通常採用高性能的 PC、工作站或小型機，並採用大型數據庫系統，如 Oracle、Sybase、Informix 或 SQL Server。客戶端需要安裝專用的客戶端軟件。該結構可以充分利用兩端硬件環境的優勢，將任務合理分配到 Client 客戶機端和 Server 服務器端來實現，降低了系統的通信開銷。

C/S 的優點是能充分發揮客戶端 PC 的處理能力，很多工作可以在客戶端處理後再提交給服務器。對應的優點就是客戶端響應速度快。

隨著互聯網的飛速發展，移動辦公和分布式辦公越來越普及，這需要我們的系統具有擴展性。然而，採用 C/S 結構客戶端需要安裝專用的客戶端軟件。首先涉及安裝的工作量，其次任何一臺電腦出問題，如病毒、硬件損壞，都需要進行安裝或維護，系統軟件升級時，每一臺客戶機需要重新安裝，其維護和升級成本較高。

B/S（Browser/Server）結構即瀏覽器和服務器結構。它是隨著 Internet 技術的興起，對 C/S 結構的一種變化或者改進的結構。在這種結構下，用戶工作界面是通過 WWW 瀏覽器來實現的，極少部分事務邏輯在前端（Browser）實現，但是主要事務邏輯在服務器端（Server）實現。這樣就大大簡化了客戶端電腦載荷，減輕了系統維護與升級的成本和工作量，降低了用戶的總體成本（TCO）。

表 19-2 體現了 C/S 和 B/S 體系結構的比較。

表 19-2　　　　　　　　C/S 和 B/S 體系結構比較

區別項目	C/S	B/S
維護和升級	相對不易	方便
成本	隨著系統的運行不斷投入	初期一次性投入
運行負荷	服務器端負荷較輕，客戶端負荷較重	服務器端負荷較重，客戶端負荷較輕
網路環境	局域網	廣域網、局域網
服務響應及時性	差	好
數據安全性	低	高
數據一致性	差	好
數據實時性	差	好

在實際應用中，C/S 架構通常用於公司內部的系統，B/S 架構更能適應互聯網應用。

校園快遞信息系統在運行時，需實時更新快遞信息，對數據實時性要求較高，在進行業務處理時，同樣需要要求較高的數據一致性。綜合考慮系統的訪問速度、便捷性、可行性、數據要求，本系統採用 B/S 架構。在使用時客戶端安裝瀏覽器、服務器實現系統核心功能，瀏覽器通過 Web Server 同數據庫進行數據交互。系統架構如圖 19-1 所示。

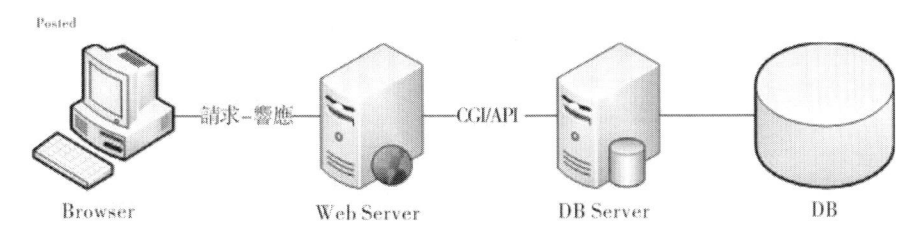

圖 19-1　系統架構圖

19.4　本章小結

　　本章對系統開發的相關技術進行了介紹，並進行比較分析，選擇適合本系統開發的技術和軟件。通過比較分析，本系統採用 JSP 動態網頁技術，採用 MySQL 和 Tomcat 服務器在 MyEclipse 集成開發環境中進行開發。

20 系統需求分析

本系統將對校園快遞業務需求進行分析整合，針對校園快遞數量多、信息不夠明確的特點進行設計，搭建校園快遞信息系統，與實際應用相結合，實現快遞的在線查詢，提高校園快遞的信息化程度和服務質量。

20.1 需求分析方法

目前主流的需求分析方法主要有結構化的分析方法、面向對象的分析方法、面向問題域的分析方法。

結構化的分析方法是傳統的分析法，它的好處是在需求階段可以不需要精確定義系統，只需要根據業務框架確定系統的功能範圍，以及每個功能的處理邏輯和業務規則、功能需求規格書等。因為不需要精確描述，因此描述系統的方式比較靈活多樣，可以採用圖表、示例圖、文字等方式來描述系統。在系統開發以前，一般還可以採用更為直觀的原型系統方式和最終用戶進行交流和確認，因此對業務需求的要求會低一些，業務需求階段的週期相對容易控制；通過業務全景圖，最終用戶也能瞭解系統的功能；通過功能活動圖和業務規則的描述，也可以相對精確地描述業務系統。因為沒有嚴格的標記語言，可以採用適當的篇幅描述適當的系統。當然，這種方法的缺點也是明顯的，分析人員和業務人員之間可能缺乏共同語言，機器不能識別業務需求書，在設計階段還需要繼續和用戶確認一部分功能。

面向對象的分析方法的最大好處是在需求階段，就能夠非常精確地描述一個系統，採用程序語言的方式和最終用戶交流，用戶必須要熟悉這種語言，能夠在項目一開始就能發現問題，避免在開發的過程中出現需求的反覆，而且在系統設計和開發階段不需要最終用戶參與。在實施上，一般可以採用場景、業務功能等方式來描述，比較適合於業務流程環節多的系統，或者軟件產品的開發。但是，我們也要看到，在現實中，絕大多數的應用系統都很難在需求階段就可以被精確地抽象化定義，所以這種方法的缺點和困難也是顯而易見的：首先，用戶要非常清楚地知道最終的業務系統應該是什麼樣，或者採用一種抽象的方式能夠確定最終的應用系統；其次，因為最終用戶不需要參與設計和開發階段的工作，所以雙方確定業務需求的過程也會比較長；再次，因為是精確描述，因此描述系統的語言是非常邏輯化的,一般通過某種方式可以使機器識別業務需求,採用這種方式寫的業務需求是非常格式化的,描述一個系統需要的信息非常多,可能使需求說明的篇幅非常長,不便於理解和閱讀;最後,通過抽象的方式來推演最終系統的運行方式,對業務人員的要求非常高。

本系統在進行需求分析的時候以結構化分析方法為主,用結構圖等方式表現,直觀易懂。

20.2 業務需求

通過對校園快遞業務進行分析,本系統將實現帳號管理、基本信息維護、到件處理、寄件處理、查看快遞點、公告管理幾個模塊的業務。下面將用業務流程圖來分析系統的業務需求,業務流程圖符號說明如表 20-1 所示。

表 20-1　　　　　　　　　　業務流程圖符號說明

符號	含義
▭	流程、處理
⬭	開始、結束符
◇	判定
▱	文檔、數據

進入系統後,先判斷是否已經註冊,如果已經註冊成功,則直接登錄,如果尚未註冊,可以選擇直接匿名瀏覽公告信息或者註冊成為系統用戶再進行登錄。登錄時將用戶輸入的登錄信息與系統數據庫裡存儲的用戶信息進行比較,驗證身分,如果與數據庫數據一致,則身分驗證成功,成功登錄;否則,重新輸入註冊信息。登錄成功後,可以進行帳號管理、基本信息維護、到件處理、寄件處理、公告管理幾方面的業務。業務處理完成後,再退出,完成整個系統的業務流程。

系統的業務流程見圖 20-1。

快遞點收到快遞後,首先將快遞信息發布到系統中,將到件信息存儲在到件信息表裡,再將貨物配送到收件人。校園普通用戶登錄系統後,通過自己的帳號進行查詢,如果查詢到的快遞已經收貨,可以在系統中確認收貨。到件處理的業務流程見圖 20-2。

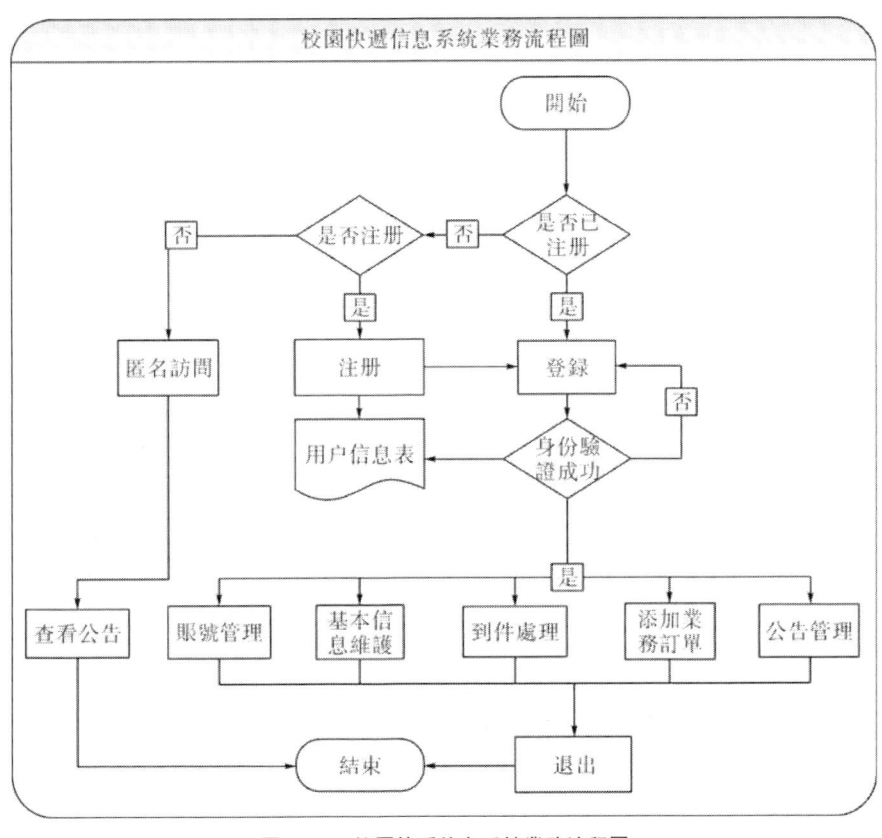

圖 20-1　校園快遞信息系統業務流程圖

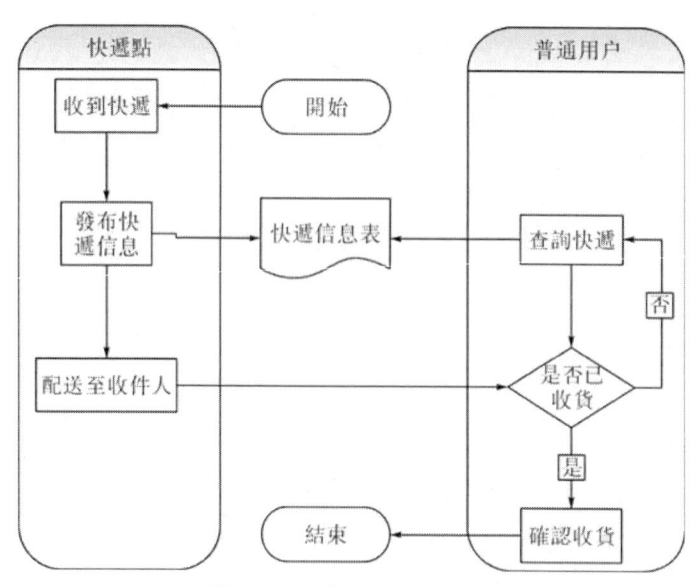

圖 20-2　到件處理業務流程圖

如果用戶有快遞需要寄送，為了減少用戶在快遞點的排隊時間，可以由用戶先在系統裡填寫收件人的詳細信息，形成未完成訂單，再由快遞點補充完整信息，並發送貨物，也可以由快遞點直接添加全部運單信息，形成完整的訂單。寄件處理的業務流程見圖 20-3。

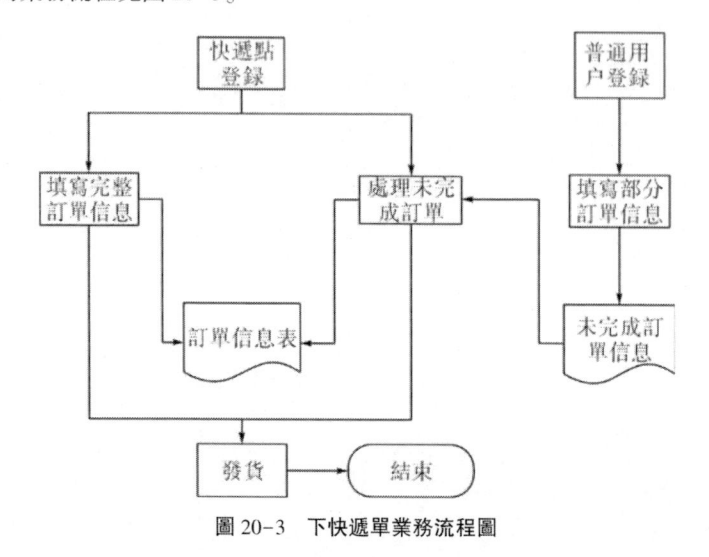

圖 20-3　下快遞單業務流程圖

20.3　用戶需求

本系統將用戶分為系統用戶和非系統用戶，其中系統用戶包括校園普通用戶和快遞點用戶。在對用戶進行分類的基礎上，系統將賦予不同用戶不同的操作程序和權限，相應的，將會為不同用戶設計不同的功能模塊。

系統用戶可以通過本系統進行帳戶管理，包括註冊、登錄、退出、註銷。非系統用戶只能通過系統首頁的對應連結查看公告和快遞點。

20.3.1 快遞點用戶需求

（1）快遞點用戶可以在註冊後修改自己的基本信息。
（2）在快遞到達本快遞點後在系統裡發布快遞信息。
（3）添加快遞業務單；處理未完成的業務訂單。
（4）維護本快遞點的價目表。
（5）發布、修改、刪除本快遞點的公告。

20.3.2 普通用戶需求：

（1）查詢自己的快遞。
（2）確認收貨。
（3）查詢比較寄送地點的價格。
（4）添加快遞業務單。
（5）查看快遞點的信息和公告。
（6）維護自己的基本信息。

下面將用用例圖來描述用戶的需求。用例圖描述用戶希望如何使用系統，進而描述系統的功能需求，在宏觀上給出模型的總體輪廓，描述外部參與者（即系統用戶）所理解的系統功能，將系統功能劃分為對參與者有用的需求，使開發者能夠有效地瞭解用戶的需求。用例圖包含參與者、系統邊界、用例、參與者與用例之間的關聯等建模元素。用例圖符號說明見表 20-2。

表 20-2　　　　　　　　　　用例圖符號說明

符號	含義
主角1	參與者
用例1	用例

帳號管理包括註冊、登錄、退出、註銷，其用例圖見圖 20-4。

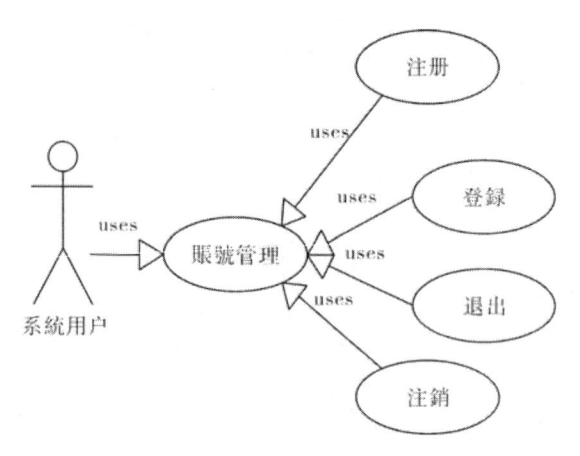

圖 3-4　帳號管理用例圖

　　基本信息維護模塊包括信息添加、信息修改兩個子模塊，其用例圖見圖 20-5。

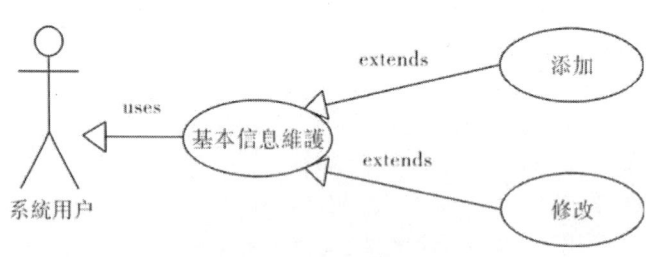

圖 3-5　基本信息維護用例圖

　　快遞點收到快遞後在系統裡添加快遞，普通用戶可以根據自己的用戶名查詢快遞，在到快遞後在系統裡確認收貨。到件處理模塊的用例圖見圖 20-6。

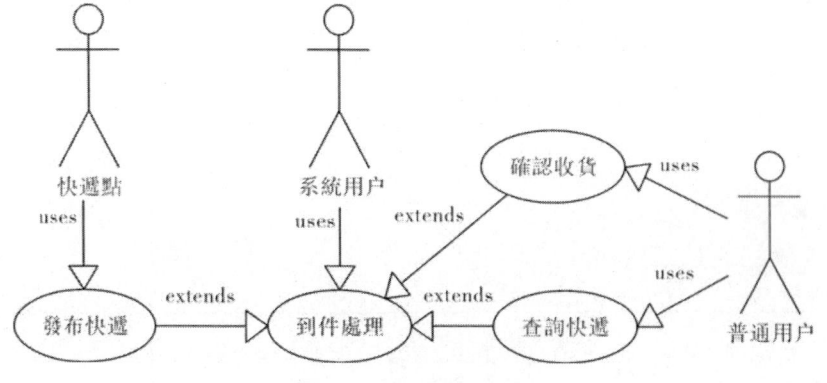

圖 3-6　到件處理用例圖

　　快遞點可以發布公告、修改公告、刪除公告，在快遞點發布後，普通用戶可以查看快遞點發布的公告。公告管理模塊的用例圖見圖 20-7。

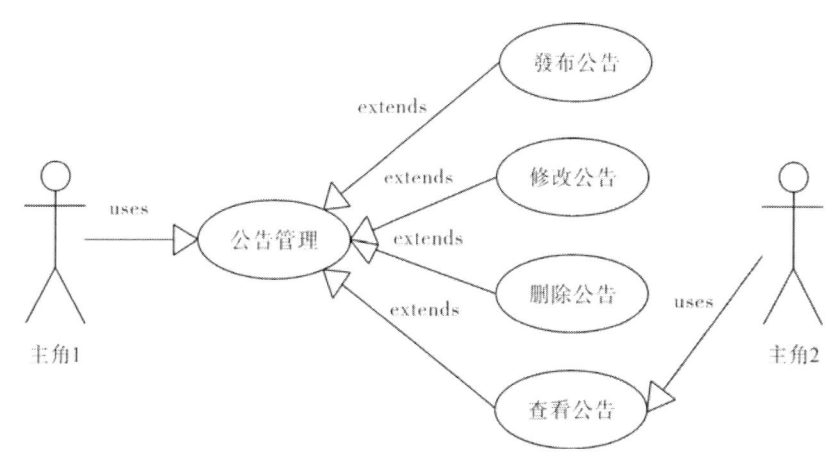

圖 20-7　公告管理用例圖

20.4　功能需求

　　本校園快遞信息系統的主要功能是實現快遞業務的處理，包括到件處理和寄件處理。到件處理需發布到件信息，使用戶可以通過系統進行在線查詢、確認收穫。寄件處理主要有寄件信息錄入、發貨等步驟。

　　系統在設計和實施上述功能的同時需考慮系統性能和用戶體驗。在性能方面要保證系統能穩定運行，處理好並發和異常情況。在用戶體驗上，盡量簡化操作流程，使系統操作更簡單，同時設計人性化的界面，方便用戶使用，提高用戶體驗，讓未接觸過本系統的用戶也能容易地使用而不需培養成本。

　　經過以上分析，本系統的功能結構見圖 20-8。

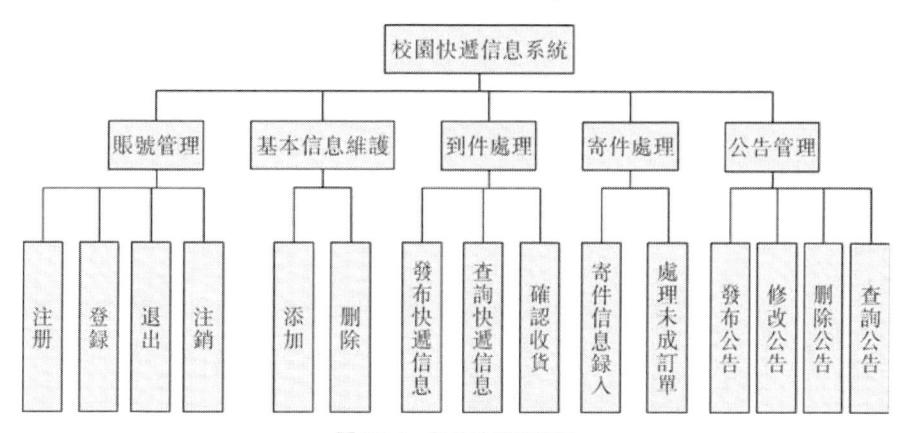

圖 20-8　系統功能結構圖

20.5 數據需求

20.5.1 數據流圖

下面將用數據流圖分析方法，遵循自頂向下、逐步求精的原則進行分析，並用分層的數據流圖表達用戶需求。流程圖符號說明見表 20-3。

表 20-3　　　　　　　　　　流程圖符號說明

符號	含義
▢	加工（數據處理）
▭	數據存儲
□	外部對象
→	數據流（只代表數據，不代表先後順序）

為了描述整個快遞信息系統，繪制包含系統邊界、範圍、實體的頂層圖，頂層圖只有一個加工「校園快遞信息系統」，其編號為 0，有 3 個外部對象在該加工的周圍——非系統用戶、快遞點、普通用戶。非系統用戶可以瀏覽公告、快遞點數據，快遞點和普通用戶可以處理和修改快遞數據、快遞單數據、基本信息數據。見圖 20-9。

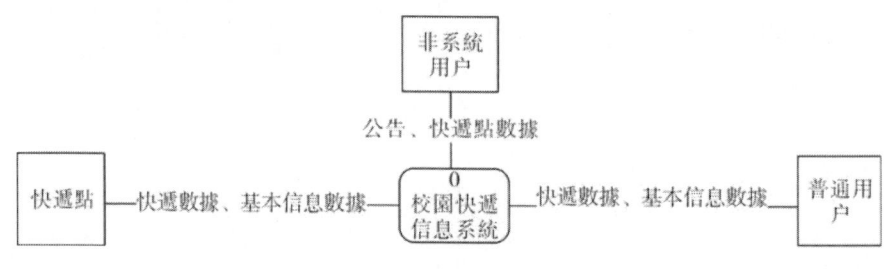

圖 20-9　數據流圖頂層圖

頂層圖提供了對系統的總覽，為了進一步揭示系統的功能，需要擴展頂層圖，將加工「校園快遞信息系統」向下分解，得到「圖 0」，用圖 0 描述系統的主要功能、數據流和數據存儲。見圖 20-10。

在圖 2-10 中，根據功能序曲將加工「校園快遞信息系統」分解為 5 個加工：帳號管理、基本信息維護、到件處理、寄件處理、公告管理，對應的數據存儲包括用戶信息、到件業務、寄件業務、公告信息。

用戶進行註冊和登錄後，用戶管理負責處理用戶信息，並將信息保存在「用戶信息」數據存儲中，在用戶註銷後將數據從用戶信息數據存儲裡刪除。快遞點用戶和普通用戶作為系統用戶，在登錄後可以對基本信息進行維護，通過「基本信息維護」進行添加、修改操作，並將數據同步到用戶信息數據存儲中。快遞點收到快遞後，通過「到件處理」將信息添加到到件業務數據存儲中，普通用戶再通過「到件處理」從到件業務數據存儲中取出數據進行查詢、確認收穫。普通用戶需寄件時，通過「寄件處理」添加寄件信息，並將數據保存到寄件業務數據存儲中。快遞點用戶可以添加、刪除、修改公告信息，通過「公告管理」將數據在公告數據存儲中進行同步修改。

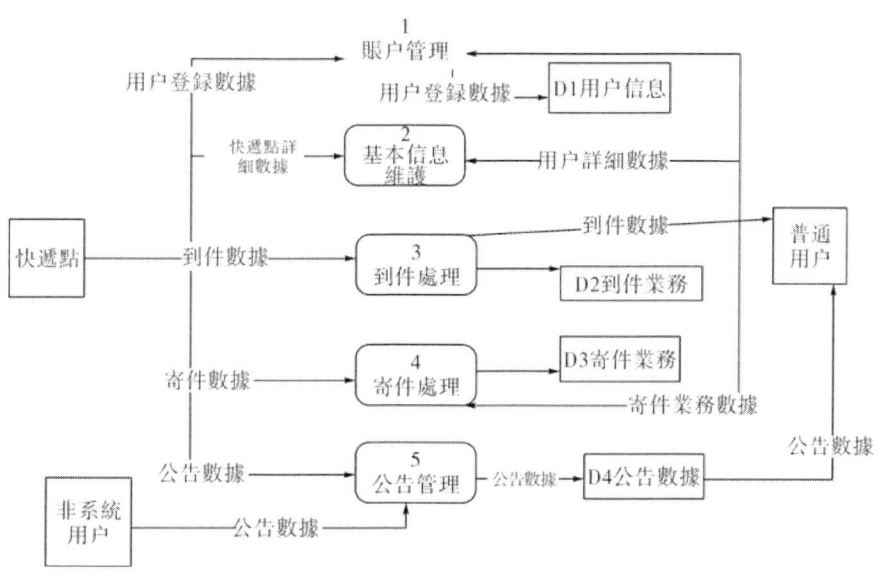

圖 20-10　快遞系統數據流圖

　　創建圖 2-10 後繼續往下分解，得到較低的數據流圖。首先對圖 2-10 中帳號管理加工進一步分解，分解得到 4 個下層加工：註冊、登錄、退出、註銷，在這幾個加工中均只包含用戶登錄信息數據存儲。見圖 20-11。

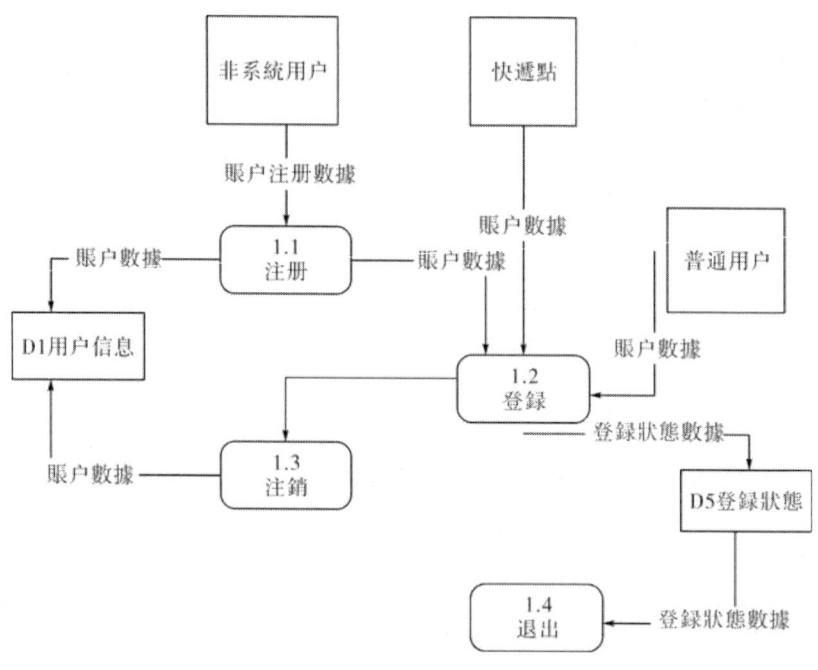

圖 20-11　帳號管理

　　在基本信息維護加工中，可以將其進一步分解成信息添加和信息修改兩個加工。在用戶登錄後，系統內沒有用戶詳細信息數據，可通過添加加工將用戶數據存儲到基本信息存儲中，後期的操作可以通過修改加工將數據同步到基本信息數據存儲。見圖 20-12。

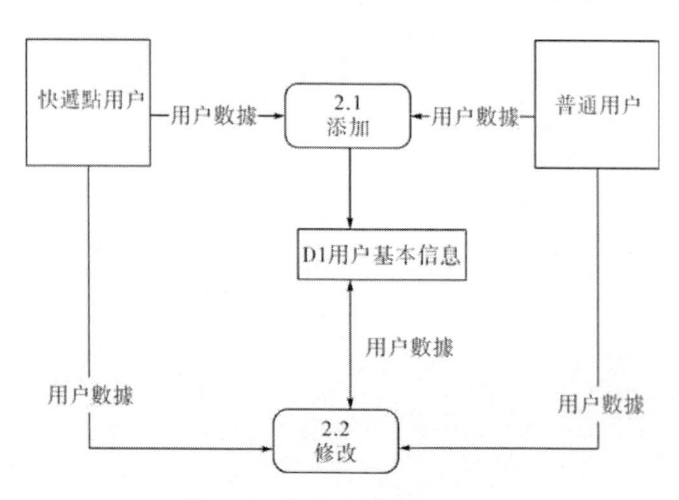

圖 20-12　基本信息處理數據流圖

　　當快遞點收到快遞後，通過到件處理加工進行處理。對到件處理加工進一步

258

分解，快遞點先在系統發布快遞，將到件業務數據添加到到件數據存儲，普通用戶再從數據存儲中獲取數據完成查詢加工，並進一步更改收穫狀態數據。見圖 20-13。

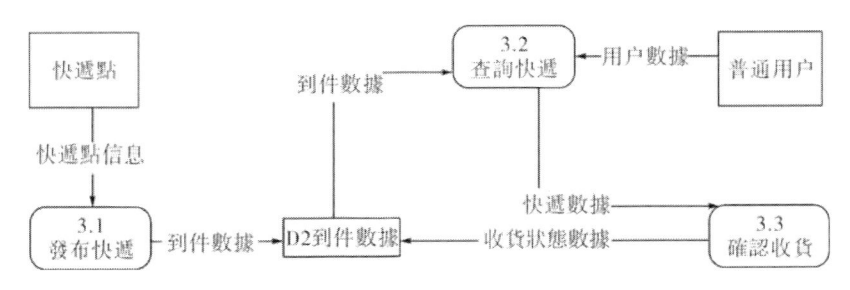

圖 20-13　到件處理數據流圖

在寄件處理加工過程中，可以有兩種添加寄單的方式：①普通用戶先登錄系統填寫部分寄單信息，需快遞點確認填寫的由快遞點處理未完成訂單時填寫；②用戶直接在快遞點填寫全部寄單信息。見圖 20-14。

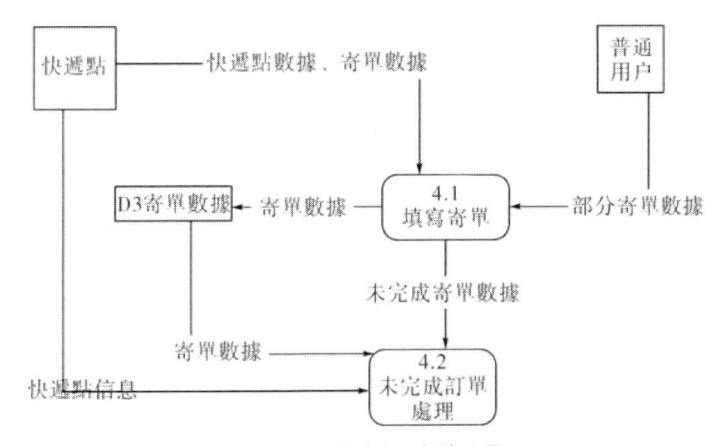

圖 20-14　寄件處理數據流圖

在公告管理加工中，快遞點通過發布、修改、刪除將公告信息存儲到公告數據存儲中，快遞點用戶、普通用戶、非系統用戶均可查看。見圖 20-15。

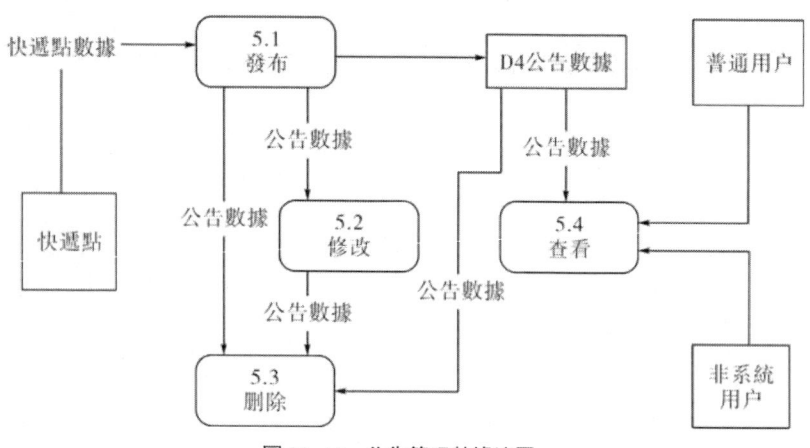

圖 20-15　公告管理數據流圖

20.5.2　數據字典

數據流圖說明了系統內數據的處理，但未對其中數據的明確含義、結構和組成做具體的分析。下面將用數據字典來對數據流圖中的各種成分進行詳細說明，具體描述數據流圖內數據的邏輯性質，作為數據流圖的細節補充，和數據流圖一起構成完整的需求模型。

數據字典由數據流、數據存儲和數據項三類條目組成。

數據流條目包含如下內容：數據流編號、數據流名稱、［簡述］［別名］、符號名稱、組成（數據結構）、數據類型、長度、取值範圍、［數據流量］［峰值］［來源］［去向］［註釋］，其中帶「［ ］」的為可選項（後文同，不再單獨說明）。

下面將數據字典卡片設計如表 20-4 所示：

表 20-4

數據流編號：F1	數據流名稱：用戶信息
簡述：有用戶填寫的描述自己的信息	
組成：由普通用戶信息表和快遞點用戶信息表組成	
來源：用戶輸入	
去向：用戶信息表	

數據流編號：F2	數據流名稱：到件業務
簡述：快遞點收到的需配送到普通用戶的快遞信息	
組成：到件信息表	
來源：用戶輸入	
去向：到件信息表	

數據流編號：F3　　　　　數據流名稱：寄件業務

簡述：用戶寄送快遞需要提供的數據

組成：寄件信息表

來源：用戶輸入

去向：寄件信息表

數據流編號：F4　　　　　數據流名稱：公告數據

簡述：用於快遞點內容展示的數據

組成：公告數據表，包括阿編號、標題、內容等

來源：快遞點輸入添加

去向：公告信息表

數據流編號：F5　　　　　數據流名稱：登錄狀態

簡述：描述用戶的登錄狀態，用於系統檢測

組成：登錄狀態條目

數據類型：整型　　　　　長度：2　　　　　取值範圍：0，1

來源：登錄後系統自動生成

去向：狀態表

　　數據存儲包含如下內容：數據存儲編號、數據存儲名稱、［簡述］［別名］、符號名稱、組成（數據結構）、數據類型、［存取峰值］、組織方式、［用途］［註釋］。數據存儲卡片設計如下表 20-5 所示：

表 20-4

數據存儲編號：	數據存儲名稱：
簡述：	
組成：	
數據類型： 長度： 取值範圍：	
組織方式：	

下面對用戶信息數據存儲進行說明（見表 20-6）：

表 20-6

數據存儲編號：D1	數據存儲名稱：用戶信息
簡述：描述用戶的基本信息	
組成：聯繫電話+登錄密碼+名稱等	
數據類型： 長度： 取值範圍：	
組織方式：無索引	

數據存儲編號：D2	數據存儲名稱：到件業務
簡述：詳細描述到件的信息	
組成：快遞點聯繫電話+快遞點名稱+收件人聯繫電話+取貨號+取貨狀態	
數據類型： 長度： 取值範圍：	
組織方式：無索引	

數據存儲編號：D3	數據存儲名稱：寄件業務
簡述：詳細描述寄送快遞的信息	
組成：運單號+快遞點名稱+價格+收件人郵編+收件人姓名+收件人聯繫電話+收件人地址+寄件人聯繫電話+物品重量+物品長度+物品高度+物品寬度+處理狀態	
數據類型： 長度： 取值範圍：	
組織方式：無索引	

數據存儲編號：D4	數據存儲名稱：公告數據
簡述：描述快遞點的公告，便於內容展示和用戶查詢	
組成：公告 id+標題+內容+發布時間+快遞點	
數據類型： 長度： 取值範圍：	
組織方式：無索引	

表 20-6（續）

數據存儲編號：D5　　　　　數據存儲名稱：登錄狀態
簡述：描述用戶是否登錄，用於用戶操作時進行檢測
組成：登錄狀態參數
數據類型：整型變量　　　長度：2　　　　取值範圍：0，1
組織方式：無索引

數據項條目由以下內容組成：數據項名字、[簡述]、[別名]、組成（即數據結構、值類型、取值範圍）、[註釋]。數據項條目數據字典卡片設計如表 20-7 所示：

表 20-7

數據項編號：	數據項名稱：	
簡述：		
組成：		
數據類型：	長度：	取值範圍：
來源：		
去向：		

對數據項的描述將在數據庫詳細設計中採用關係規範化理論進行設計。

20.5.3　處理過程描述

通過數據流圖和數據字典描述了系統內部數據的流動和有關數據的特性，下面將用處理過程即加工說明對數據流圖中的數據進行處理。過程規格說明包括以下內容：加工編號、加工名稱、激發條件、處理邏輯、執行頻率、輸入、輸出（見表 20-8）。

表 20-8

加工編號：	加工名稱：
激發條件：	
處理邏輯：	
執行頻率：	
輸入：	
輸出：	

下面用該卡片對加工處理過程進行描述（見表 20-9）：

表 20-9

加工編號：1	加工名稱：帳戶管理

激發條件：系統用戶進行與帳號相關的操作

處理邏輯：當用戶進行註冊時，將信息插入數據庫，註銷後從數據庫刪除。

執行頻率：每次帳號操作執行一次

輸入：帳號信息

輸出：帳號信息處理狀態

加工編號：2	加工名稱：基本信息維護

激發條件：系統用戶登錄後添加或修改自己的基本信息

處理邏輯：用戶添加信息後把數據加入數據庫，修改時做同步修改。

執行頻率：每次操作執行一次

輸入：用戶輸入的基本信息

輸出：用戶基本信息表

加工編號：3	加工名稱：到件處理

激發條件：快遞點收到快遞

處理邏輯：快遞點先將快遞信息發布到系統，普通用戶再進行查詢。

執行頻率：每到一個快遞執行一次

輸入：快遞信息

輸出：處理結果

加工編號：4	加工名稱：寄件處理

激發條件：用戶需要寄送快遞

處理邏輯：普通用戶填寫寄單信息，快遞點對信息進行確認處理。

執行頻率：每次寄送業務執行一次

輸入：寄單信息

輸出：寄單表

加工編號：5	加工名稱：公告管理

激發條件：快遞點進行公告管理或用戶查看公告

處理邏輯：快遞點添加、修改、刪除等操縱後將數據同步到數據庫。

執行頻率：每次公告管理操作執行一次

輸入：公告信息

輸出：公告信息表和處理結果

表 20-9（續）

加工編號：1.1	加工名稱：註冊

激發條件：非系統用戶註冊成為系統用戶
處理邏輯：用戶填寫完註冊的聯繫方式和密碼後添加到數據庫。
執行頻率：每次註冊執行一次
輸入：聯繫方式、登錄密碼
輸出：用戶信息表

加工編號：1.2	加工名稱：登錄

激發條件：用戶登錄時激發
處理邏輯：用戶輸入登錄信息後進行登錄檢測，身分匹配成功則登錄。
執行頻率：每次登錄執行一次
輸入：用戶信息
輸出：登錄狀態

加工編號：1.3	加工名稱：註銷

激發條件：用戶不再使用該帳號，進行註銷處理
處理邏輯：登錄用戶點擊註銷後將用戶信息從數據庫裡刪除。
執行頻率：每次註銷操作執行一次
輸入：註銷請求和用戶信息
輸出：刪除後的用戶信息表

加工編號：1.4	加工名稱：退出

激發條件：用戶使用完後需要退出系統
處理邏輯：用戶點擊退出後產生退出請求。
執行頻率：每次退出操作執行一次
輸入：退出請求和用戶信息
輸出：用戶登錄狀態

加工編號：2.1	加工名稱：添加基本信息

激發條件：完成註冊後執行完善基本信息操作
處理邏輯：用戶輸入基本信息後將數據添加到數據庫。
執行頻率：每次添加操作執行一次
輸入：用戶輸入的基本信息
輸出：用戶信息表

表 20-9（續）

加工編號：2.2	加工名稱：修改基本信息

激發條件：用戶基本信息變更

處理邏輯：用戶提交 id 後，從數據庫取出原信息，並在此基礎上進行修改，將修改後的數據返回數據庫。

執行頻率：每次修改操作執行一次

輸入：用戶基本信息

輸出：用戶基本信息表

加工編號：3.1	加工名稱：發布快遞

激發條件：快遞點收到快遞

處理邏輯：快遞點收到快遞後，將快遞單、收貨人信息插入數據庫形成快遞條目，供用戶查詢。

執行頻率：每到一個快遞執行一次

輸入：快遞基本信息

輸出：快遞數據表

加工編號：3.2	加工名稱：查詢快遞

激發條件：用戶查詢自己的快遞

處理邏輯：根據用戶 id 到數據庫裡篩選出用戶的快遞信息

執行頻率：每次查詢執行一次

輸入：用戶 id

輸出：用戶快遞表

加工編號：3.3	加工名稱：確認收貨

激發條件：用戶收到快遞後

處理邏輯：用戶查詢到快遞並接收到快遞後進行確認，更新收貨狀態。

執行頻率：每次收貨執行一次操作

輸入：快遞單號

輸出：快遞收貨狀態

加工編號：4.1	加工名稱：填寫訂單

激發條件：用戶需要寄送快遞

處理邏輯：用戶根據寄件信息進行填寫，再插入數據庫，形成寄件單。

執行頻率：每次寄件操作執行一次

輸入：寄件信息

輸出：寄件信息表

表 20-9（續）

加工編號：4.2　　　　　　　　　加工名稱：處理未完成訂單
激發條件：寄件時訂單信息未填寫完整產生了未完成訂單
處理邏輯：快遞點查詢出需要處理的未完成訂單，再將訂單信息補充完整並發貨。
執行頻率：每次處理操作執行一次
輸入：未完成訂單信息
輸出：完整的寄件信息表

加工編號：5.1　　　　　　　　　加工名稱：發布公告
激發條件：快遞點為了展示內容而執行發布操作
處理邏輯：快遞點根據表單提示填寫公告信息，再添加到數據庫。
執行頻率：每次發布操作執行一次
輸入：用戶輸入的公告信息
輸出：公告信息表

加工編號：5.2　　　　　　　　　加工名稱：修改公告
激發條件：快遞點發布的公告內容等信息需要修改而提出修改申請
處理邏輯：快遞點提出請求後從數據庫中取出原公告信息，再進行修改。
執行頻率：每次修改操作執行一次
輸入：需修改的公告 id
輸出：修改後的公告信息表

加工編號：5.3　　　　　　　　　加工名稱：刪除公告
激發條件：快遞點請求刪除公告
處理邏輯：快遞點選擇要刪除的公告並提交，經處理過程將公告從數據庫裡產出。
執行頻率：每次刪除公告操作執行一次
輸入：
輸出：

加工編號：5.4　　　　　　　　　加工名稱：查看公告
激發條件：用戶發出查看公告
請求處理邏輯：用戶請求後從數據庫取出公告信息展示給用戶。
執行頻率：每次查看公告請求直行一次
輸入：查看公告請求
輸出：公告信息

20.6 性能需求

（1）功能的完整性

功能的完整性可以促進各種信息的系統化，非常有利於快遞點和校園普通用戶的使用。

（2）響應速度

用戶將查詢提交後，應在幾秒內之內響應，並在屏幕上顯示查詢結果；用戶將信息向系統提交後，幾秒之內系統會將確認信息顯示出來。

（3）系統適應性

系統應該在多種運行環境中運行，擁有較強的跨平臺能力，且穩定性較高。

（4）可擴展性

系統應當能夠擴展，維護簡單，擴充升級方便，當應用需求出現變化時，調整可以很容易地展開。

（5）訪問量

該系統需滿足校園用戶的使用，對普通頁面的刷新速度以及用戶登錄系統的響應速度予以保證。

（6）安全性

系統應確保各種妨礙安全性的問題不出現，安全方面，包括設置用戶權限來防範，在數據交互以及數據傳輸過程中也要採取一定的措施來保證其安全性。

（7）可維護性

系統應方便維護，易於使用。

（8）可移植性

系統能夠運行於各種支持 JSP 的主流操作系統中。

20.7 本章小結

本章對系統進行了需求分析，包括業務需求、用戶需求、功能需求、數據需求、性能需求幾個方面。

21 系統概要設計

系統設計是系統的物理設計階段。根據系統分析階段所確定的系統的邏輯模型、功能要求，在用戶提供的環境條件下，設計出一個能在計算機網路環境中實施的方案，即建立系統的物理模型。這個階段的任務是設計軟件系統的模塊層次結構，設計數據庫的結構以及設計模塊的控製流程，為軟件的開發提供理論基礎。系統設計工作分為概要設計和詳細設計。本章主要進行概要設計。

概要設計即總體結構設計，主要是把需求轉換為數據和軟件體系結構。首先要確定系統的具體實施方案，然後對目標系統進行功能分解。根據需求分析所產生的需求規格說明書，建立目標系統的總體結構，即系統各模塊的功能、模塊間的層次關係及接口控製。

（1）系統設計任務

在系統分析的基礎上，設計出能滿足預定目標的系統的過程。系統設計內容主要包括：確定設計方針和方法，將系統分解為若干子系統，確定各子系統的目標、功能及其相互關係，決定對子系統實施的管理體制和控製方式，對各子系統進行技術設計和評價，對全系統進行技術設計和評價等。

（2）系統設計需遵循原則

①階段開發原則。

系統框架和數據結構全面設計，具體功能實現分階段進行。網站的建設過程可以分為不同階段：第一階段搭建網站的基本構架，實現系統的基本功能，初步實現校園快遞業務的在線處理；第二階段實現系統附屬業務的全部功能，包括個性化服務等；第三階段進一步簡化用戶操作，從界面、前期試運行數據等提高網站服務，通過界面設計等進一步提高用戶體驗。

②易用性原則。

方便上網客戶瀏覽和操作，最大限度地減輕用戶使用系統的負擔，做到部分業務的自動化處理。

③業務完整性原則。

對於業務進行中的特殊情況能夠做出及時、正確的響應，保證業務數據的一致性、完整性。

④業務規範化原則。

在系統設計的同時，也為將來的業務流程制定了較為完善的規範，具有較強的實際操作性。

⑤可擴展性原則。

系統設計要考慮業務未來發展的需要，要盡可能設計得簡明，各個功能模塊間的耦合度小，便於系統的擴展。如果存在舊有的數據庫系統，則需要充分考慮兼容性。

20.1 軟件結構

在功能需求分析中，已經得出系統需要實現的各項功能，包括帳號管理、基本信息維護、到件處理、寄件處理、查看快遞點、公告管理。根據這些功能，校園快遞信息系統將包括帳號管理子系統、基本信息維護子系統、到件處理子系統、寄件處理子系統、查看快遞點子系統、公告管理子系統。系統軟件結構見圖 21-1。

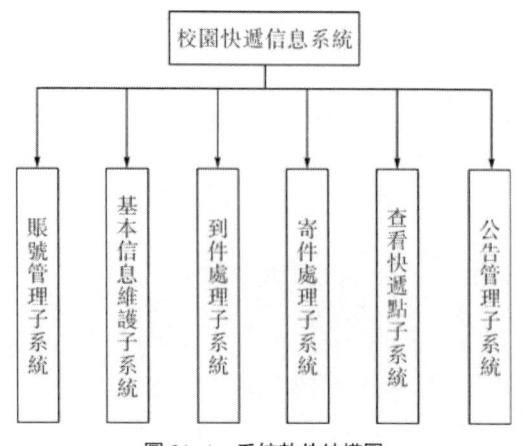

圖 21-1　系統軟件結構圖

帳號管理子系統通過帳號的註冊、登錄、退出、註銷實現子系統的功能。未註冊的用戶要成為本系統的用戶需先進行註冊，使用完後退出，如果因為離校等原因不能繼續使用帳號，可以申請註銷。

基本信息維護子系統可以在登錄後對基本信息進行修改，首次登錄後由於系統裡沒有信息，故只能添加，添加完成後才能修改已添加的信息。

到件處理子系統將實現到件業務的處理，快遞點收到快遞後，首先將快遞信息發布在系統內，校園用戶登錄系統後通過自己的識別方式進行查詢，在收到快遞點配送的物品後確認收貨，到件業務處理完成。

寄件處理業務子系統中，需寄件的用戶可以先在系統中查詢比較各家快遞點的價格，選出相對優惠的，再填寫部分寄單信息，如收件人信息、寄件人信息。物品信息由於缺少度量工具，可以到快遞點再填寫。快遞點在收到用戶物品後，先進行度量，將寄件信息補充完整，再進行發貨。這樣處理可以在一定程度上減少快遞點的服務和排隊時間。也可以將貨物送到快遞點後在快遞點直接填寫完整的寄件單。

查看快遞點子系統，通過快遞列表查看快遞點信息，也可以通過關鍵字進行快遞點查詢。

公告管理子系統中，快遞點可以添加自己的公告，添加完成後可以進行修改、刪除。普通用戶登錄系統後可以直接查看公告，也可以在查看快遞點後再通過快遞點連結查看，非系統用戶可以匿名查看公告。

21.2 數據結構設計

從最終用戶角度來看，數據庫系統分為單用戶結構、主從式結構、分布式結構和客戶/服務器結構。

單用戶結構是最早期的數據庫系統。在單用戶系統中，整個數據庫系統包括應用程序、DBMS、數據，都裝在一臺計算機上，由一個用戶獨占，不同用戶之間不能共享。

主從式結構是指一個主機上帶多個終端的多用戶結構，所以處理由主機來完成，各個用戶通過主機的終端並發地存取數據庫，共享數據庫資源。主從式結構的優點是結構簡單，數據易於管理和維護。缺點是當用戶數目增加到一定程度後，主機的任務會過分繁重，成為瓶頸，從而使系統性能大幅度下降。另外主機出現故障時，則個個系統都不能使用，因此系統的可靠性不高。

分布式結構是指數據庫系統在邏輯上是一個整體，但物理地分布在計算機網路的不同節點上。每個節點可以獨立地處理本地數據庫中的數據，執行局部應用；同時也可以同時存取和處理多個異地數據庫中的數據，執行全局應用。但數據的分布存放，給數據的處理、管理、維護帶來了難度，系統效率會受到網路的制約。

客戶/服務器結構可以進一步分為集中的服務器結構和分布的服務器結構。前者在網路中僅有一臺數據庫服務器，而客戶服務器是多臺。後者在網路中有多臺數據庫服務器。

綜合考慮各數據庫結構的優缺點，本系統採用集中的客戶/服務器結構的數據庫系統服務器結構。

目前常用的數據模型有層次模型（Hierar-chical Model）、網狀模型（Network Model）和關係模型（Relational Model），其中層次模型和網狀模型為非關係模型。

層次模型用樹形結構表示各類實體及實體間的關係，只能處理一對多的實體關係。但現實世界中很多聯繫是非層次性的，層次模型表示這類模型顯得不足，且插入和刪除限制較多。

網狀模型以網狀結構表示實體與實體之間的聯繫。網中的每一個結點代表一個記錄類型，聯繫用連結指針來實現。網狀模型可以表示多個從屬關係的聯繫，也可以表示數據間的交叉關係，即數據間的橫向關係與縱向關係，它是層次模型的擴展。網狀模型可以方便地表示各種類型的聯繫，但結構複雜，實現的算法難以規範化，且獨立性較差。

關係模型以二維表結構來表示實體與實體之間的聯繫，它是以關係數學理論為基礎的。關係模型的數據結構是一個「二維表框架」組成的集合。每個二維表又可稱為關係。在關係模型中，操作的對象和結果都是二維表。關係模型是目前最流行的數據庫模型。

與層次模型和網狀模型相比，關係模型具有以下優點：

（1）建立在按個的數學概念的基礎上。

（2）關係模型的概念單一。無論實習還是實體之間的聯繫都用關係來表示，對數據檢索的結果也是關係，即表。其數據結構簡答、清晰。

（3）關係模型的存取路徑對用戶透明，具有更高的獨立性和安全性。

綜合考慮以上優缺點，本系統採用數據獨立性、完整性、安全保密性更強的關係型數據庫。

21.3　本章小結

本章對系統進行了概要設計，包括系統軟件結構和數據結構的設計。在數據結構方面，本系統採用客戶/服務器結構的關係型數據庫。

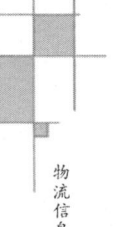

22 系統詳細設計

通過前文的概要設計，得出了系統的總體結構，基於該結構，本章將進一步對系統進行詳細設計，對概要設計中產生的功能模塊進行過程描述，設計功能模塊的內部細節，解決如何實現各個模塊的內部功能，即模塊設計。

22.1 數據庫詳細設計

在進行數據庫設計時，包括 3 個過程：概念數據庫設計、邏輯數據庫設計、物理數據庫設計。

在數據需求的分析中，已經得出數據庫需要的數據和存儲需求。在本關係數據庫設計中，採用關係規範化理論進行關係表結構的設計。

在關係中的數據存在多種類型的數據依賴：平凡函數依賴與非平凡函數依賴、完全函數依賴與部分函數依賴、傳遞依賴。

平凡/非平凡函數依賴：當關係中屬性集合 Y 是屬性集合 X 的子集時（Y? X），存在函數依賴 X→Y，即一組屬性函數決定它的所有子集，這種函數依賴稱為平凡函數依賴。當關係中屬性集合 Y 不是屬性集合 X 的子集時，存在函數依賴 X→Y，則稱這種函數依賴為非平凡函數依賴。

完全/部分函數依賴：設 X，Y 是關係 R 的兩個屬性集合，X』是 X 的真子集，存在 X→Y，但對每一個 X』都有 X』! →Y，則稱 Y 完全函數依賴於 X。設 X，Y 是關係 R 的兩個屬性集合，存在 X→Y，若 X』是 X 的真子集，存在 X』→Y，則稱 Y 部分函數依賴於 X。

傳遞依賴：設 X，Y，Z 是關係 R 中互不相同的屬性集合，存在 X→Y（Y ! →X），Y→Z，則稱 Z 傳遞函數依賴於 X。

以函數依賴為基礎的關係模式的規範形式（Normal Format，NF）簡稱範式。目前主要有六種範式：第一範式（1NF）、第二範式（2NF）、第三範式（3NF）、第四範式（4NF）、BC 範式（BCNF）和第五範式（5NF）。

設 R 是一個關係模式，如果 R 中的每一個屬性 A 的值域中的每個值都是不可分解的，則稱 R 是屬於第一範式的，記作 R∈1NF。如果關係 R∈1NF，並且 R 中每一個非主屬性完全函數依賴於任一個候選碼，則 R∈2NF。如果關係 R∈2NF，並且 R 中每一個非主屬性對任何候選碼都不存在傳遞函數依賴，則 R∈3NF。在關係模式 R<U，F>∈1NF 中，如果每個決定屬性集都包含候選碼，則 R∈BCNF。在關係模式 R<U，F>∈1NF 中，如果對於 R 的每個非平凡多值依賴 X→→Y，X 都含有候選碼，則 R∈4NF。如果關係模式 R 中的每一個連接依賴均由 R 的候選碼所隱含，則稱 R∈5NF。

關係模式的規範化步驟見圖 22-1。

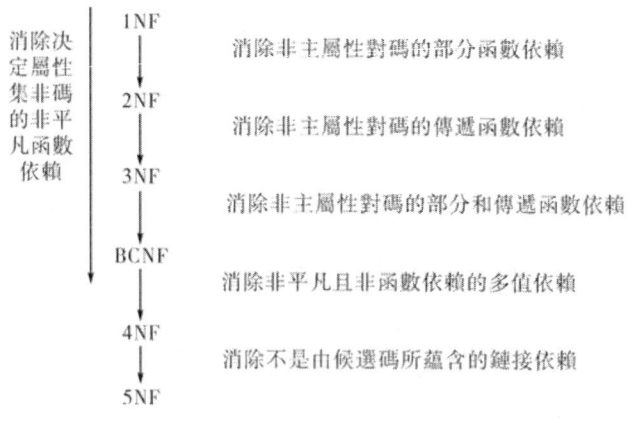

```
            1NF
消除決        ↓        消除非主屬性對碼的部分函數依賴
定屬性      2NF
集非碼        ↓        消除非主屬性對碼的傳遞函數依賴
的非平      3NF
凡函數        ↓        消除非主屬性對碼的部分和傳遞函數依賴
依賴       BCNF
             ↓        消除非平凡且非函數依賴的多值依賴
            4NF
             ↓        消除不是由候選碼所蘊含的鏈接依賴
            5NF
```

圖 22-1　規範化步驟

通過以上過程進行規範化來改造關係模式，通過分解關係模式來消除其中不合適的數據依賴，可以解決插入異常、刪除異常、更新異常和數據冗餘問題。

當系統模型存在多值依賴時，需要將關係模式規範為第四範式，存在連結依賴時規範到第五範式。本系統只需規範到第三範式。

22.1.1　概念數據庫設計 CMD

概念數據庫設計的任務是通過需求分析建立概念數據庫模式。用於概念數據庫設計的方法有很多，本系統採用常用的「實體-聯繫方法（Entity Relationship Approach）」，簡稱 E-R 方法。

實體是現實世界中各種事物的抽象，每個實體都有一組特性，即實體的屬性，聯繫是實體之間存在的對應關係，從數量上看，有一對一的聯繫（1∶1），一對多的聯繫（1∶n）和多對多（m∶n）的聯繫 3 種。

可以利用 visio 的數據庫建模對實體的屬性進行詳細的定義和 E-R 圖的繪製，先繪製各分 E-R 圖，再合併成總 E-R 圖。E-R 圖中的符號含義見表 22-1。

表 22-1　　　　　　　　　　　E-R 圖符號說明

符號	含義
▭	實體
⬭	屬性

表22-1(續)

符號	含義
◇	聯繫

根據上面的分析，校園快遞信息系統數據庫中存在的實體包括：快遞點、普通用戶、到件、寄件、地點、價格、公告。

快遞點實體屬性包括：聯繫電話、登錄密碼、名稱、取件截止時間、延時收費標準、備註，其 E-R 圖見圖 22-2。

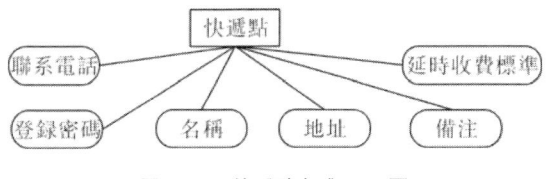

圖 22-2　快遞點實體 E-R 圖

普通用戶實體屬性包括：聯繫電話、登錄密碼、姓名、地址、郵箱、郵編，其 E-R 圖見圖 22-3。

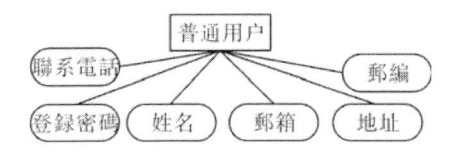

圖 22-3　普通用戶實體 E-R 圖

到件實體屬性包括：快遞點聯繫電話、快遞點名稱、收件人聯繫電話、取貨號、取貨狀態（0 未取，1 已取），其 E-R 圖見圖 22-4。

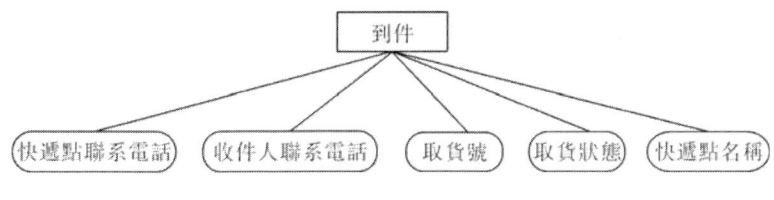

圖 22-4　到件實體 E-R 圖

寄件實體屬性包括：運單號、快遞點、價格、收件人郵編、收件人姓名、收件人電話、收件人地址、寄件人聯繫電話、物品重量、物品長度、物品高度、物品寬度、處理狀態（0 未處理，1 已處理），其 E-R 圖見圖 22-5。

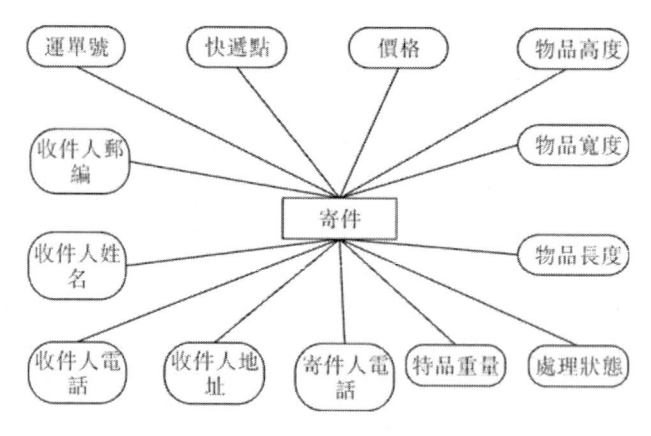

圖 22-5　寄件實體 E-R 圖

地點價格實體屬性包括：快遞點聯繫電話、送寄地點、價格，其 E-R 圖見圖 22-6。

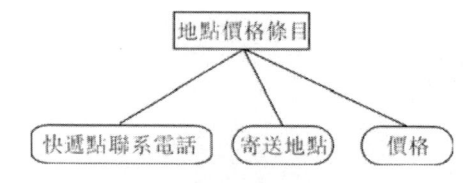

圖 22-6　地點價格實體 E-R 圖

公告實體屬性包括：編號、標題、內容、發布時間、快遞點，其 E-R 圖見圖 22-7。

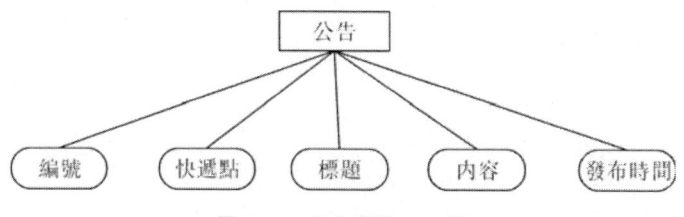

圖 22-7　公告實體 E-R 圖

其中快遞點和到件是一對多的關係，快遞點和寄件是一對多的關係，快遞點和公告是一對多的關係，快遞點和地點價格是一對多的關係，普通用戶和到件是一對多的關係，普通用戶和寄件是一對多的關係。實體間的關係 E-R 圖見圖 22-8。

图 22-8　實體關係 E-R 圖

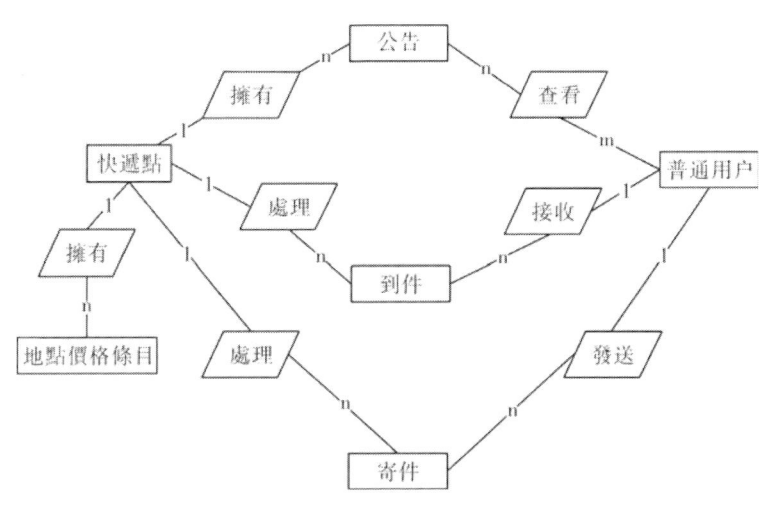

將上述各 E-R 圖合併起來，形成系統的 E-R 圖見圖 22-9。

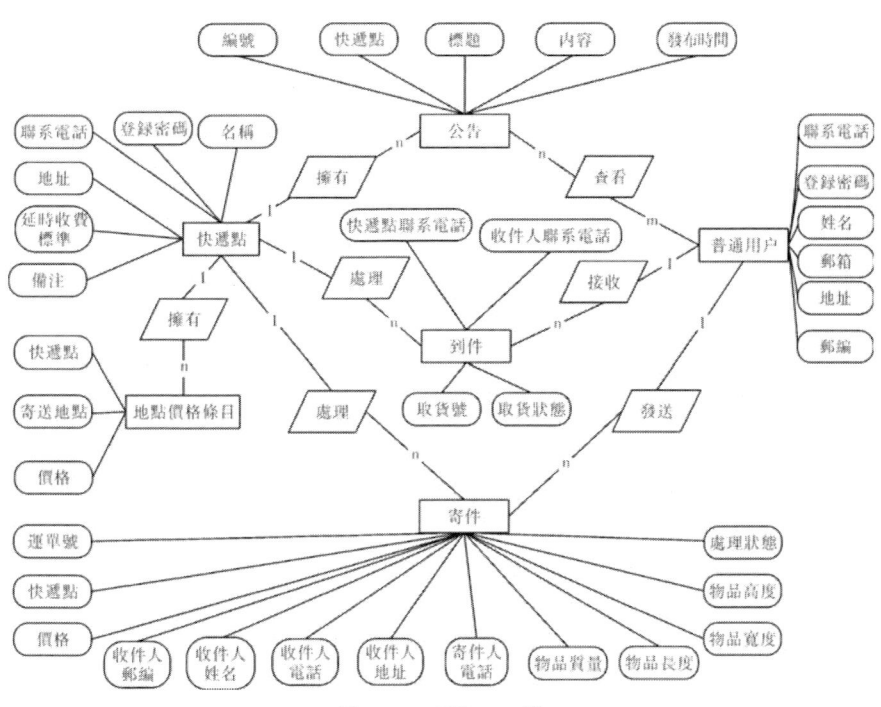

图 22-9　系統 E-R 圖

22.1.2 邏輯數據庫設計

邏輯數據庫設計的任務是把概念數據庫模式轉換為邏輯數據庫模式。設計的目標包括：滿足用戶的完整性和安全性要求；動態關係至少符合第三範式的要求，靜態關係至少具有第一範式形式；能夠在邏輯上高效地支持各種數據庫事物的運行。對於關係數據庫而言，邏輯數據庫設計的直接結果就是將 E-R 圖轉換為關係模式。前面已經分析過，本數據庫採用關係規範化理論進行數據表的設計。

根據數據流圖和數據字典得到以下關係模式：

快遞點（<u>快遞點名稱</u>、密碼、聯繫方式、地址、備註、延時收費標準）。

資費表（<u>快遞點名稱</u>、<u>地點</u>、單價）。

校園用戶（<u>聯繫電話</u>、密碼、姓名/昵稱、電子郵件、默認地址、郵編）。

到件快遞單（<u>快遞單號</u>、快遞點名稱、地點、取貨號、截止時間、延時收費標準、<u>收件人聯繫方式</u>、收件人姓名）。

下快遞單（<u>生成快遞單號</u>、<u>快遞點名稱/選擇</u>、貨物重量、貨物體積、運單價格、收件人郵編、收件人姓名、收件人聯繫電話、收件人地址、<u>寄件人聯繫電話</u>、寄件人姓名、寄件人地址、寄件人郵編、貨物編號、貨物重量、長、寬、高、體積）。

公告管理（<u>公告編號</u>、公告標題、公告內容、公告發布時間、發布快遞點聯繫方式）。

上訴關係模式沒有可細分的項，滿足第一範式的關係數據庫，但關係模式 Arrived 存在部分函數依賴：

快遞點名稱→地點。

快遞點名稱→延時收費標準。

收件人聯繫方式→收件人姓名。

採用投影分解法，將 Arrived 分解為 3 個關係模式：

(<u>快遞單號</u>，快遞點名稱，收件人聯繫方式，取貨號，截止時間)

(快遞點名稱，地點，延時收費標準) 屬於快遞點。

(收件人聯繫方式，收件人姓名) 屬於校園用戶。

關係模式 send 存在部分函數依賴：

寄件人聯繫電話→寄件人姓名。

寄件人聯繫電話→寄件人地址。

寄件人聯繫電話→寄件人郵編。

採用投影分解法，將 Send 分解為兩個關係模式，使其達到第二範式關係數據庫；符合 1NF，無部分依賴，所以非主屬性都完全依賴於主屬性（包含在候選碼中的屬性）（關係模式 R ∈ 2NF）。

(<u>生成快遞單號</u>，快遞點名稱/選擇，貨物重量，貨物體積，運單價格，收件人郵編，收件人姓名，收件人聯繫電話，收件人地址，寄件人聯繫電話，貨物編號，貨物重量，長，寬，高，體積)

(<u>寄件人聯繫電話</u>，寄件人姓名，寄件人地址，寄件人郵編) 屬於校園用戶。

進一步檢查上訴關係數據庫，無傳遞依賴，屬於第三範式關係數據庫；符合 3NF，所以非主屬性都不傳遞依賴於任何候選碼（關係模式 R ∈ 3NF）。最終關係數據庫如下，Express：

快遞點（<u>快遞點名稱</u>，密碼，聯繫方式，地址，備註，延時收費標準）。

資費表（<u>快遞點名稱</u>，<u>地點</u>，單價）。

校園用戶（<u>聯繫電話</u>，密碼，姓名/昵稱，電子郵件，默認地址，郵編）。

到快遞單（<u>快遞單號</u>，快遞點名稱，收件人聯繫方式，取貨號，截止時間）。

下快遞單（<u>生成快遞單號</u>，快遞點名稱/選擇，貨物編號，運單價格，收件人郵編，收件人姓名，收件人聯繫電話，收件人地址，寄件人聯繫電話，貨物編號，貨物重量，長，寬，高，體積）。

公告管理（<u>公告編號</u>，公告標題，公告內容，公告發布時間，發布快遞點聯繫方式）。

22.1.3 物理數據庫設計 PMD

物理數據庫設計的任務是設計數據在物理設備上的存儲結構和方法，包括操作約束（如響應時間與存儲要求），還包括將邏輯設計映射到物理媒體上、利用可用的硬件和軟件功能盡可能快地對數據進行物理訪問和維護以及生成索引等。

本校園快遞信息系統數據庫中存儲了 6 張表。

具體的表格說明見表 22-2。

表 22-2　　　　　　　　　　　表格說明

表	說明
business	快遞點信息表
personal	普通用戶個人信息表
arrived	到件表
send	寄件表
bprice	地點價格條目表
notice	公告信息表

具體的快遞點信息見表 22-3。

表 22-3　　　　　　　　　　　快遞點信息表

字段名稱	含義	數據類型	主鍵	非空
btel	快遞點聯繫電話	Varchar（20）	Yes	No
bpassword	快遞點登錄密碼	Varchar（20）	No	Yes
bname	遞點快名稱	Varchar（20）	No	Yes
badd	快遞點地址	mediumtext	No	Yes
btime	取快遞截止時間	Varchar（10）	No	Yes

表22-3(續)

字段名稱	含義	數據類型	主鍵	非空
bprice	時延收費標準	mediumtext	No	Yes
bcomment	快遞點備註	mediumtext	No	Yes

普通用戶個人信息見表22-4。

表22-4　　　　　　　　　普通用戶個人信息表

字段名稱	含義	數據類型	主鍵	非空
ptel	校園普通用戶聯繫方式	Varchar（15）	Yes	No
ppassword	登錄密碼	Varchar（20）	No	Yes
pname	用戶姓名	Varchar（20）	No	Yes
pmail	郵箱	mediumtext	No	Yes
padd	詳細地址	Varchar（10）	No	Yes
ppost	郵編	Varchar（20）	No	Yes

到件表見表22-5。

表22-5　　　　　　　　　到件表

字段名稱	含義	數據類型	主鍵	非空
ano	快遞點聯繫電話	Varchar（10）	Yes	No
abname	快遞點名稱	Varchar（20）	No	Yes
aptel	收件人聯繫電話	Varchar（15）	No	Yes
agno	取貨號	Int（10）	No	Yes
aget	0未取，1已取	int（2）	No	Yes

寄件表見表22-6。

表22-6　　　　　　　　　寄件表

字段名稱	含義	數據類型	主鍵	非空
sno	運單號	Int（10）	Yes	No
sbname	快遞點名稱	Varchar（20）	No	Yes
sprice	價格	float（10）	No	Yes
spost	收件人郵編	Varchar（20）	No	Yes
sname	收件人姓名	Varchar（20）	No	Yes
stel	收件人聯繫電話	Varchar（15）	No	Yes
sadd	收件人地址	Varchar（20）	No	Yes

表22-6(續)

字段名稱	含義	數據類型	主鍵	非空
sptel	寄件人聯繫電話	Varchar（15）	No	Yes
sweight	物品重量	float（10）	No	Yes
slength	物品長度	float（10）	No	Yes
sheight	物品高度	float（10）	No	Yes
swidth	物品寬度	float（10）	No	Yes
shandle	0 未處理，1 已處理	int（2）	No	Yes

地點價格條目表見表 22-7。

表 22-7　　　　　　　　　地點價格條目表

字段名稱	含義	數據類型	主鍵	非空
tobtel	快遞點聯繫電話	Varchar（20）	Yes	No
toadd	送寄目的地	Varchar（20）	Yes	No
toprice	價格	Varchar（10）	No	Yes

公告信息表見表 22-8。

表 22-8　　　　　　　　　公告信息表

字段名稱	含義	數據類型	主鍵	非空
nid	編號	Int（10）	Yes	No
ntitle	標題	mediumtext	No	Yes
ncontent	內容	mediumtext	No	Yes
ntime	發布時間	mediumtext	No	Yes
ntel	快遞點	Varchar（20）	No	Yes

22.2　頁面設計

用戶進入系統首頁後，如果是非系統用戶，可以查看公告信息或者通過註冊頁面輸入聯繫方式、登錄密碼成為系統用戶，然後進行登錄。如果身分和密碼驗證成功，則登錄成功，進入首頁，否則重新回到登錄頁進行登錄或者退出系統。

註冊和登錄均分為快遞點用戶和普通用戶，快遞點用戶進入快遞點首頁，裡面包含調轉到基本信息、到件添加、處理未完成訂單、添加業務訂單、價目表維護、公告管理頁面的連結。基本信息頁面調用添加、修改頁面，公告管理包含添加、修改、刪除的頁面連結。普通用戶首頁含有查看快遞、下快遞單、查詢價目比較、查看快遞點、基本信息維護的頁面。

系統主要頁面結構見圖22-10。

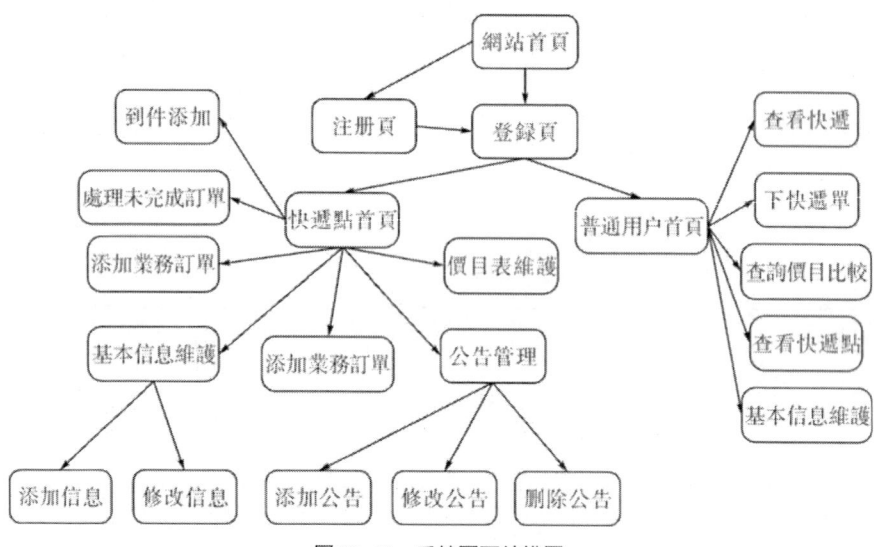

圖22-10 系統頁面結構圖

本系統文件全部存放在WebRoot目錄下，為了方便管理，在WebRoot下建立文件夾business、personal、send、css、images。business存放與快遞點操作相關的文件，personal存放與普通用戶操作相關的文件，send目錄下存放處理寄件業務的文件，css包含系統的層疊樣式表文件style.css，images下存放系統頁面中用到的圖片，公共操作如註冊等直接存放在WebRoot根目錄下。

22.3 本章小結

本章對系統進行了詳細設計，包括數據庫詳細設計、頁面設計和主要代碼設計。數據庫詳細設計從概念數據庫、邏輯數據庫和物理數據庫3個方面完成。

23 系統實現及測試

23.1 系統實現

經過前面的分析、設計與編碼,系統設計基本實現,經過前文的分析,本系統將採用 JSP 動態網頁技術,在 JDK+MyEclipse+MySQL+Tomcat 的開發環境下完成系統開發。系統實現的功能包括需求分析要求的用戶管理、基本信息管理、公告管理、到件處理、寄件處理、快遞查詢。下面將主要介紹業務功能到件處理、寄件處理、快遞查詢的實現。

23.1.1 數據連接

本系統的數據庫連接採用 JDBC 驅動 mysql 數據庫,數據庫連接代碼如下:

```
Class.forName("com.mysql.jdbc.Driver");
String url = "jdbc:mysql://localhost:3306/express";
String user = "root";
String pass = "root";
con = DriverManager.getConnection(url, user, pass);
st = con.createStatement();
```

數據庫操作完成後關閉數據流和連接;

```
rs.close();
st.close();
con.close();
```

23.1.2 註冊與登錄

首先進入系統首頁 index.html,見圖 23-1。

图 23-1　系统首页

用户进入首页可以浏览系统内的公告信息，同时系统用户可以进行登录和注册，如果不是系统用户，则进入下面的注册页面进行注册后再登录。见图 23-2。

图 23-2　注册页面

注册快递点用户 18716478922，登录后界面如图 23-3 所示。快递点用户首页包含基本信息、到件添加、处理未完成订单、添加业务业务、价目表维护、公告管理的导航。

圖 23-3　快遞點首頁

23.1.3　到件添加

快遞點在登錄後可以進行操作，首先假設快遞點已經收到快遞，將在系統裡發布快遞信息，先通過數據庫連接代碼完成數據庫連接，在用戶錄入運單號、收件人聯繫方式後，系統可以根據目前快遞點的取貨號自動生成相應的取貨號，代碼如下：

ResultSet rsTmp = stmt.executeQuery(" select max(agno) as maxagno from arrived");

if(rsTmp.next( )) agno = rsTmp.getInt("maxagno") + 1;

得到快遞信息後，再用 sql 語句將信息插入數據庫，插入數據庫的語句如下：

String sql = " insert into send values('" +sno+ "' , '" +sbname+ "' , '" +sprice+ "' , '" +spost+ "' , '" +sname+ "' , '" +stel+ "' , '" +sadd+ "' , '" +sptel+ "' , '" +sweight+ "' , '" +slength+ "' , '" +sheight+ "' , '" +swidth+ "' , '1 ')";

發布快遞信息的頁面見圖 23-4。

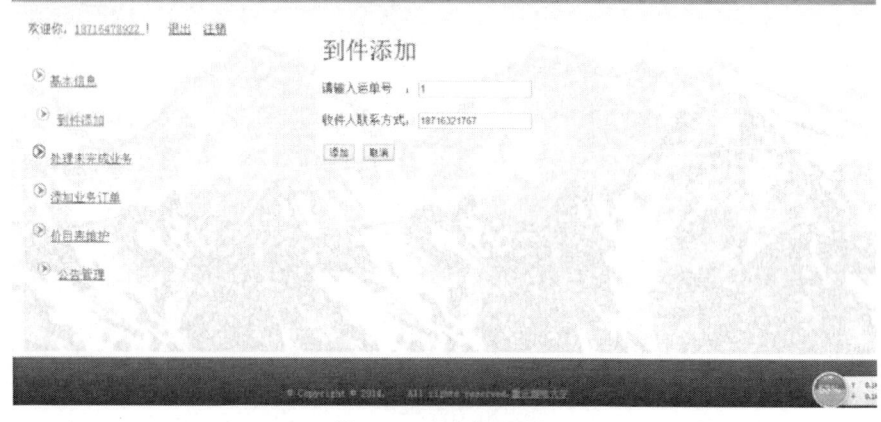

圖 23-4　發布快遞信息

23.1.4　快遞查詢

快遞點發布信息後，普通用戶可以通過系統進行查詢，再確認收貨（見圖 23-5）。快遞點查詢的主要代碼如下：

```
<% ResultSet rs = st.executeQuery(" SELECT arrived.*, business.* FROM arrived,business where arrived.aget='0' and arrived.aptel='"+usertel+"' and arrived.abname=business.bname;");
rs.last();
rs.beforeFirst();
while(rs.next()){
String ano = rs.getString("ano");%>
    <tr align="center">
        <td><%=rs.getString("ano") %></td>
        <td><%=rs.getString("abname") %></td>
        <td><%=rs.getString("agno") %></td>
        <td><%=rs.getString("badd") %></td>
        <td><%=rs.getString("btime") %></td>
        <td><%=rs.getString("bprice") %></td>
        <td><%=rs.getString("bcomment") %></td>
        <td><a href=personal/sureget.jsp? ano=<%=ano%>>確認收貨</a>
</td>
    </tr>
<%
}
```

rs.close( );
st.close( );
conn.close( );
%>

图 23-5　查询快递

23.1.5　寄件處理

1. 普通用戶添加未完成訂單

普通用戶可以在系統中添加寄件單，選擇快遞點、輸入收件人信息。見圖 23-6、圖 23-7。

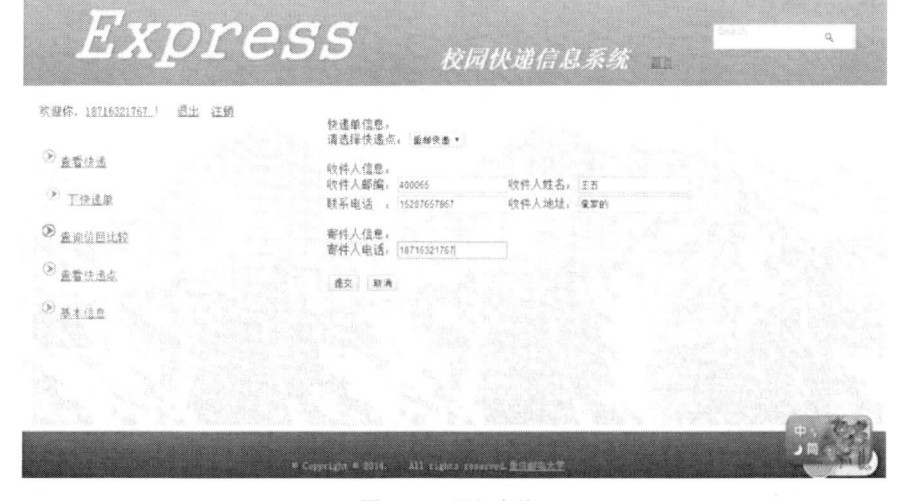

图 23-6　添加寄件 a

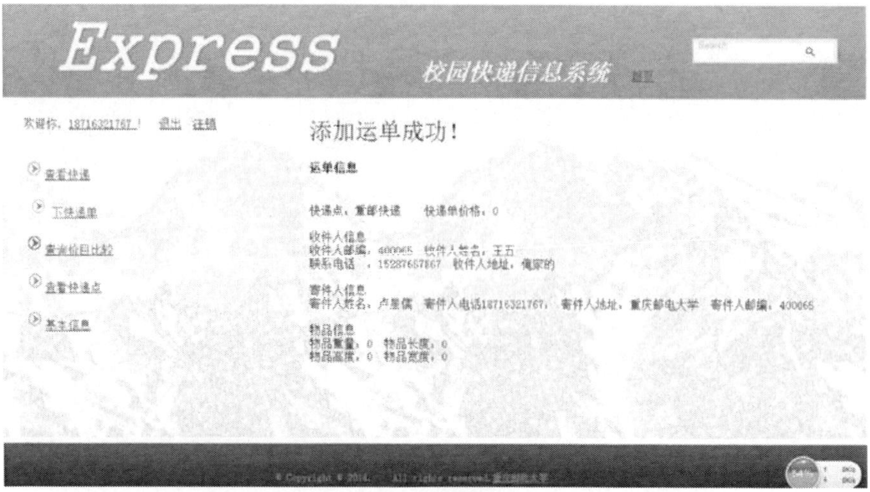

圖 23-7　添加寄件 b

2. 快遞點處理未完成訂單（見圖 23-8、圖 23-9）

處理未完成訂單模塊由 4 個 jsp 文件進行處理：handlesend.jsp、handlesend1.jsp、handlesend2.jsp、handlesendcheck.jsp。

handlesend.jsp 文件用 form 表單輸入用戶聯繫方式，其源代碼如下：

<form method＝"*get*" action＝"*send/handlesend*1.*jsp*">

```
<%
Class.forName("com.mysql.jdbc.Driver");
String url="jdbc:mysql://localhost:3306/express";
String user="root";
String pass="root";
Connection conn=DriverManager.getConnection(url,user,pass);
Statement stmt=conn.createStatement();
%>
```
<font>請輸入寄件人聯繫電話：</font><input type＝"*text*" name＝"*sptel*">
　　<input type＝"*submit*" name＝"*submit*" value＝"提交">
　　<input type＝"*reset*" name＝"*reset*" value＝"取消">
</form>

圖 23-8　處理未完成訂單 a

圖 23-9　處理未完成訂單 b

輸入聯繫人聯繫電話後將值傳遞給 handlesend1.jsp 進行處理（見圖 23-10），handlesend1.jsp 得到用戶聯繫方式後從數據庫中取出該用戶在本快遞點的全部未完成快遞，其源代碼如下：

String sql = "select * from send where sptel = '" +sptel+ "' and sbname in(select bname from business where btel = '" +usertel+ "') and shandle = '0'";
ResultSet rs = stmt.executeQuery(sql);

得到全部未完成快遞後，通過表格將訂單數據展示出來，供用戶查看和選擇：

if(! rs.next( ))
%>
　　<p>該用戶在本快遞點的全部未處理快遞單<table width =100%><tr><td>快遞單號</td><td>寄送地點</td><td>收件人姓名</td><td>操作</td></tr>
　　<%
　　do {
　　　　int sno = rs.getInt("sno");
　　%>
　　　　<tr><td><a href = "send/handlesend2.jsp? sno = <% = sno%>"><u>
　　　　<% = rs.getString("sno")%></u></a></td>
　　　　<td><% = rs.getString("sadd")%></td>

```
            <td><%=rs.getString("sname").toString()%></td>
            <td align=right><img src=img/TWO2_06.GIF><a href=send/handlesend2.jsp?sno=<%=sno%>>處理</a></td></tr>
            <%
    }while(rs.next());
rs.close();
%>
```

```
該用戶在本快遞点的全部未处理快遞單
快遞單号        寄送地点            收件人姓名              操作
7               342                 2323                                處理
```

圖 23-10　處理未完成訂單。

　　handlesend1.jsp 根據聯繫電話查詢出該用戶添加到本快遞點的全部未完成訂單，並將表格展示在系統頁面中，操作者從這些未完成訂單裡選擇要處理的訂單，並將訂單 id 傳遞給 handlesend2.jsp 文件，由 handlesend2.jsp 繼續處理。根據運單編號從數據庫取出未完成訂單信息的代碼如下：

```
if(request.getParameter("sno")!=null){
    String sno = request.getParameter("sno");
    Class.forName("com.mysql.jdbc.Driver");
    String url="jdbc:mysql://localhost:3306/express";
    String user="root";
    String pass="root";
    Connection conn=DriverManager.getConnection(url,user,pass);
    Statement stmt=conn.createStatement();
    String sql="select * from send where sno='"+sno+"'";
    ResultSet rs=stmt.executeQuery(sql);
    if(rs.next()){
        String sbname = rs.getString("sbname");
        String sprice = rs.getString("sprice");
        String spost = rs.getString("spost");
        String sname = rs.getString("sname");
        String stel = rs.getString("stel");
        String sptel = rs.getString("sptel");
        String sadd = rs.getString("sadd");
        String sweight = rs.getString("sweight");
        String slength = rs.getString("slength");
        String sheight = rs.getString("sheight");
        String swidth = rs.getString("swidth");
```

```
rs.close( );
%>
```
選擇條目後,將從數據庫取出該未完成訂單的所有信息,其中價格、物品信息默認為 0。見圖 23-11。

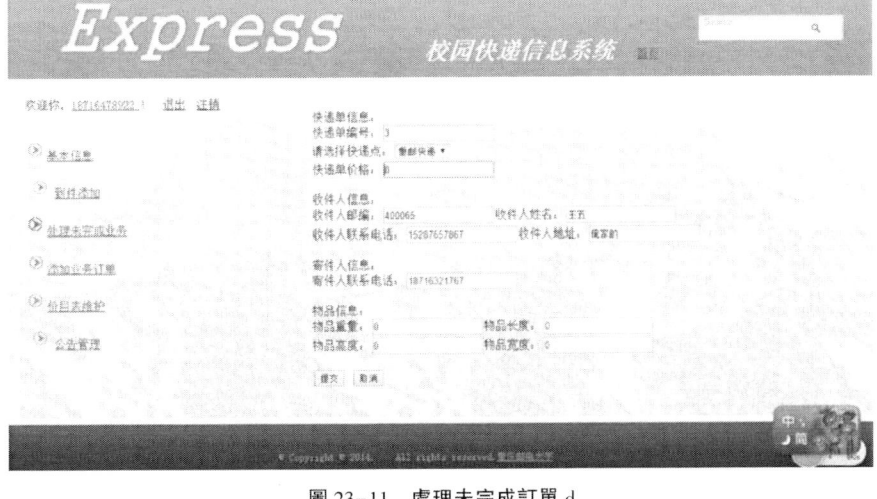

圖 23-11　處理未完成訂單 d

得到未完成訂單的數據後將其顯示處理,再根據這些信息進行修改,形成完整的訂單信息:

```
<form method=" get" action=" send/handlesendcheck. jsp" >
<br> <br>
```
　　　　快遞單信息:
```
        <br>
```
　　　　　　<font>快遞單編號:</font><input type=" text" name=" sno" value=" <%=sno %>" >
```
        <br>
```
　　　　　　<font>請選擇快遞點:</font><select name=" sbname" ><option value=" <%=sbname %>" selected><%=sbname %></option></select>
```
        <br>
```
　　　　　　<font>快遞單價格:</font><input type=" text" name=" sprice" value=" <%=sprice %>" >
```
        <br> <br>
```
　　　　收件人信息:
```
        <br>
```
　　　　　　<font>收件人郵編:</font><input type=" text" name=" spost" value=" <%=spost %>" ><font>收件人姓名:</font><input type=" text" name=" sname" value=" <%=sname %>" >

```
                <br>
                <font>收件人聯繫電話：</font><input type=" text" name=" stel" value
=" <%=stel%>" ><font>收件人地址：</font><input type=" text" name="
sadd" value=" <%=sadd%>" >
                <br><br>
                寄件人信息：
                <br>
                <font>寄件人聯繫電話：</font><input type=" text" name=" sptel" value
=" <%=sptel%>" >
                <br><br>
                物品信息：
                <br>
                <font>物品重量：</font><input type=" text" name=" sweight" value="
<%=sweight%>" ><font>物品長度：</font><input type=" text" name="
slength" value=" <%=slength%>" >
                <br>
                <font>物品高度：</font><input type=" text" name=" sheight" value="
<%=sheight%>" ><font>物品寬度：</font><input type=" text" name=" swidth"
value=" <%=swidth%>" >
                <br><br>
                <input type=" submit" name=" submit" value=" 提交" >
                <input type=" reset" name=" reset" value=" 取消" >
</form>
```

在 handlesend2. jsp 中填寫的完整數據傳遞到 handlesendcheck. jsp 文件，由 handlesendcheck. jsp 將訂單數據插入數據庫中的訂單表 send，形成訂單項。插入的 sql 語句如下：

```
String condition=" update send set sno='" +sno+" ', sbname='" +sbname+"
', sprice='" +sprice+" ', spost='" +spost+" ', sname='" +sname+" ', stel='" +
stel+" ', sadd='" +sadd+" ', sptel='" +sptel+" ', sweight='" +sweight+" ',
slength='" +slength+" ', sheight='" +sheight+" ', swidth='" +swidth+" ',
shandle='1' where   sno='" +sno+" '";
```

快遞點在對信息進行補充確認後點擊確定，系統將數據插入數據庫，形成完整的寄單。寄件業務處理完成。見圖 23-12。

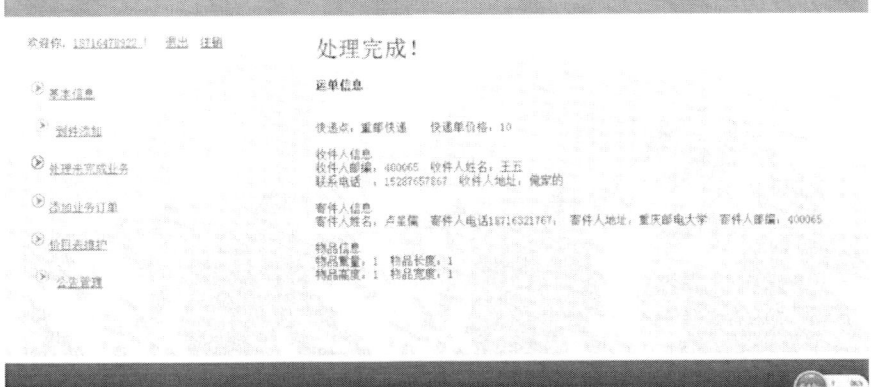

圖 23-12　處理未完成訂單 e

3. 快遞點添加完整訂單

用戶到達快遞點再添加訂單時，訂單信息可以直接獲取，故可以直接添加所以訂單信息，包括收件人信息、寄件人信息、物品信息和運單號、運單價格等運單信息。見圖 23-13。

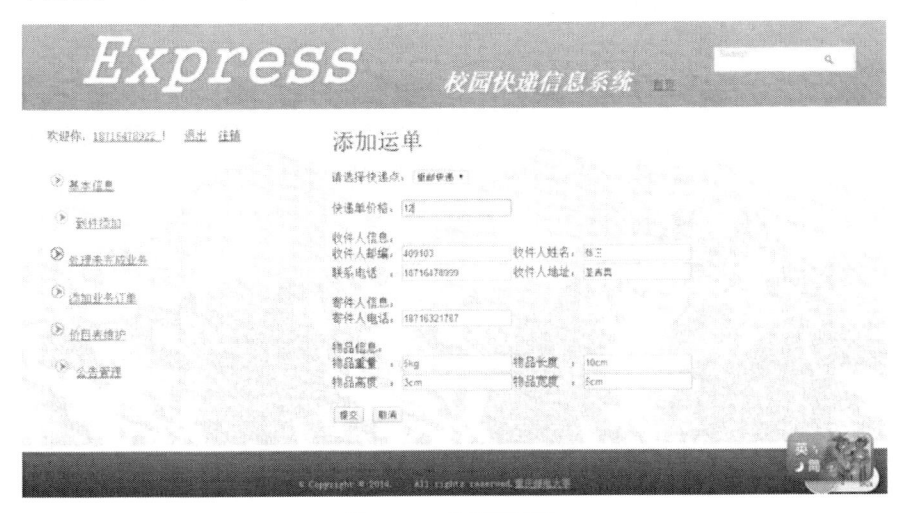

圖 23-13　快遞點下單 a

點擊提交按鈕後，系統將訂單信息添加到數據庫形成完整的訂單表並將信息顯示在頁面中，可以直接將這些信息按照標準的快遞單形式打印出來附於快遞上供物流公司和配送人員查看。見圖 23-14。

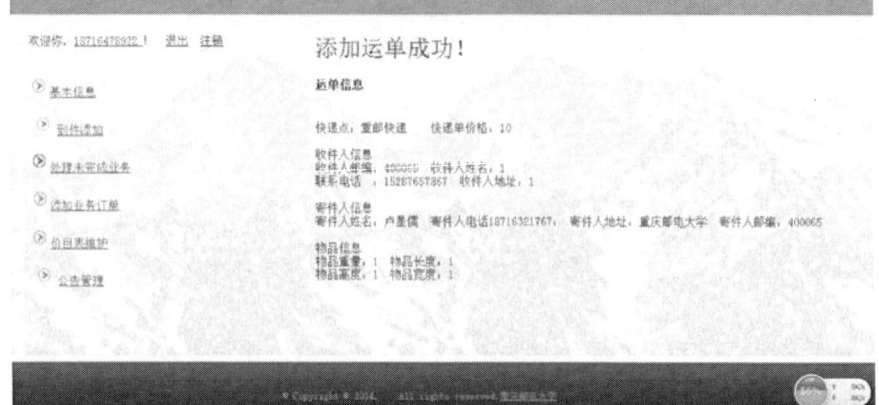

圖 23-14　快遞點下單 b

23.2　系統測試

系統測試是將經過集成測試的軟件，作為計算機系統的一個部分，與系統中其他部分結合起來，在實際運行環境下對計算機系統進行的一系列嚴格有效的測試，以發現軟件潛在的問題，保證系統的正常運行。系統測試的目的是驗證最終軟件系統是否滿足用戶規定的需求。主要內容包括功能測試和健狀性測試。功能測試即測試軟件系統的功能是否正確，其依據是需求分析。健狀性測試即測試軟件系統在異常情況下能否正常運行。

23.2.1　測試目的與任務

軟件測試的目的是用最小的代價找出軟件中潛在的錯誤和缺陷。同時，測試具有不徹底性，所以測試不能完全證明程序的正確性。在測試中要注意以下幾個方面：

(1) 盡早地、不斷地進行測試。
(2) 制訂嚴格的測試計劃。
(3) 盡量全面地進行測試。
(4) 認真設計測試模型。
(5) 正確的對待測試的結果，不漏掉已經出現的錯誤跡象。

23.2.2　測試的方法

目前常用的測試方法有白盒測試和黑盒測試。

白盒測試：通過程序的源代碼進行測試而不使用用戶界面。這種類型的測試需要從代碼句法發現內部代碼在算法、溢出、路徑、條件等中的缺點或者錯誤，進而加以修正。

黑盒測試：又被稱為功能測試、數據驅動測試或基於規格說明的測試，是通過使用整個軟件或某種軟件功能來嚴格地測試，而並沒有通過檢查程序的源代碼或者很清楚地瞭解該軟件的源代碼程序具體是怎樣設計的。測試人員通過輸入他們的數據然後看輸出的結果從而瞭解軟件怎樣工作。在測試時，把程序看作一個不能打開的黑盒子，在完全不考慮程序內部結構和內部特性的情況下，測試者在程序接口進行測試，它只檢查程序功能是否按照需求規格說明書的規定正常使用，程序是否能適當地接收和正確地輸出。

本系統採用黑盒測試法，對所有功能模塊進行正確值、錯誤值、缺省值的數據用例測試。

首先進行正確值測試，通過各個表單正確值的輸入和處理，系統基本實現了快遞業務處理的功能。

如果在測試過程中輸入錯誤的值，系統處理頁面將報告出錯，對應頁面不能繼續運行。

如果表單在含義缺省值的情況下進行傳值，則頁面同樣報錯，例如在添加快遞單的頁面中不將信息填寫完整，則系統無法執行相關的操作。見圖 23-15。

圖 23-15　公告查看缺省值測試

經測試，本系統能實現快遞業務的基本處理，滿足需求，包括到件添加、查詢、寄件添加、公告管理等功能。但系統在錯誤值、缺省值的處理中有待加強。

23.3　本章小結

本章展示了系統實現後的頁面，並對系統進行了測試，經測試，系統基本實現了需求分析的功能且能正常運行，但對錯誤值和缺省值的處理相對薄弱。

24　系統優化

　　經過分析、設計和編碼，基本實現了快遞信息系統的功能。但從實際運用的角度來看，本系統尚有值得改進的地方：

　　（1）在發布快遞的模塊方面。經過數據庫處理，將快遞添加條目濃縮為三項：運單號、收件人聯繫方式、取貨號。但校園快遞人口基數大、業務數量繁多，如果每個快遞都輸入上述三項數據，快遞點工作量依舊繁重。可以將快遞信息的錄入改為掃描，直接減少快遞點工作量。

　　（2）在將快遞信息送達用戶方面。本系統目前採用的是在線查詢的模式，但該模式需要網路的支持，每個用戶都需要聯網才能查詢，且在線查詢的模式缺乏實時性。可以採用短信平臺進行短信通知。

　　（3）為更方便用戶使用，可以在網站裡添加快遞查詢接口，實時跟蹤快遞配送狀況。查詢可採用「快遞100」的 API 接口，但由於要將網站發布到互聯網才能實現接口申請，故本系統暫時未實現該功能。

　　由於經濟條件和技術的限制，該系統尚有不足，在今後的設計中，可以進一步改進。

國家圖書館出版品預行編目(CIP)資料

物流訊息系統分析與設計實踐教程 / 羅文龍 主編. -- 第一版.
-- 臺北市：崧燁文化，2018.08
　面； 公分
ISBN 978-957-681-477-8(平裝)

1.物流管理 2.管理資訊系統

496.8　　　　107012831

書　名：物流訊息系統分析與設計實踐教程
作　者：羅文龍 主編
發行人：黃振庭
出版者：崧燁文化事業有限公司
發行者：崧燁文化事業有限公司
E-mail：sonbookservice@gmail.com
粉絲頁　　　　　網　址：
地　址：台北市中正區重慶南路一段六十一號八樓 815 室
8F.-815, No.61, Sec. 1, Chongqing S. Rd., Zhongzheng Dist., Taipei City 100, Taiwan (R.O.C.)
電　話：(02)2370-3310　傳　真：(02) 2370-3210
總經銷：紅螞蟻圖書有限公司
地　址：台北市內湖區舊宗路二段 121 巷 19 號
電　話：02-2795-3656　傳真：02-2795-4100　網址：
印　刷：京峯彩色印刷有限公司（京峰數位）

　　本書版權為西南財經大學出版社所有授權崧博出版事業股份有限公司獨家發行電子書繁體字版。若有其他相關權利及授權需求請與本公司聯繫。

定價：500 元
發行日期：2018 年 8 月第一版
◎ 本書以POD印製發行